丘陵农业机械使用与维护

主　编　陈小刚
副主编　陈贵清　刘艳宾
参　编　向慧萍　康学良　闫建　古小平
主　审　赵永亮

重庆大学出版社

内 容 提 要

本书在学习体系的构建过程中，以实际工作任务为基础，考虑知识点的合理分配以及知识结构和学习能力的循序渐进，以适用于丘陵山地的中小型耕整地机械、播种与栽植机械、田间管理机械、收获机械4个学习单元设计，分设15章，以使学生达到掌握农机作业机械的使用与维护的基本要求。

本书可作为农机应用与维护专业及相关专业教材，同时也可供农业机械技术人员和农民参考。

图书在版编目(CIP)数据

丘陵农业机械使用与维护/陈小刚主编.—重庆：重庆大学出版社，2014.5(2015.7重印)

(高职高专汽车技术服务与营销专业示范建设丛书)

ISBN 978-7-5624-8157-7

Ⅰ.①丘… Ⅱ.①陈… Ⅲ.①农业机械—使用方法—高等职业教育—教材②农业机械—机械维修—高等职业教育—教材 Ⅳ.①S22

中国版本图书馆CIP数据核字(2014)第086692号

高职高专汽车技术服务与营销专业示范建设丛书

丘陵农业机械使用与维护

主　编　陈小刚

副主编　陈贵清　刘艳宾

主　审　赵永亮

策划编辑：彭　宁

责任编辑：文　鹏　关德强　　版式设计：彭　宁

责任校对：刘　真　　责任印制：赵　晟

*

重庆大学出版社出版发行

出版人：邓晓益

社址：重庆市沙坪坝区大学城西路21号

邮编：401331

电话：(023) 88617190　88617185(中小学)

传真：(023) 88617186　88617166

网址：http://www.cqup.com.cn

邮箱：fxk@cqup.com.cn (营销中心)

全国新华书店经销

重庆联谊印务有限公司印刷

*

开本：787×1092　1/16　印张：15.75　字数：383千

2014年5月第1版　2015年7月第2次印刷

ISBN 978-7-5624-8157-7　定价：39.00元

本书如有印刷、装订等质量问题，本社负责调换

版权所有，请勿擅自翻印和用本书

制作各类出版物及配套用书，违者必究

前言

《丘陵农业机械使用与维护》为农机应用与维护专业的主干教材。该专业主要面向丘陵山地培养懂技术、会管理、会创业的现代农业职业经理人，现代农机专业合作社掌门人。《丘陵农业机械使用与维护》的指导思想是以农机行业关键操作岗位和技术管理岗位的岗位能力要求为核心，旨在为毕业生在农业机械应用行业实现零距离就业奠定良好的基础。在学习体系的构建过程中，以实际工作内容为基础，考虑知识点的合理分配以及知识结构和学习能力的循序渐进，以适用于丘陵山地的中小型耕整地机械、播种与栽植机械、田间管理机械、收获机械4个学习单元设计，分设15章，以使学生达到掌握农机作业机械的使用与维护的基本要求。在遵守教学规律和学生的认知规律的基础上，以教、学、做一体化为本书的基调，按照农业生产季节，设置学习内容，力求降低学习难度，提高学生学习兴趣。

《丘陵农业机械使用与维护》由重庆三峡职业学院陈小刚任主编，陈贵清、刘艳宾任副主编，向慧萍、康学良、古小平参与编写。其中，陈小刚编写第2、3、4、5、6章，陈贵清编写第12、13章，刘艳宾编写第9、10、11章，向慧萍编写绪论、第1、7章，康学良编写第8章，闫建编写第14章，古小平编写第15章。全书由重庆三峡职业学院陈小刚统稿，由吉峰农机连锁股份有限公司赵永亮审定。

本书在编写过程中，得到了吉峰农机连锁股份有限公司、中谷农机等企业的大力支持，在此表示衷心的感谢！

由于水平有限，不免存在诸多不足之处，恳请读者批评指正。

编　者

2013年11月

目录

第2单元　播种与栽植机械

第3单元　田间管理机械

第 4 单元 收获机械

绪　论

时至今日，随着国家经济的发展和科技的突飞猛进，我国农业耕种正向着大规模的、高科技的农业机械化水平迈进。农机作业领域也由原来的粮食作物领域向经济作物领域发展，由大田农业设施向种植业机械发展，集耕整、播种、收获为一体的机械化复试作业，对提升农业经济的综合生产能力提供了有力的保障支持，为促进我国农业增收、农民增收和农村经济持续发展作出了巨大的贡献。

1.中国农业机械化发展历程

按照国家实施的农机化政策的影响，我国农业机械化的发展大体经历了四个阶段①。

1949—1980年，行政推动阶段。国家支持在有条件的公社、大队成立农机站，开展农具改革运动，开展农机科研教育、鉴定推广、维修供应等服务，形成了遍布城乡、比较健全的农业机械使用和支持保障体系。

1981年至"八五"期末，体制转换阶段。这一阶段，市场在农业机械化发展中的作用逐渐增强，农民逐步成为投资和经营农业机械的主体，农机市场主体的多样化，形成了农业机械多种经营形式并存的发展模式。

"九五"初期至2003年，市场导向阶段。大规模小麦跨区机收服务逐渐发展，联合收割机利用率和经营效益得以大幅提升，农业生产实现了农业机械的规模化生产。至此，中国特色农业机械化发展道路初步形成。

2004年至今，依法促进阶段。先后出台了《中华人民共和国农业机械化促进法》《农业机械安全管理条例》《国务院关于促进农业机械化和农机工业又好又快发展的意见》等相关法律、法规和政策文件，涉及农业机械化管理、科研、生产、推广、试验、鉴定、销售、使用、维修、培训、安全监理等各个方面。2004—2011年中共中央国务院连续颁布8个中央一号文件，为我国农业机械化的发展创造了良好发展条件，农机工业步入历史上最好的发展时期。

2.中国农业机械发展现状

目前，全国农机总动力、每公顷耕地拥有农机动力、拖拉机保有量等指标都得到了大幅提

---

① 农业部农机化管理司编《历史的跨越——中国农业机械化改革发展三十年》。

升。高性能、大功率的田间作业动力机械和配套机具增长幅度较快，特别是大中型拖拉机、半喂入式水稻联合收割机、水稻插秧机、玉米收获机和保护性耕作机具的保有量有了大幅度增长。国家科技攻关、国家科技支撑计划、农业科技跨越计划、引进国际先进农业技术项目等科技研发项目，加大了对农业机械装备关键技术、装备的研制开发和扶持力度，推动了农业机械化部分“瓶颈”环节技术和技术集成问题的解决。实施的农业机械购机补贴政策，财政专项、作业补贴、基本建设投资、税费减免、信贷优惠、政策性保险、农机设施农用地管理等一系列政策，极大地调动了农民购机、用机的积极性，促进了农业机械化水平的提高和农机工业的发展。

我国农机工业通过深化企业改革，转换经营机制，实现了从农机生产弱国到世界农机生产大国的历史性跨越。在国际市场依然低迷的情况下，我国农机工业总产值、新产品产值、工业销售产值继续保持着20%以上的增幅，主要产品产量均有不同程度的增长，其中大中型拖拉机、收获机械、场上作业机械、饲料生产专用设备等都继续保持20%以上的增幅。成功地引进、消化、吸收了国外先进的水稻、玉米、甘蔗等作物生产机械和旱作节水农业、保护性耕作技术，促使了我国农业机械化水平提高。目前，我国农机产品不仅能满足国内市场需要，而且在国际市场上也表现出了明显的竞争优势。

农机大户、农机合作社、农机专业协会、股份制农机作业公司、农机经纪人等新型农机社会化服务组织不断地涌现与发展壮大。各类农机作业服务组织、农机户、农机化中介服务组织得到了飞速发展。农机社会化服务领域随之拓展，呈现出组织形式多样化、服务方式市场化、服务内容专业化、投资主体多元化的显著特征。农机作业的订单服务、租赁服务、承包服务和跨区作业、集团承包等服务方式，满足了农业生产和农民的迫切需要，推动了农机服务市场化快速发展。农业机械化服务经营收入也成为当前农民增收的一个重要渠道和新亮点。

自2004年《中华人民共和国农业机械化促进法》颁布实施以来，我国已出台农业部及省级政府农业机械化行政规章53部，省级地方性农业机械化法规74部，这些法律法规已基本形成中国农业机械化法律法规体系框架。

国内农机业出现了较快的发展势头，农业机械发展进入一个腾飞的机遇期。

①农机法治化、规范化，为我国农机快速发展提供良好的平台。农机化促进法涵盖了农机化工作的方方面面，为农机规范化运营、科学化发展提供了有利条件。

②国家支持力度的不断增大，各种作业机械、设施农业装备和节水设备在各地示范项目的带动下需求不断增长。

③经济的不断发展，农村经济条件的不断改善，挖掘机、装载机和吊装设备等农村工程机械需求量成倍地增长。

④科研、开发、制造、销售、服务为一体的农机工业体系的建立，对提高农业生产率，促进增产增收，推动农业现代化发展发挥了显著作用。

⑤建立了涵盖科研单位、大专院校、企业三结合的科研开发体系和整机生产和配套件生产企业组成的生产体系，为农机的专业化和市场化奠定了基础。

⑥建立了企业与农机销售公司结合的销售与服务体系以及农机技术推广部门与企业结合的推广示范体系，为助推农业经济的发展和农机机械化水平的提高奠定了基础。

⑦国际间的农机技术交流与合作得到加强。国际上不少大型农机企业进入中国市场，加强农机行业的国际交流与合作，为我国农机国际接轨奠定了基础。

3.中国农业机械发展趋势

《农业装备产业发展规划与政策》提出了我国农机工业的发展目标:即到2010年,农机制造业工业总产值在"十五"末的基础上翻一番,达2 000亿元人民币;到2015年,主要产品的产品水平和制造水平接近国际知名企业水平,农机工业总值达到2 500亿元,比2010年增长25%;到2020年,步入世界农机制造业强国行列,工业总值将在2010年基础上增加50%,达到3 000亿元。我们预计,我国农业机械化水平将从现在的50%提高到70%左右,年均增长率需要达到2.08%,高于以前年度平均增长水平。因此,从目前到2020年,我国农业机械行业正处于黄金发展机遇期,发展速度将进一步加快,发展质量不断提高,发展领域不断拓宽。

①发展节约型农业设备,走绿色农机产业道路。"绿色农机化"产业道路,发展节能农机,力争达到低能耗、零排放的标准。首先,农机达到环保要求和具有节约能源的性能,将直接主导我国未来的农机发展方向。其次,发展节能、节水、节肥和降低农业成本、保护环境、增加产量的农业机械产品,达到与国家政策、市场走向、用户需求和自身发展同步。

②发展智能化、自动化农机设备,走科技农机产业道路。经验表明,采用智能化、自动化的作业方式是农业发展的必然趋势,是发展高效节本农业的有效途径。目前,我国第一台具有自主知识产权的"基于GPS的智能变量播种、施肥、旋耕机"研制成功,已在上海松江泖新农场试用。国内第一台GPS收获机已经在福田重工诞生。带GPS系统的智能化农业机械装备技术,如带产量传感器及小区产量生成图的收获机械、激光平地机械、自动测量与控制的精密播种、施肥、洒药机械等将成为我国农机未来发展的主流,这也是我国节约型农业生产的必然要求。

③充分发挥科技助推能力,走产、学、研、推、管相结合的农机产业发展道路。加强农业机械化科技创新能力,加快农业机械化新技术、新机具的研究和开发,突出关键作物关键生产环节,着力解决农机科技创新滞后、技术供给不足等问题,做到产、学、研、推、管相结合;通过组织实施重大新型农业机械产品和配套机具的开发和生产,充分发挥社会力量,通过市场拉动,引导农机企业加大关键技术和产品研发力度;通过政策扶持、科研开发、示范推广和市场机制,逐步形成可持续的农业机械化科技创新体系和良性循环发展的推广体系。

④充分利用人机工程,走舒适农机产业发展道路。农机使用的舒适度和方便度,是农机用户的需求。充分考虑机手的劳动强度,按照人机工程的原理,为用户提供优越的驾驶条件,安全的使用条件,减轻机手的劳动强度,加大操作的舒适性,是农业机械上水平的重要标志。

⑤培养新型职业农民,走人才农机产业发展道路。培养一批懂农机原理、会农机操作的新型的职业农民,对助推农业机械化具有利好意义。他们会在实际的农业生产过程中,主动地使用新农机,开发新农机,从而助推农机化水平上台阶。

第 1 单元 耕整地机械

耕地是农业生产中最基本也是最重要的工作环节之一。其目的在于将质地不同的土壤彼此易位、疏松土壤、恢复土壤的团粒结构，积蓄水分和养分，覆盖作物残茬、杂草、肥料，防止病虫害，改善作物的生长环境，为作物的生长发育创造良好的条件。

耕地后土垡间存在着很多大孔隙，土壤的松碎程度与地面的平整度还不能满足播种和栽植的要求。所以必须进行松碎平整、镇压保墒等整地作业。

耕整地工作一般由耕整地机械来完成。常用的耕整地机械有铧式犁、旋耕机、圆盘耙、钉齿耙、微耕机等。

第 1 章 土壤耕作及所采用的机具

1.1 土壤耕作的目的

土壤耕作是整个农业生产过程中的一个重要环节,耕作的目的是疏松土壤,恢复土壤的团粒结构,以便积蓄水分和养分,覆盖杂草、肥料,防止病虫害,为作物、蔬菜、果树的生长发育创造良好的条件。

耕耘是作物栽培的基础。耕耘质量的好坏对作物收成有着显著影响。耕耘的最终目的是:

①改善土壤结构。使作物根层的土壤适度松碎,并形成良好的团粒结构,以便保持适量的水分和空气,促进种子发芽和根系生长。

②消灭杂草和害虫。将杂草覆盖于土中,或使蛰居害虫暴露于地表面而死亡。

③将作物残茬以及肥料、农药等混合在土壤内以增加其效用。

④将地表弄平或作成某种形状(如开沟、作畦、起垄、筑埂等)以利于种植、灌溉、排水或减少土壤侵蚀。

⑤将过于疏松的土壤压实到疏密适度,以保持土壤水分并有利于根系发育。

⑥改良土壤。将质地不同的土壤彼此易位。例如将含盐碱较重的上层移到下层,或使上、中、下三层中的一层或二层易位以改良土质。

⑦清除田间的石块、灌木根及其他杂物。

1.2 土壤耕作的方法

过去旱地采用的耕作方法主要是传统的即常规的耕作法,也称精细耕作法。通常指作物生产过程中由机械耕翻、耙压和中耕等组成的土壤耕作体系。在一季作物生长期间,机具进地从事耕翻、耙碎、镇压、播种、中耕、除草、施肥、开沟、喷药、收获等作业的次数达 7~10 次。

随着现代化农业科学技术的发展,常规的耕作方法已不适应农作物的种植和生长对耕地作业质量的要求:一是土壤侵蚀退化,土层变浅变瘦,产量下降,农田毁坏严重;二是土壤压实严重,物理性状变坏,影响了作物的生长和农业的可持续发展。近些年来,国内外逐步出现了以少耕、免耕、保水耕作等为主的一系列保护性耕作方法和联合耕作机械化旱作技术。

少耕通常指在常规耕作基础上减少土壤耕作次数和强度的一种保护性土壤耕作体系。如田间局部耕翻、以耙代耕、以旋耕代犁耕、耕耙结合、板田播种、免中耕等。在一季作物生长期间,机具进地作业的次数可减少为4~6次。目前,在国内外也出现了以松耕为主的耕作方式,如松耕、表土耕作与化学除草结合的少耕法,松耕、表土耕作与机械除草结合的覆盖耕作法等,少耕应用面积也在逐年增加。

免耕是保护性耕作采用的主要耕作方式。它是免除土壤耕作、利用免耕播种机在作物残茬地表直接进行播种,或对作物秸秆和残茬进行处理后直接播种的一类耕作方法。免耕法一般不进行播前土壤耕作,播后也很少进行土壤管理。免耕法是抵御"沙尘暴"和防止水土流失的重要措施,能提高作物产量,培肥地力,改善土壤结构和减少环境污染,是解决土壤"旱"与"薄"的好方法。

保水耕作是对土壤表层进行疏松、浅耕,防止或减少土壤水分蒸发的一类保护性耕作方法。如浅旋耕、浅耙、中耕除草等。地表灭茬是对收获后的作物残茬或秸秆进行粉碎、还田,消除残茬,利于耕翻、播种,保持土壤水分的一种耕作方法。

联合耕作法是指作业机械在同一种工作状态下或通过更换某种作业部件一次完成深松、施肥、灭茬、覆盖、起垄、播种、施药等作业的耕作方法。它可以大大提高作业机具的利用率,将机组进地次数降低到最低限度,联合耕作法目前应用较广。

1.3　土壤耕作机械的种类

耕作机械是对农田土壤进行机械处理使之适合于农作物生长的机械。耕作机械包括耕地机械和整地机械两大部分。前者用来耕翻土地,后者用来碎土、平整土地或进行松土除草。

为提高作业效率,近年来复式作业和联合作业机具发展很快,应用较广的机具有旋耕机、耕耙犁等。

为完成土壤耕作的各项作业,常用的机具有:

传统耕作法:

播前耕作
- 耕地作业:铧式犁、圆盘犁
- 整地作业:圆盘耙、钉齿耙、水田耙、镇压器、驱动耙、耢
- 耕耙联合作业:旋耕机、耕耙犁、回转锹

播后耕作
- 中耕培土作业:中耕机、培土器
- 施肥、开沟、筑埂作业:中耕培土施肥机、筑埂机、开沟机

少耕法:

浅松或深松作业:深松(凿形)犁、通用耕作机(深松、浅松、除草)

播种、施肥、洒药等联合作业:联合种植机(深松、镇压、播种、施肥洒药等)。

1.4 对耕作机械的农业技术要求

1.4.1 耕地作业

(1)**耕深**

应随土壤、作物、地区、动力、肥源、气候和季节等不同而选择合理的耕深。

耕作层通常在16~20 cm。初改机耕地区的耕层要浅些,一般为10~15 cm。常年机耕地区的耕深较深,可达20~30 cm。水田地区略浅,为12~20 cm。一般说来,秋耕冬耕宜深,而春耕夏耕宜浅。深耕作业水田在20~27 cm,旱地为27~40 cm。

耕深要求均匀一致,沟底也应平整。

(2)**覆盖**

良好的翻垡覆盖性能是铧式犁的主要作业指标之一,要求耕后植被不露头,回、立垡少。对于水田旱耕,要求耕后土垡架空透气,便于晒垡,以利恢复和提高土壤肥力。

(3)**碎土**

犁耕作业还需兼顾碎土性能,耕后土垡松碎,田面平整。对于水稻土秋耕后,要求有良好的断条性能,通常以每米断条数目或垡条的平均长度来表示。一般说来,铧式犁的碎土质量往往难于满足苗床要求,还需进行整地作业。

1.4.2 整地作业

旱地与水田整地作业的农业技术要求差别很大,应分别情况,区别对待,基本的要求有:

(1)**耙深**

旱地一般为10~20 cm;水田一般为10~15 cm。耙深要求均匀一致。

(2)**碎土**

耙透、耙碎垡片和草层,耙后表土平整、细碎、松软,但又需有适当的紧密度,因此,有些地区还需进行镇压作业。

总体来讲,要做到以下几点:

①应有良好的翻土和覆盖性能,能翻动上层,地表残茬、杂草和肥料应能充分覆盖,耕作后地表应平整;

②应有良好的碎土性能,耕后土层应松碎,尽可能满足耕后直接播种的要求;

③耕深应均匀一致,沟底平整;

④不重耕,不漏耕,地边要整齐,垄沟尽量少而小;

⑤能满足畦作的要求,以利排水。

1.4.3 影响耕地质量的因素

影响耕地质量的因素包括以下几点:

①土壤的适耕期。耕地时机选择不当,土壤水分过多或过少,或耕后未及时整地,或未采用复式作业等都会影响碎土质量,或成泥条或成坷垃。

②机具的技术状态。犁架、犁柱等变形，犁体安装位置不正确，犁铧、犁侧板的严重磨损以及犁的调整不当等会引起耕深不一致、地表不平、覆盖质量差及重耕、漏耕等现象。

③机手的操作技术。机组走不正、走不直，起落犁不及时等会引起重耕、漏耕、接垡不平、出三角楔子等现象。

④地块的形状。机械作业的地块应规划成长方形。若地块不规则，耕到最后必然出现三角地形或其他不规则形状，就难以获得良好的耕作质量，且严重影响工作效率。

⑤机组的配套及作业速度。机组的配套包括动力和耕幅的配套，即犁的工作幅应与拖拉机的功率、轮距相适应。如果不相适应，如拖拉机马力不足，作业速度太低，犁耕时土垡运动很慢，抛不起来，就会影响碎土和翻土覆盖的性能；轮距与工作幅不相适应就会影响犁的正确牵引，引起漏耕或重耕，造成偏牵引，机组走不正，操作困难，使耕作质量下降，工效降低。

1.4.4 耕地质量的检查

(1)耕深检查

在耕地过程中沿犁沟测量沟壁的高度，一般在地块的两端和中间各测若干点取其平均值，与规定的耕深误差不应超过 1 cm。如耕后检查耕深时，可用木尺插到沟底，将测出的深度减去 20%的土壤膨松度即可。如采用了复式作业或在雨后测定，则可减去 10%的土壤膨松度。检查时沿地块对角线测定若干点取平均值。在检查耕深时应同时检查各犁体的耕深一致性，可将耕后松土清除后观察沟底是否平整。

(2)重耕和漏耕的检查

在耕地过程中检查犁的实际耕宽，方法是从犁沟壁向未耕地量出较犁的总耕幅稍大的宽度 B，并插上标记，待下一趟犁耕后再量出新的沟壁至标记处的距离 C，则实际耕宽为 B-C。如此值大于犁的总耕幅，则有漏耕；反之则有重耕。

此外，还应目测地表平整度、土壤破碎度、接垡和杂草、残茬覆盖和墒沟、垄背等方面的作业质量；目测检查地头、地边有无漏耕。

第 2 章

铧式犁的类型、构造、使用及维护

犁是一种耕地的农具。由一根在横梁端部的厚重的刃构成，通常系在一组牵引它的牲畜或机动车上，也有用人力来驱动的，用来破碎土块并耕出槽沟，从而为播种做好准备。

在5 500年前，美索不达米亚和埃及的农民就开始尝试使用犁。早期的犁是用Y形的木段制作的，下面的枝段雕刻成一个尖头，上面的两个分枝则做成两个把手。将犁系上绳子由一头牛拉动，尖头就在泥土里扒出一道狭小的浅沟，农民可以用把手来驾驶犁。到公元前3000年，犁进行了改进，把尖头制成一个能更有力地辟开泥土的"犁铧"，增加了一个能把泥土推向旁边的倾斜的底板。中国的犁是由"耒耜"发展演变而成(图2.1)。用牛牵拉以后，才渐渐有了"犁"的专名。犁约出现于商朝，见于甲骨文的记载。早期的犁，形制简陋。西周晚期至春秋时期出现铁犁，开始用牛拉犁耕田。西汉出现了直辕犁，只有犁头和扶手。而缺少耕牛的地区，则普遍使用"踏犁"。在四川、贵州等省的少数民族地区均有踏犁的实物。使用时以足踏之，达到翻土的效果。《岭外·代答风土》中有："踏犁形如匙，长六尺许。末施横木一尺余，此两手所捉处也。犁柄之中，于其左边施短柄焉，此左县所踏处也。犁柄之中，于其左边施短柄焉，此左脚所踏处也，踏犁五日，可当牛犁一日，又不若犁之深于土"。

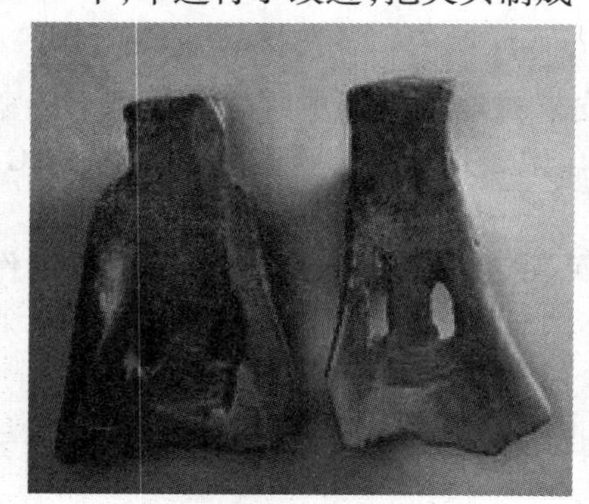

图2.1　耒耜

至隋唐时代，犁的构造有较大的改进，出现了曲辕犁。除犁头扶手外，还多了犁壁、犁箭、犁评等。陆龟蒙《耒耜经》记载，共有十一个用木和金属制作的零件组成，可以控制与调节犁耕的深度。长达2.3丈，十分庞大，必须双牛才能牵挽。中国历史博物馆有唐代犁的复制模型。其原理为今天的机引铧式犁采用。唐朝的曲辕犁与西汉的直辕犁相比，增加了犁评，可适应深耕和浅耕的不同需要；改进了犁壁，唐朝犁壁呈圆形，可将翻起的土推到一旁，减少前进的阻力，而且能翻覆土块，以断绝杂草的生长。

在古代欧洲使用的犁从青铜时代起，基本上就没有怎样改变过。只有犁嘴从公元前十世纪起一般用铁代替了木头。这时的犁在耕田时由犁田人提到一定的高度，需要相当大的气力。犁出来的沟垄既不直，也不深，因此要犁过两遍，且在犁第二遍时要和第一遍的方向形成直角。

中国用牛耕地最早开始于殷代武丁至帝乙年间。商代的耒耜为木制，至西周时期出现了青铜犁铧。战国年间已开始使用铁制犁铧，到唐代已形成结构相当完善的畜力铧式犁。唐末陆龟蒙著《耒耜经》中所描述的犁与近代使用的传统畜力犁基本相同。20世纪50年代初，中国开始生产和推广西方型畜力犁和经过改进的水田犁，1957年生产拖拉机牵引式五铧犁，60年代初生产悬挂式犁，到70年代中期，生产的旱地和水田铧式犁系列共30多种型号，分别与牵引力为5~25 kW的拖拉机配套。

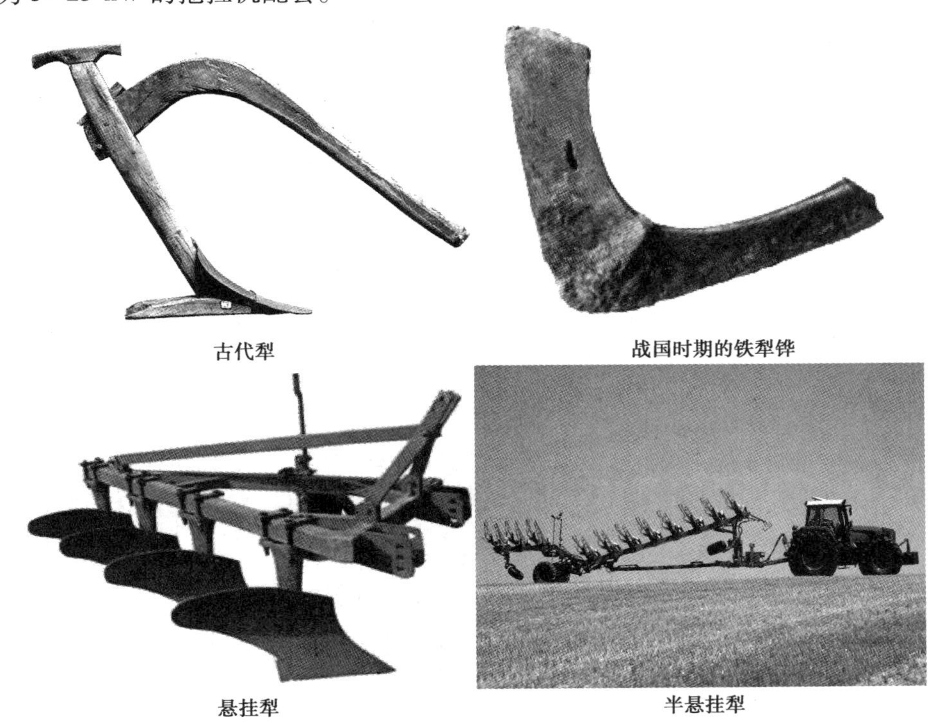

图2.2　犁的演变

2.1　铧式犁的分类

2.1.1　铧式犁的分类体系

铧式犁种类较多，按不同的标准可分成若干不同的体系。同一台犁又可以根据不同的体系给以不同的名称。

按牵引动力不同分为畜力犁和机力犁。机力犁按挂接方式不同分牵引犁、悬挂犁和半悬挂犁；按用途不同则有通用犁、深耕犁、开荒犁、水田犁、山地犁、果园犁等之分。此外还可按结构的不同分为双向犁、调幅犁等；按作业犁体的数量分为单铧犁、双铧犁、三铧犁、多铧犁等；按犁的重量和适应土壤的类型则可分为重型犁、中型犁和轻型犁。

双向犁是在耕地的往返行程中，能使土垡始终向田块的同一方向翻转的铧式犁。双向犁最初是为了在耕斜坡地时使土垡总是向下翻而设计的，所以又称山地犁。它有多种形式：有的只用一个犁体，可以向左翻垡，也可转换成向右翻垡，如中国在20世纪70年代创制的摆式双向犁；欧美各国曾发展的天平式、键式和滚翻式等双向犁，现已不再使用，60年代以来着重发展翻转式双向犁，犁上装有翻垡方向相反的两种犁体，在往返行程中交替使用，其耕翻质量较好，但犁的重量大。

2.1.2 现代普通犁

目前常用的有代表性的普通犁主要有牵引式、悬挂式、半悬挂式。

(1)牵引犁

它是机力犁中发展最早的一种形式。图2.3为带液压升降机构的牵引犁，由牵引装置、犁架、犁轮、小前犁、圆犁刀、液压升降机构和调节机构等部件组成。犁和拖拉机通过牵引装置连接在一起。犁架由三个轮子支承。沟轮在前一行所开出的犁沟中行走，地轮行走在未耕地上，尾轮行走在最后犁体所开出的犁沟中。通过耕深调节机构调整地轮的位置，可改变犁的耕深。当三个犁轮一起相对犁架向下运动，犁架和犁体即被抬起，犁呈运输状态。犁的水平调节机构是调整沟轮的位置，使工作状态时的犁架能保持水平，以保证各犁体耕深一致。牵引犁整机较笨重，结构复杂，作业效率较低，因此应用越来越少。

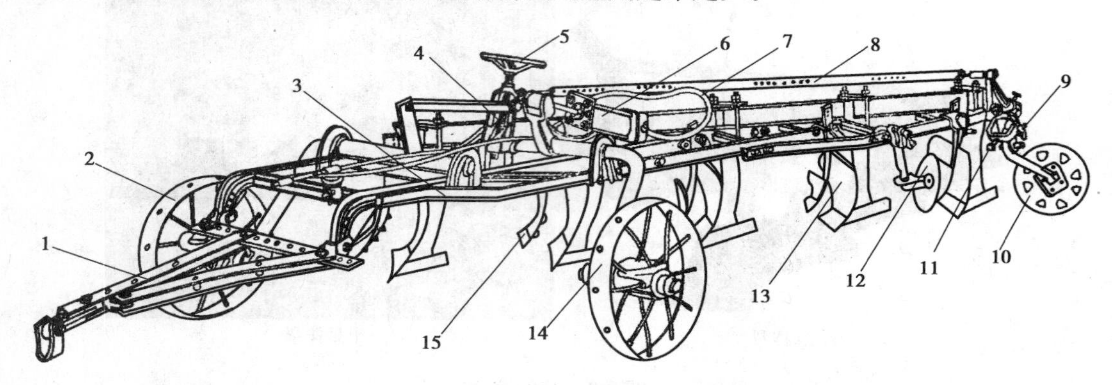

图2.3 带液压升降机构的牵引犁

1—牵引装置；2—沟轮；3—犁架；4—水平调节螺杆；5—调节手轮；6—油缸；7—油管；8—柔性拉杆；9—尾轮水平调节螺栓；10—尾轮；11—尾轮垂直调节螺栓；12—圆犁刀；13—主体犁；14—地轮；15—小前犁

(2)悬挂犁

一般由犁架、悬挂架、犁体、犁刀、调节装置和限深轮等部件组成(图2.4)。

悬挂犁通过悬挂架与拖拉机悬挂机构连接，构成一个机组。运输时，将犁悬挂在拖拉机上。悬挂犁的耕深一般由拖拉机液压系统来控制。操纵悬挂轴两端的曲拐轴销手柄可转动悬挂轴，以进行耕宽等调节。有的悬挂犁是在左下悬挂臂上装有耕宽调节器，转动调节器手柄以伸缩左悬挂销，可改变耕宽，保证既不漏耕也不重耕。悬挂犁结构紧凑，调节时直观简便。

悬挂犁是继牵引犁之后而发展起来的，在生产中应用最广的一种机型。与牵引犁相比，其优点：

①大大减少犁的金属用量，悬挂犁的重量比同样耕幅的牵引犁轻40%~50%。

②机动性强，机组转弯半径等于拖拉机的转弯半径，由于缩短了转弯时间(尤其是在小块田地)，使生产率大为提高。

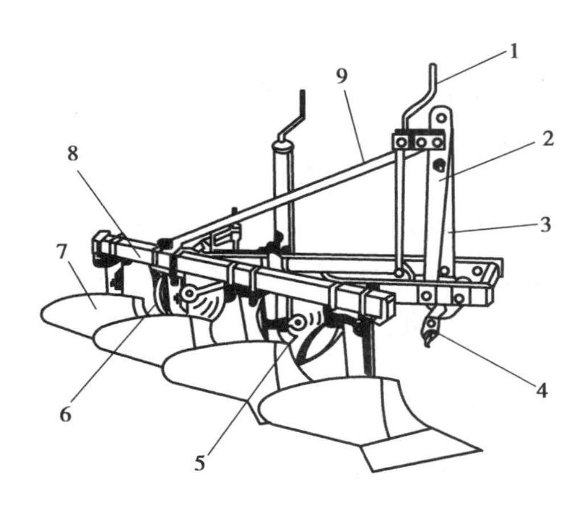

图 2.4　悬挂犁

1—调节手柄;2—右支杆;3—左支杆;4—悬挂轴;5—限深轮;
6—圆犁刀;7—犁体;8—犁架;9—中央支杆

③对拖拉机驱动轮的增重较大,有利于拖拉机功率的充分发挥。

④由于取消了地轮、沟轮和尾轮及起落机构等容易磨损的部件,所以犁的使用寿命较长,且维护保养方便。

悬挂犁在运输状态下,犁的重量全部由拖拉机承担,犁越重或重心越靠后,拖拉机的纵向稳定性和操向性越差。从而限制了犁的结构长度不能过大,犁体数不能过多。

(3)**半悬挂犁**

随着拖拉机功率的不断提高,要求犁的幅宽相应增大,即要求在犁上配置更多的犁体。

由于受到拖拉机纵向稳定性和操向性的限制,悬挂犁的长度不可能过大,于是就出现了介于牵引犁和悬挂犁之间的半悬挂犁(图 2.5)。半悬挂犁的前端通过悬挂架与拖拉机液压悬挂系统相连,犁的后端设有限深轮及尾轮机构。

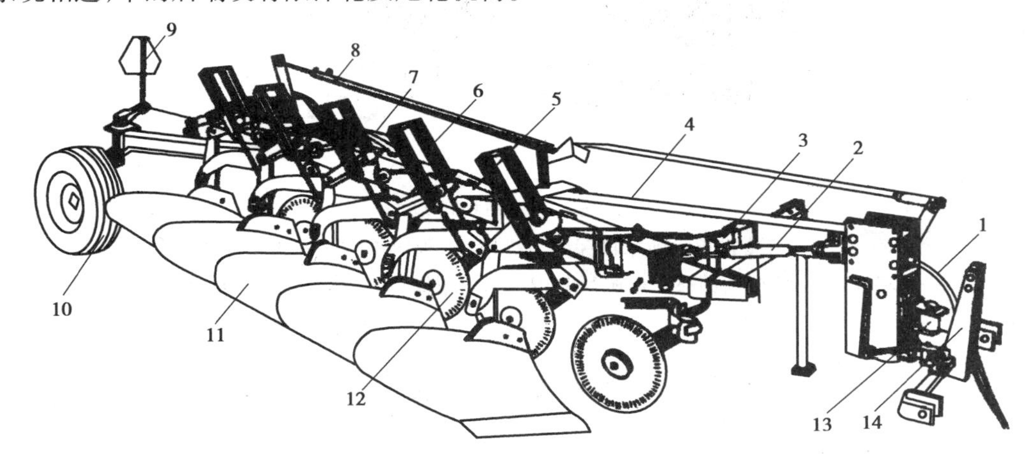

图 2.5　半悬挂犁

1—油管;2—调节螺杆;3—弧形板;4—纵梁;5—斜梁;6—安全器;
7—限深轮;8—尾轮操向杆;9—公路运输标志;10—尾轮;11—犁体;
12—犁刀;13—垂直转向轴;14—悬挂头架

半悬挂犁的优点是比牵引犁结构简单,重量减少 30%,机动性、牵引性能与跟踪性较好。比悬挂式可配置较多犁体,运输时,改善了机组的纵向稳定性。由于半悬挂犁的结构尺寸介于牵引犁与悬挂犁之间,一般来讲,地是丘陵山地的使用机会也不是太多。

(4)**手扶拖拉机犁**

手扶拖拉机犁由犁体、犁梁、牵引架、耕深调节机构和机组耕作直线性调节机构等组成,如图 2.6 所示。手扶拖拉机功率较小,一般只配 1~2 个犁体,犁体大多采用可调式栅条形犁壁和冰刀犁床。犁通过牵引架,用两根插销和手扶拖拉机挂接框架相连接。犁的耕深是通过犁的耕深调节机构来变更犁的入土角度达到的。入土角调得越大,能达到的耕深越大。由左右两根调节螺钉组成耕作直线性调节机构,分别旋进、旋出左右两根调节螺钉,能变更犁梁相对拖拉机纵轴线的偏斜:当犁尾朝未耕地方向调整时,将纠正机组向已耕地偏驶;反向调整,将纠正机组向未耕地偏驶。两调节螺钉不可与中连接架顶死,而应留有 1.5 mm 左右的间隙,使拖拉机在行驶中能在一定范围内自由地左右摆动,以适应拖拉机的两个同步驱动轮在不平整的地面和沟底的行驶情况。否则,将影响到犁的直线耕作,并使拖拉机和犁的构件产生附加应力。犁体曲面背部有一 U 形插销,当变更 U 形插销的不同孔位时,栅条曲面的形状就产生相应的变化,以适应耕作各种土壤的需要。

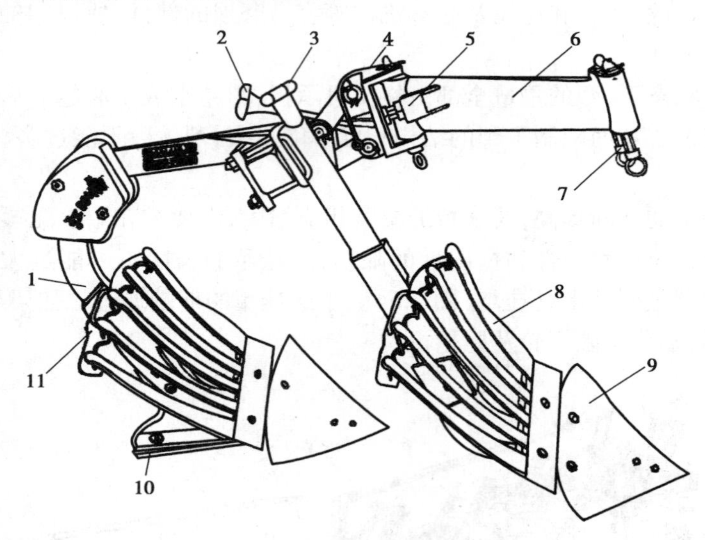

图 2.6　手扶拖拉机犁

1—犁梁;2—耕深调节装置;3—前犁耕深调节机构;4—中连接架;5—耕作直线性调节机构;6—牵引架;7—挂接插销;8—可调犁壁;9—三角犁铧;10—冰刀犁床;11—U 形插销

2.2　铧式犁的基本构成

铧式犁工作时,主要是依靠由犁铧与犁壁组成的犁体曲面对土壤进行入土、切割、破碎、土垡翻转,使地表土层与底层土壤实现交换,为作物生长创造条件。

铧式犁由主犁体、小前犁、 犁刀、犁架、安全装置、起落机构、耕深调节和水平调节等部分构成。

2.2.1　主犁体

主犁体是铧式犁的主要工作部件,如图 2.7 所示。它的作用是切开土垡并使之翻转破碎以及覆盖地表的残茬和杂草。它由犁铧、犁壁、犁柱、犁侧板、犁托等组成。为了增强翻土效果,有的犁体上还装有犁壁延长板。

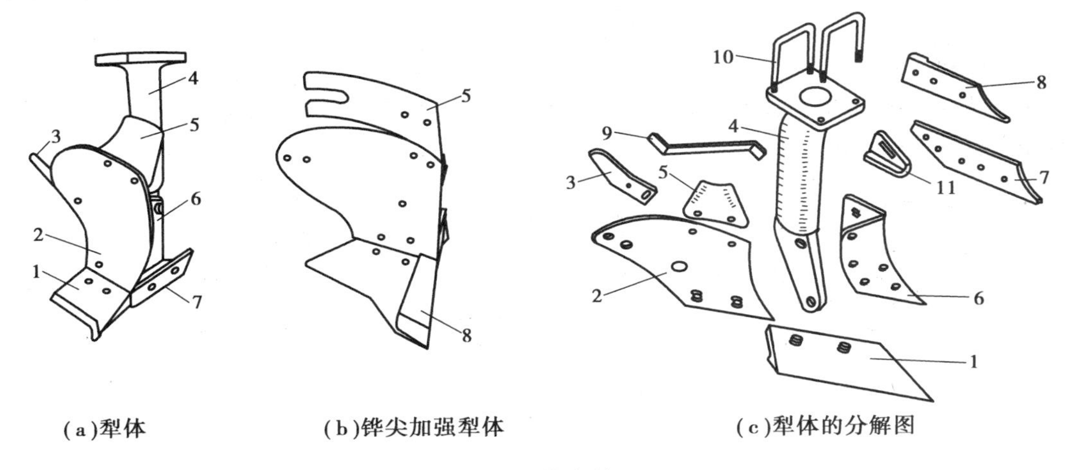

图 2.7　铧式犁

1—犁铧;2—犁壁;3—延长板;4—犁柱;5—滑草板;6—犁托;
7—犁侧板;8—加强凿形铧;9—撑杆;10—U 形螺栓;11—犁后踵

犁铧——切开土垡引导土垡上升至犁壁。

犁壁——破碎和翻扣土垡。

犁侧板——平衡侧向力。

犁柱——连结犁架与犁体曲面。

犁托——连结犁体曲面与犁柱。

犁踵——耐磨件,防止犁侧板尾部磨损,可更换。

犁铧和犁壁组成了犁体的工作曲面(简称犁体曲面或犁面)。根据犁体耕翻时土垡运动的特点,犁面分为滚垡型、窜垡型和滚窜型三大类。犁体曲面的前边称为犁胫,起垂直切开土壤的作用;中部称为犁胸,起连续翻土和碎土的作用;尾部称为犁翼,它保证翻垡质量和位置。通常根据其外形即能初步确定犁面的工作性能:一般犁胸较陡、翼部扭曲较小者,其碎土性较好,翻土能力较弱;反之,犁胸平坦、翼部较长且扭曲较大者,其碎土性较差,翻垡性能较强。

(1)犁铧

犁铧的作用是切开土垡,并将它升运到犁壁。如图 2.8 所示,犁铧由铧尖、铧刃、铧翼和铧面构成。常用的犁铧,按其结构形式可分为梯形犁铧、凿形犁铧和三角形犁铧。

犁铧常用 65Mn 制造。白口铁和灰口铁冷铸犁铧仅用在畜力犁上。钢制犁铧刃口应进行热处理,以增加耐磨性。热处理宽度占铧宽的 20%~50%,硬度应达到 HRC45~60。非热处理区硬度不得高于 HRC33,使其具有一定的韧性。

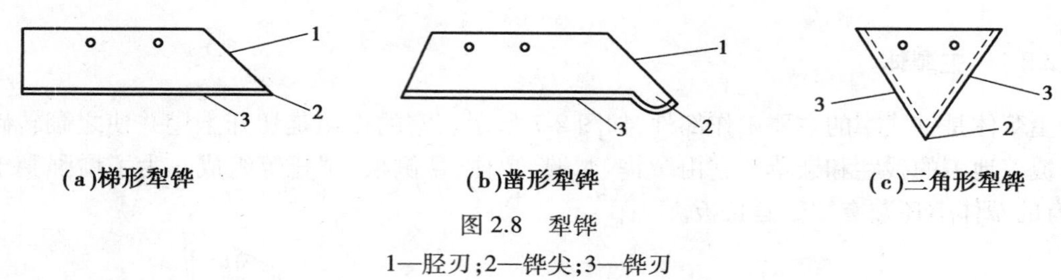

(a)梯形犁铧　(b)凿形犁铧　(c)三角形犁铧

图 2.8　犁铧

1—胫刃;2—铧尖;3—铧刃

(2)犁壁

犁壁是犁体曲面的主要部分,其作用是破碎和翻转土垡。犁壁有整体式、组合式、栅条式等形式,如图 2.9 所示。

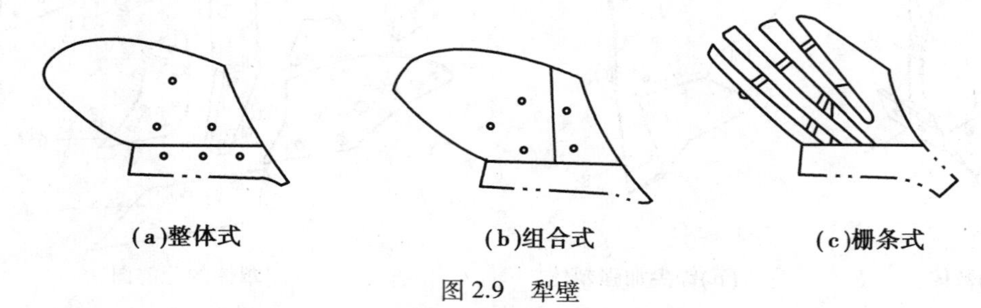
(a)整体式　(b)组合式　(c)栅条式

图 2.9　犁壁

整体式犁壁具有结构简单、安装方便等优点。组合式犁壁是将犁壁分为胫刃和犁胸两块制造,当犁胸部分磨损后,可单独更换新的备件,以降低使用成本。栅条式犁壁作成栅条状,使土垡和犁壁的接触面减小,降低土壤和犁壁间的黏附能力,使脱土容易,阻力降低。

犁壁在耕作中经受土壤压力,并与土壤产生相对摩擦作用,因此制造犁壁的材料应坚韧耐磨,并具有一定的刚度。犁壁通常可用 65Mn 钢板,加热压制成型,表面硬度为 HRC42~56。

(3)犁侧板

犁耕时犁侧板贴在沟墙上滑行,承受并平衡土壤对犁体曲面的侧压力,使犁平稳前进。犁侧板还有防止沟墙坍塌的作用。多体犁上最后一个犁体承受侧压力最大,因此,最后一个犁体的犁侧板比前面几个犁体的犁侧板长些。犁侧板后端接触沟底的部分叫犁踵。犁踵做成活的、可调节的,以便磨损后调节或更换,如图 2.10 所示。

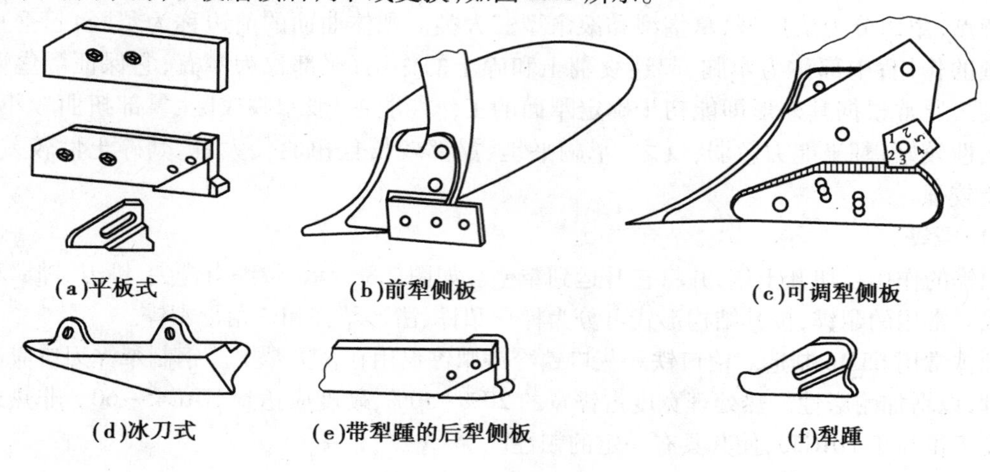
(a)平板式　(b)前犁侧板　(c)可调犁侧板

(d)冰刀式　(e)带犁踵的后犁侧板　(f)犁踵

图 2.10　犁侧板形式

犁侧板常用 45 钢、B3 钢和稀土球墨铸铁制造。侧板末端 100～200 mm 范围内应进行热处理，要求硬度达到 HRC45～55。也可以在磨损面堆焊耐磨合金材料。

(4)犁托和犁柱

犁柱和犁托将犁铧、犁壁和犁侧板等组装在一起构成犁体。犁托固定在犁柱上，犁柱固定在犁架上。犁柱和犁托可合为一体成为一个零件，称为高犁柱(图 2.11(a))。根据犁柱和犁架的连接方式不同，又有钩形犁柱和直犁柱之分(图 2.11(b)、(c))。

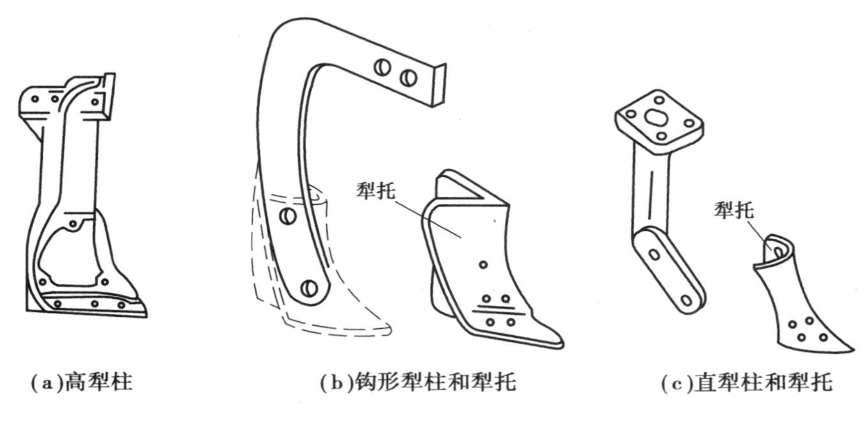

图 2.11　犁柱和犁托

①犁托。犁托是犁铧和犁壁的连接及支承件，增强了犁铧和犁壁的强度和刚度。犁托常用钢板冲压制造，也可用铸钢或球墨铸铁铸造。

②犁柱。犁柱按结构可分整体式和组合式；按形状又可分为直犁柱和弯犁柱。丘陵山地用犁大都采用分开制造的直犁柱和犁托。弯犁柱下部装有犁托。犁托具有与犁壁吻合的表面，更换犁托，可换装不同曲面的犁壁。

犁柱可用多种材料制造，有扁钢或型钢制造的，也有钢板焊接成的，我国多采用铸钢、马铁和球铁铸造。图 2.12 为几种常见的犁柱断面形状。从犁柱所受外载分析，其中以 d、e、f 封闭薄壁断面比较合理，a、b 形断面的犁柱可由型钢直接制造，通常做成钩开犁柱。

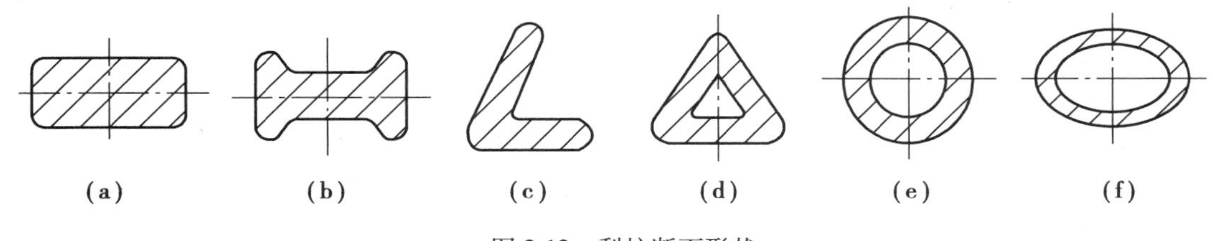

图 2.12　犁柱断面形状

2.2.2　小前犁

小前犁的作用是将土垡上层一部分土壤、杂草耕起，并先于主垡片的翻转而落入沟底，从而改善了主犁体的翻垡覆盖质量。在杂草少、土壤疏松的地区，不用小前犁也能获得良好的耕翻质量。小前犁主要有三种形式，如图 2.13 所示。

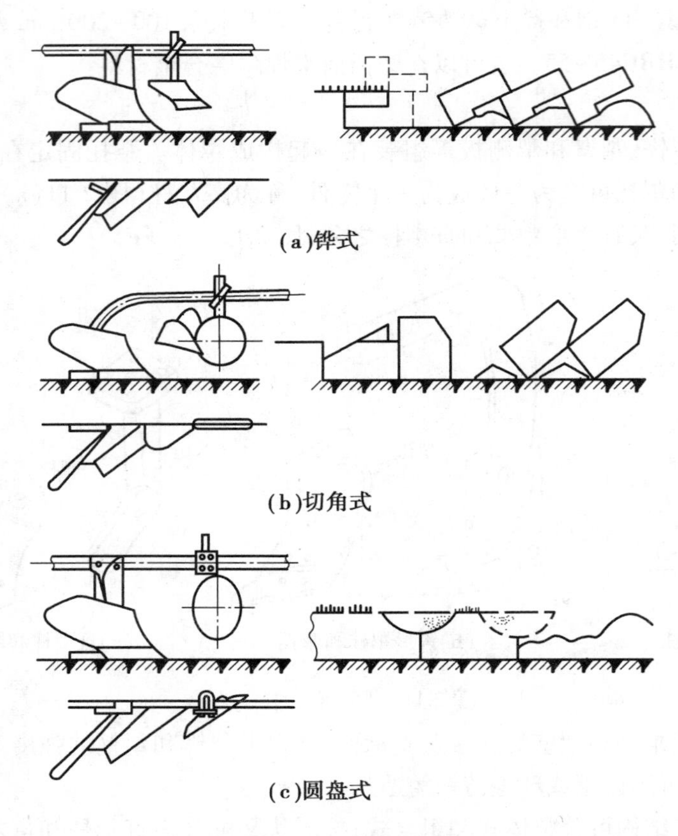

图 2.13　小前犁形式

(1)**铧式小前犁**

铧式小前犁与主犁体构造相似,犁柱和犁托常作成一体,无犁侧板。

(2)**切角式小前犁**

切角式小前犁是切去主堡片的一个角,其断面呈三角形,常和圆盘犁刀装在的支架上。

(3)**圆盘式小前犁**

圆盘式小前犁为一球面圆盘,凹面向前,圆盘周边磨刃。工作时,圆盘切土翻土,同时能被动旋转,因此阻力小,不易黏土缠草。

2.2.3　犁刀

犁刀的作用是切出整齐的沟墙,减少土壤对犁铧和犁壁胫刃部分的压力,以及切断杂草和残茬,改善覆盖质量。

犁刀有圆犁刀和直犁刀两种形式,如图 2.14 所示,圆犁刀比直犁刀的阻力小,切土效果好,且不易缠草,在通用犁上普遍采用。图 2.14(a)为普通刀盘,使用广泛,容易入土,脱土性好,且便于磨锐修复。图 2.14(b)为缺口刀盘,用于黏重而多草的田地,刀盘的缺口可将杂草压倒,便于切断。但磨损后不易修复。图 2.14(c)为波纹刀盘,切断草根的效果最好,由于波纹与土壤紧密接触,所以犁刀不易滑移。虽经磨损,但刃口保持锋利。缺点是在干硬土壤上不易入土。图 2.14(d)为直犁刀,最初被用在畜力犁上,以后在机力犁上也有应用。在耕深大、工作条件恶劣的地区(如多石、灌木地等)多用直犁刀。

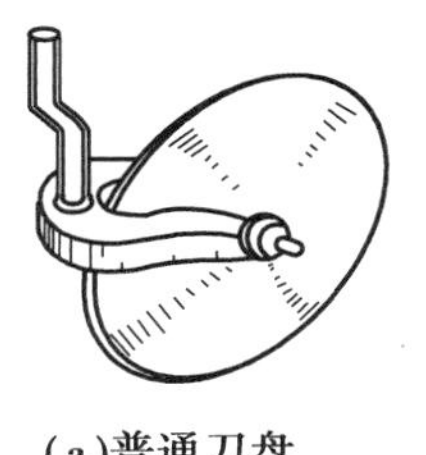

(a)普通刀盘

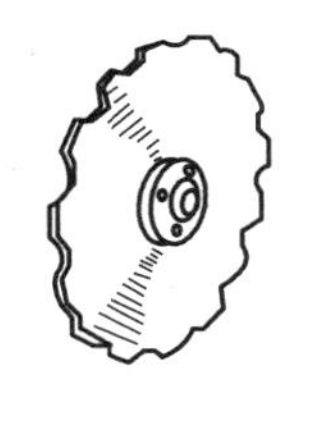

(b)缺口刀盘

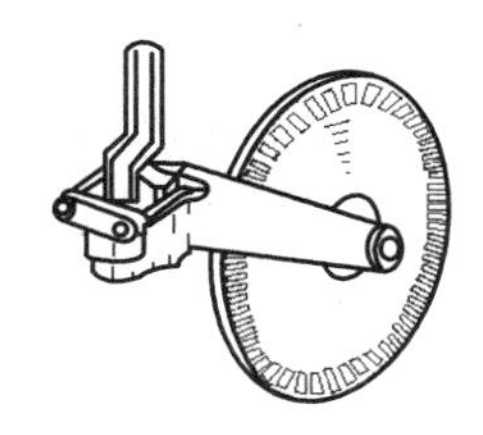

(c)波纹刀盘

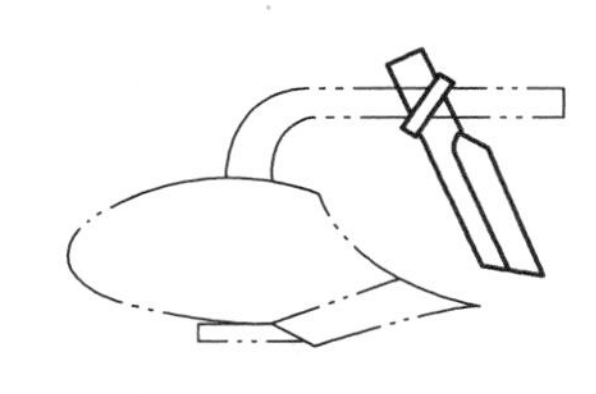

(d)直犁刀

图 2.14　犁刀

2.2.4　犁架

犁架用来安装犁体或其他部件，组成整体，并传递动力，带动犁体工作。如果犁架变形，犁便不能正常工作，影响耕地质量。

按犁架的结构形式可分为弯犁架和平面型架两大类。弯犁架的下弯部分，实际上代替了犁柱的作用，但因装配复杂，工艺要求较高，修理困难，因而使用较少。平面犁架的框架为一平面，按其构件连接方法的不同，可分为螺栓组合式和焊接式两种。

（1）**螺栓组合式**

螺栓组合式犁架由螺栓将犁架构件连接而成。纵梁为主梁，多用加强工字钢，用来固定犁体，其数目常与犁体数相等。各纵梁间固定着横梁，以保证犁体横向间距。横梁断面为矩形或十字形。在某些受力较大的犁上，为了加强犁架的强度和刚度，在犁架平面上方斜向，并用 U 形螺栓固定一槽钢，作为加强梁。从犁的外载以及材料的应力性质分析，采用实心断面钢材，金属耗用量大，并增加了犁的重量。但这种结构的优点是易于制造，便于拆装，变形后容易修复。

（2）**焊接式**

焊接式平面犁架（图 2.15）是目前采用较多的结构形式，用矩形或圆形薄壁管材焊接而成，用材少，重量轻。材料断面形状适宜于承受犁的外载，抗弯、抗扭能力较强。随着我国钢铁工业的发展，犁架结构形式也起了重大变化，目前大多采用低合金钢冷弯高频焊接矩形薄壁管。这种犁架的通用性较好，能安装不同耕宽的犁体，还能适量调整犁体间距。

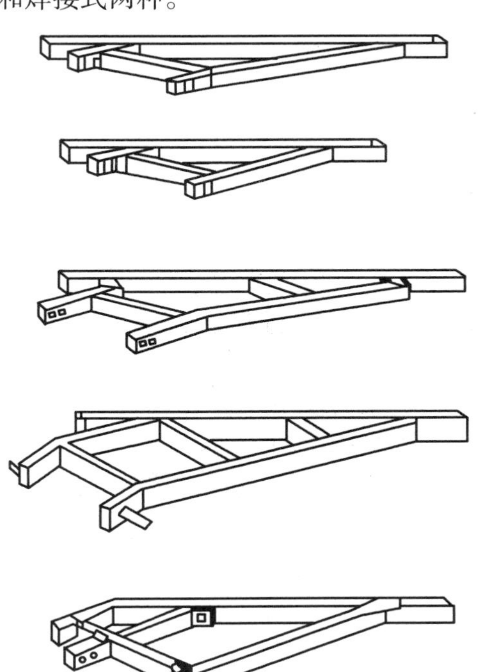

图 2.15　焊接犁架

焊接犁架按几何形状分有三角形犁架和梯形犁架、独梁犁架等。

2.2.5　安全装置

安全装置的作用是当犁体碰到石块、树根或其他障碍物时，能使之安全越过，避免造成犁的损坏。超载保护装置就是安全装置的一种，它可以使犁在工作中遇到超过设计载荷的外力

(障碍物)时,避免损坏。超载保护装置亦称安全器。

安全器有刚性和弹性两种,前者又分为摩擦式、销钉式和复合式(图 2.16);后者又分为开钩式、闭钩式和凸轮式等几种结构形式(图 2.17)。弹性安全器在使用前,必须预先调整好弹簧的初始压缩量。

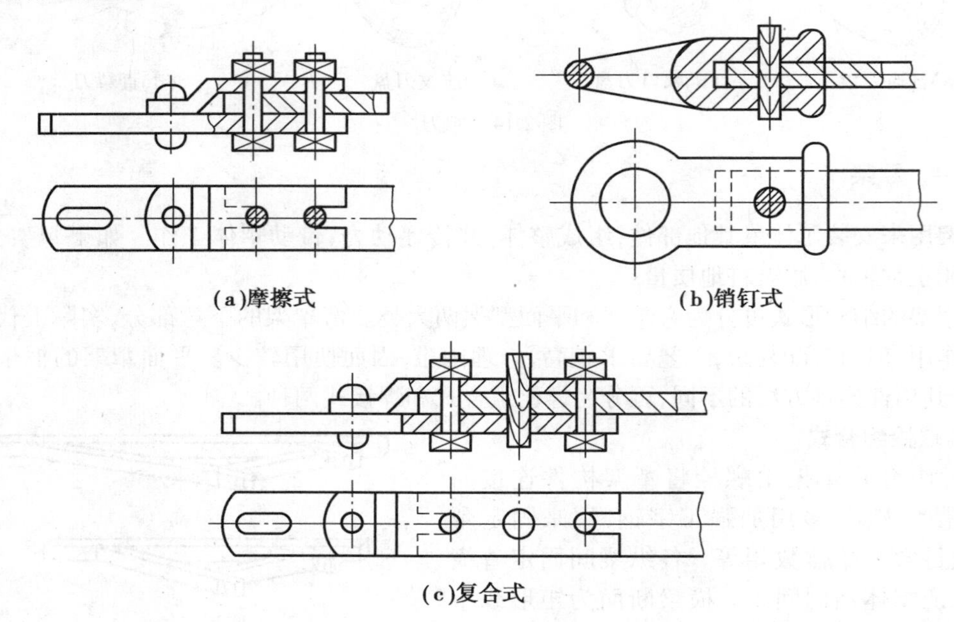

(a)摩擦式　(b)销钉式　(c)复合式

图 2.16　刚性安全器

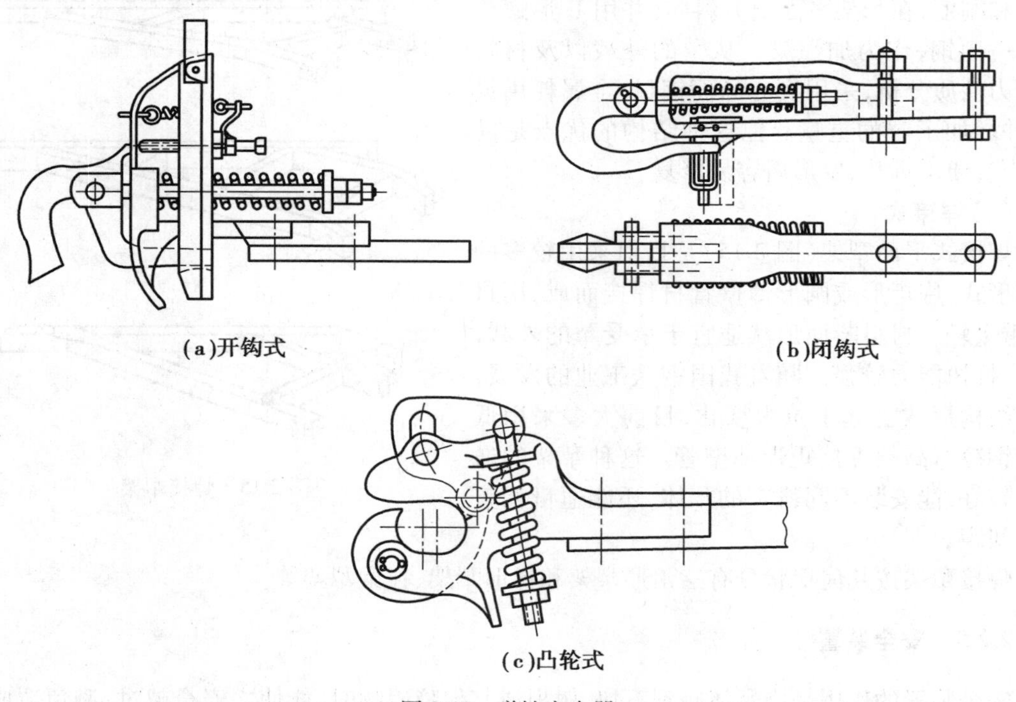

(a)开钩式　(b)闭钩式　(c)凸轮式

图 2.17　弹性安全器

随着犁的耕地速度的提高及幅宽增加，犁体的超载概率增加，单一犁体的超载值对总牵引力的影响逐渐减弱，因而，在高速犁和宽幅犁上，就有必要在每个犁体上装设超载保护装置。犁体超载保护装置都设在犁柱上，通常有销钉式、弹脱式和液力式等几种（图2.18）。

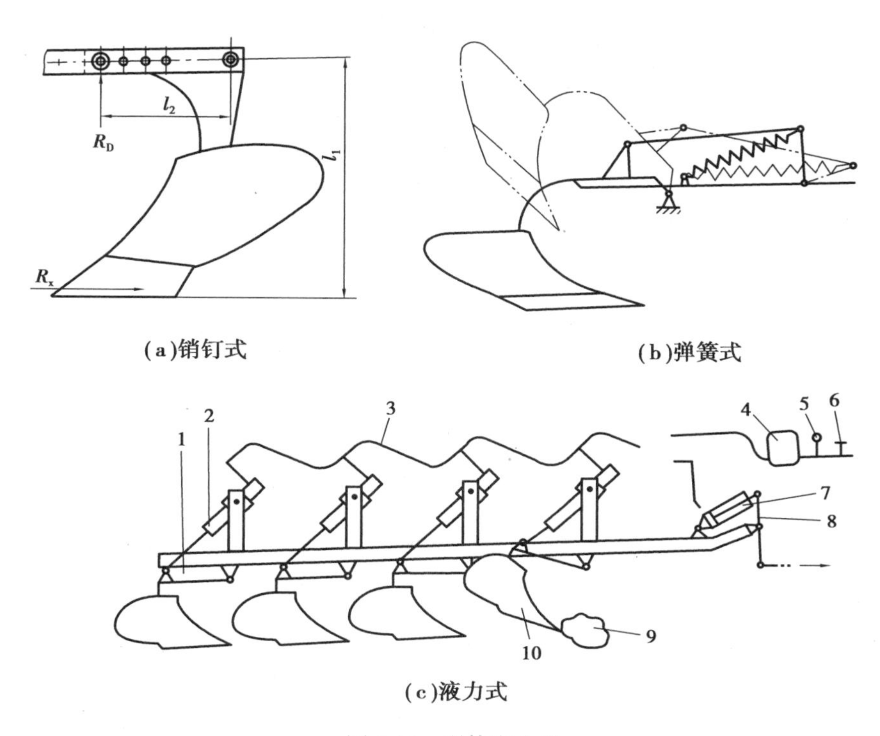

图 2.18　犁体安全器

1—连杆机构；2、7—油缸；3—油管；4—贮能器；5—压力表；
6—单向阀；8—牵引杆；9—障碍物；10—犁体

销钉式超载保护装置起作用时，销钉被剪断，因此，在重新开始工作前，必须更换销钉，费时较多，影响工作效率。弹脱式或液力式超载装置，当犁体超载升起后，不需停车，在犁体越过障碍物后，随即借助弹簧的弹力或油缸的推力自动复位。采用这种装置的犁，无论超载与否，机组都可以连续耕作，工作效率较高。

2.3　铧式犁的型号表达方式

按《中华人民共和国农业行业标准》（NY/T 1640—2008）将我国农业机械分为14个大类，57个小类（不含“其他”），276个品目（不含“其他”）。14个大类为：

1—耕整地机械	2—种植施肥机械	3—田间管理机械
4—收获机械	5—收获后处理机械	6—农产品加工机械
7—农用搬运机械	8—排灌机械	9—畜牧水产养殖机械
10—动力机械	11—农村可再生能源利用设备	12—农田基本建设机械
13—设施农业装备	14—其他机械	

举例说明：

机具类别名称	分类号	组别号
耕整机械	1	L—犁，B—耙，G—悬耕机，K—开沟机，Z—筑埂机，P—平地机
种植施肥机械	2	B—播种机，Z—栽植机，F—施肥机
田间管理机械	3	Z—中耕机，W—喷雾机，F—喷粉机，M—弥雾机，Y—喷烟机
收获机械	4	G—收割机，S—割晒机，L—谷物联合收获机，Y—玉米收获机，M—棉花收获机，H—花生收获机

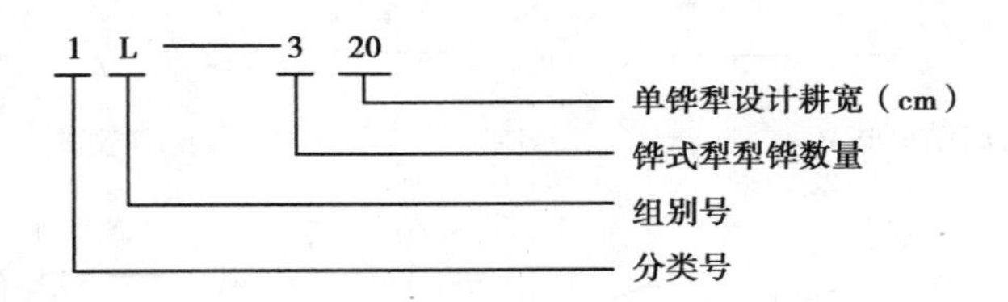

2.4 铧式犁的使用与调整

要使悬挂犁的作业质量好，效率高，不出故障，而且使用寿命长，必须注意正确安装调整及操作使用、维护保养和故障排除等方面的问题。

2.4.1 犁的安装

(1)主犁体的安装

正确安装主犁体，可以减小工作阻力，节省燃油消耗，保证耕地质量。主犁体安装应符合以下技术要求：

①犁铧与犁壁的连接处应紧密平齐，缝隙不得大于 1 mm。犁壁不得高出犁铧，犁铧高出犁壁不得超过 2 mm。

②所有埋头螺钉应与表面平齐，不得凸出，下凹量也不得大于 1 mm。

③犁铧和犁壁的胫刃应位于同平面内。若有偏斜，只准犁铧凸出犁壁之外，但不得超过 5 mm。

④犁铧、犁壁、犁侧板在犁托上的安装应当紧贴。螺栓连接处不得有间隙，局部处有间隙也不能大于 3 mm。

⑤犁侧板不得凸出胫刃线之外。

⑥犁体装好后的垂直间隙和水平间隙应符合要求，如图 2.19 所示。犁的垂直间隙是指犁侧板前端下边缘至沟底的垂直距离，如图 2.19(a)所示，其作用是保证犁体容易入土和保持耕深稳定性。犁体的水平间隙指犁侧板前端至沟墙的水平距离，如图 2.19(b))所示，其作用是使犁体在工作时保持耕宽的稳定性。通常梯形犁铧的垂直间隙为 10～12 mm。水平间隙为5～10 mm，凿形犁铧的垂直间隙为 16～19 mm。水平间隙为 8～15 mm。

当铧尖和侧板磨损后，间隙会变小。当垂直间隙小于3 mm，水平间隙小于1.5 mm时，应换修犁铧和犁侧板。

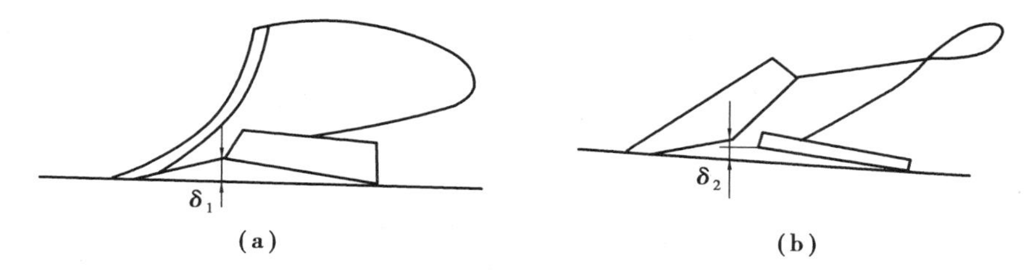

图2.19　犁体安装间隙

(2)**总体安装**

犁的总体安装是确定各犁体在犁架上的安装位置，保证不漏耕、不重耕和耕深一致，并使限深轮等部件与犁体有正确的相对位置。以1LD-435型悬挂犁为例，其总体安装可按下列步骤进行。

①选择一块平坦的地面，在地面上画出横向间距的单犁体耕幅(不含重耕量)的纵向平行直线，以铧尖纵向间距依次在各纵向直线上截取各点，使各犁体分别放在纵向平行线上，使犁铧尖与各截点重合。

②使犁架纵主梁放在已经定位的犁体上。按表2.1中的尺寸安装限深轮，转动耕深调节丝杆，使犁架垫平。

③前后移动犁架，使第一铧犁柱中心线到犁前梁的尺寸符合表2.1中的要求。

表2.1　1LD-435型悬挂犁的安装尺寸　mm

项目	尺寸
第一铧犁柱中心线到犁架前梁里侧的距离	150
犁体耕幅	350
犁间的纵向间距	800
限深轮中心线到犁架外侧的距离	420左右

(3)**总安装后应符合的技术要求**

总安装后应符合以下技术要求：

①当犁放在平坦的地面上，犁架与地面平行时，各犁铧的铧刃(梯形铧)和后铧的犁侧板尾端与地面接触，处于同一平面内。其他的犁侧板末端可离开地面5 mm左右。各铧刃高低差不大于10 mm，铧刃的前端不得高于后端，但允许后端高于前端不超过5 mm。凿形犁铧尖低于地面10 mm。

②相邻两犁铧尖的纵向和横向间距应符合表2.1规定的尺寸要求。

③各犁柱的顶端配合平面应与犁架下平面靠紧。各固定螺栓应紧固可靠。

④犁轮和各调整应灵活有效。

2.4.2　悬挂犁的挂结与调整

(1)**悬挂犁的挂结特点**

悬挂犁一般以三点悬挂的方式与拖拉机相连，其牵引点为虚牵引点。

悬挂犁在拖拉机上挂结的机构简图如图 2.20 所示，在纵垂直面内，犁可看作悬挂在 $abcd$ 四杆机构上，工作中 bc 杆的运动就代表犁的运动，在某一瞬间，犁可以 ab 与 cd 延长线的交点 π_1 为中心作摆动，π_1 点称为犁在纵垂直面内的瞬间回转中心；在某一瞬间，犁可绕 c_1d_1 与 c_2d_2 杆延长线的交点 π_2 摆动，π_2 就是犁在水平面内的瞬时回转中心，也就是犁在该平面内的牵引点。

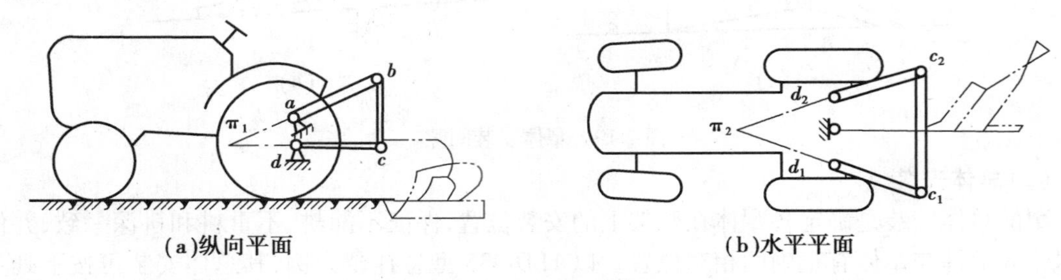

图 2.20　悬挂犁的瞬时中心

（2）**悬挂犁的调整**

悬挂犁的调整要在与拖拉机悬挂机构连接后，结合耕作进行。悬挂犁与拖拉机悬挂机构的连接顺序是先下后上，先左后右。连接前，先检查拖拉机的悬挂机构各杆件及限位链是否齐全，上下连杆的球接头及调节丝杆是否灵活，通过转动深浅调节丝杆调整限位轮高度，将犁架调平。然后，拖拉机缓慢倒车与犁靠近。通过液压操纵手柄调整下拉杆的高度，先将左侧下拉杆与犁左销轴连接，再前后移动拖拉机和调整右侧提升杆长度，使右侧下拉杆与犁右销轴连接。最后通过液压操作手柄或调整上拉杆长度，使上拉杆与犁的上悬挂点挂接。

犁的调整包括耕深调整、前后水平调整、左右水平调整、纵向正位调整和上下悬挂点位置的调整。

悬挂犁的耕深调节，因拖拉机液压系统不同，有以下几种方法：

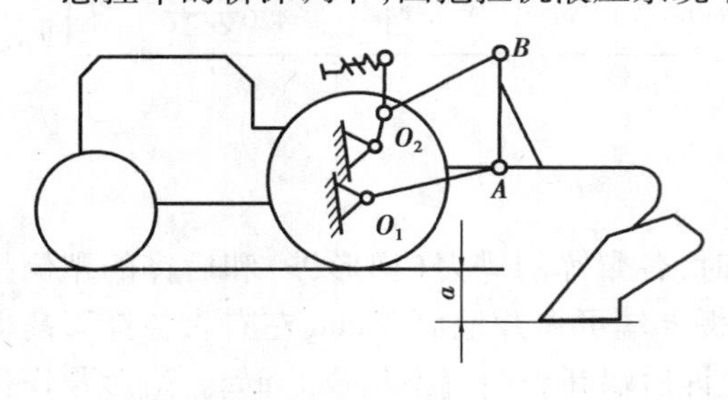

图 2.21　力调节法

①力调节法。如图 2.21 所示，调节耕深时，改变拖拉机力调节手柄的位置，若向深的方向扳动角度越大，则耕深越大。耕地时，其耕深由液压系统自动控制，耕地阻力增加时，上调节杆受到的压力增加，耕深会自动变浅，使阻力降低；反之，则自动下降变深些，使犁耕阻力不变。这样既能减轻驾驶员劳动强度，又能使拖拉机功率充分发挥。

②高度调节法。如图 2.22 所示，调节时，通过丝杆改变限深轮与机架间的相对位置。提高限深轮的高度，则耕深增加；反之耕深减少。犁在预定的耕深时，限深轮对土壤压力应适应。压力过大，滚动阻力增加；过小则遇到坚硬土层，限深轮可能离开地面，使犁的耕深不稳。根据试验，先使犁达预定耕深后，将限深轮升离地面继续工作，测定最后一个犁体耕深比预定耕深大 3~4 mm，则限深轮受到支反力为合适。超过 4 mm 说明限深轮对土壤压力过大；不足 3 mm 说明限深轮压力过小，应适当调节上、下悬挂点的位置，以获得适当的

入土力矩。升犁时，先将拖拉机上的液压手柄向上扳，然后在“中立”位置固定；降犁时，把手柄向下压，并固定在“浮动”位置上。采用高度调节法耕地，工作部件对地表的仿行性较好，比较容易保持一致。

③位置调节法。如图2.23所示，耕地时，犁和拖拉机的相对位置不变，当地表不平时。耕深会随拖拉机的起伏而变化，仅能在平坦的地块上工作，故犁耕时较少采用。

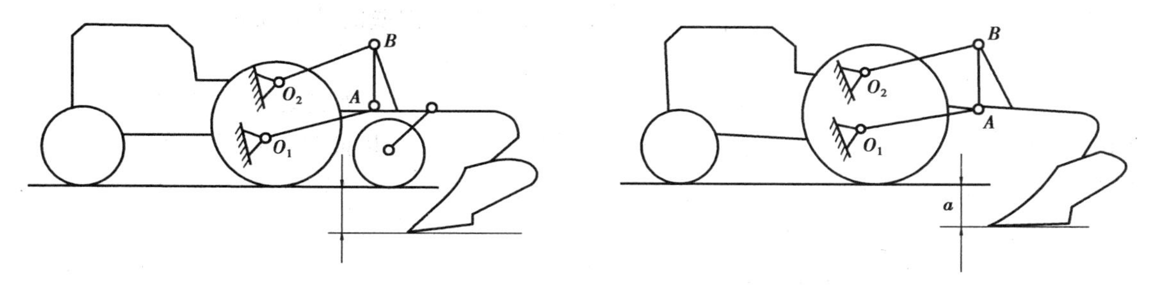

图2.22　高度调节法　　　　图2.23　位置调节法

水平调整为了使多犁体的前后犁体耕深一致，保证犁耕质量，要求犁架纵向和横向都与地面平行，因此水平调整有以下两个：

①纵向水平调整。耕地时，犁架的前后应与地面平行，以保证前后犁体耕深一致，如图2.24所示。犁在开始入土时，需要一入土角，一般为5°~15°，达到要求的耕深后犁架前后与地面平行，入土角消失。调整的部位是拖拉机悬挂机构上的拉杆，缩短上拉杆，入土角就变大。若上拉杆调整过短，会造成耕地时犁架不平，前低后高，前犁深，后犁浅；上拉杆调整偏长，则犁入土困难，入土行程大，地头留得长，犁架前高后低，前犁浅，后犁深。上拉杆调整过长，如图2.24(b)所示，犁将不能入土。

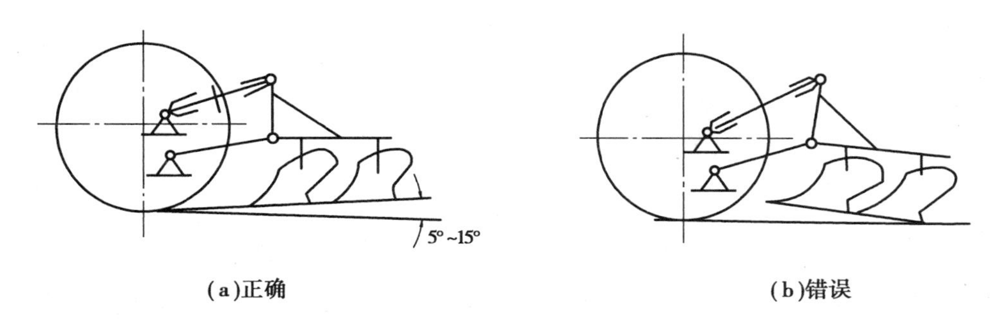

(a)正确　　　　(b)错误

图2.24　纵向水平调整

②横向水平调整。耕地时，犁架的左右也应与地面平行，以保证左右犁体耕深一致。犁架的左右水平是通过伸长或缩短拖拉机悬挂机构和右提升杆进行调整的。当犁架出现右侧低左侧高时，应缩短右提升杆；反之，应伸长右提升杆。拖拉机悬挂机构的左提升杆长度也是可以调整的，但为了保证犁的最大耕深和最小运输间隙，应先将左提升杆调整到一定长度，然后用上拉杆和右提升杆高度调整犁架的水平位置。

正位调整耕地时，要求犁的第一铧右侧及后面各铧之间不产生漏耕或重耕，使犁的实际总耕幅符合设计要求。为此，除各犁体在犁架上有正确的安装位置外，还要进行犁的纵向正位调整，也就是调整犁对拖拉机的左右相对位置，使犁架纵梁与拖拉机的前进方向平行。

犁的正位调整应根据造成犁体偏斜的原因来进行。如果牵引线过于偏斜，应在不造成明显偏牵引的情况下，通过转动悬挂轴和改变悬挂销前后伸出量等方法，适当调整牵引线，使犁架纵梁与前进方向保持平行；如果因为土壤过于松软，犁侧板压入沟壁过深而造成偏斜，就应从改善犁体本身平衡着手，如加长犁侧板来增加与沟壁的接触面积，或在犁侧板与犁托间放置垫片，增大犁侧板与前进方向偏角，使犁体走正。

耕宽调整多铧犁，就是改变第一铧的实际耕宽，使之符合规定要求。悬挂犁的耕宽调整是通过改变下悬挂点与犁架的相对位置，使犁侧板与机组前进方向成一倾角来实现的。当第一铧实际耕宽偏大，与前一趟犁沟出现漏耕时，可通过转动曲拐式悬挂轴或缩短耕宽调节器伸出长度的办法，使犁架及犁侧板相对于拖拉机顺时针摆转一个角度 α，如图 2.25 所示。这样，当犁入土耕作时，犁侧板在沟墙反力作用下，将犁向右摆正，消除了漏耕。如果耕作中发生第一铧耕宽偏窄有重耕现象时，应作相反方向的调整，如图 2.26所示。

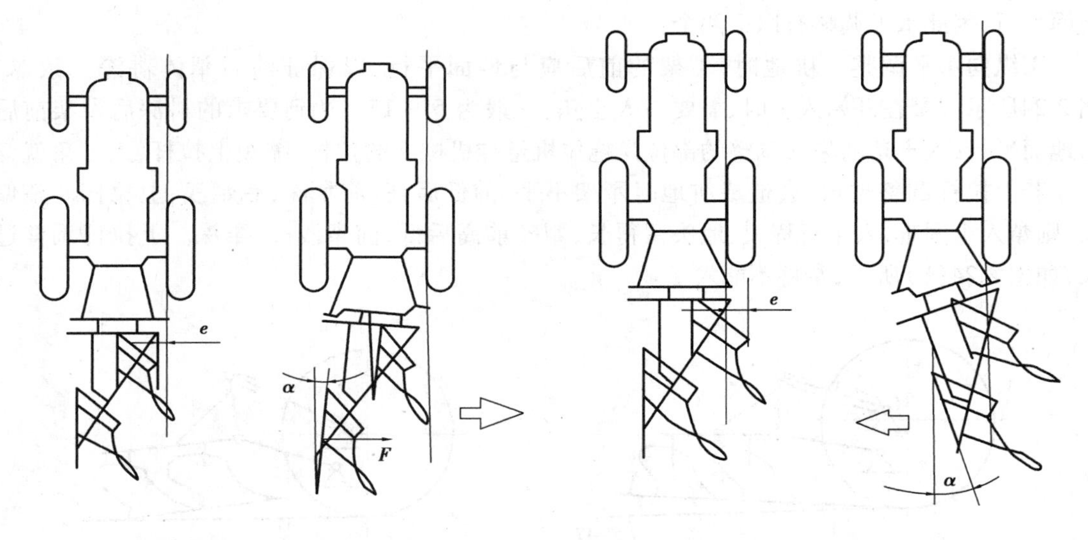

图 2.25　耕宽偏大时的调整　　　　图 2.26　耕宽偏小时的调整

通过上述调整后，如仍不能满足要求，可再用横移悬挂轴或左悬挂点（耕宽调节器）的方法来调整。漏耕时左移悬挂轴或左悬挂点，重耕时右移。

偏牵引调整现象可通过调整牵引线来消除。工作中当拖拉机向右偏摆时，说明瞬心 π_2偏右，牵引线位于动力中心右侧，可通过右移悬挂轴或左悬挂点的方法，使瞬心左移，牵引线通过动力中心，偏牵引现象消除，如图 2.27 所示。若牵引线偏左，应作相反方向的调整。

横移悬挂轴或左悬挂点不仅是调整耕宽的一种方法，也是调整偏牵引的方法。工作中，一般先用转动曲拐轴或改变左悬挂点伸出长度的办法使耕宽合乎要求，若有偏牵引现象，再横移悬挂轴或左悬挂点，两者应配合进行，经反复调整达到耕宽合适又无偏牵引的状态。

2.4.3　耕地方法

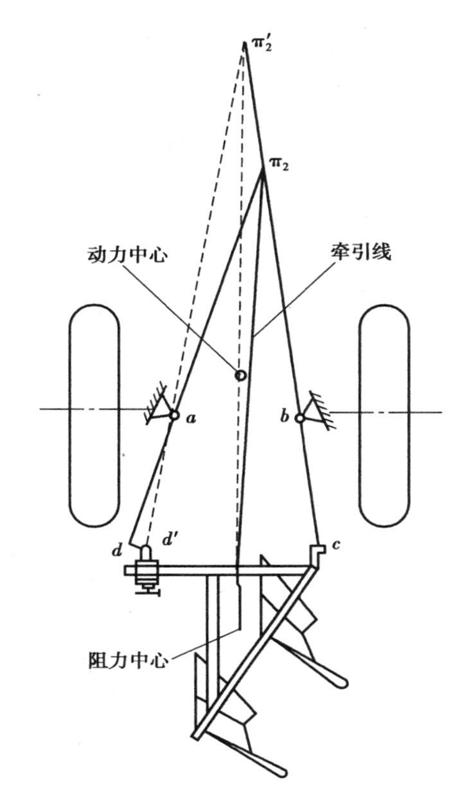

图 2.27　偏牵引调整

(1)行走方法

最基本的耕地行走方法有内翻法、外翻法和套耕法 3 种,如图 2.28 所示。耕地时应根据地块情况和农业技术要求选择合理的行走方法。

①内翻法机组从地块中心线的左侧进入,耕到地头升起犁后顺时针环形转弯,由中心线另一侧回犁,依次由里向外耕完整块地。耕后,地块中央形成一垄背,两侧留有犁沟。当地块较窄且中间较低时可采用此法。

②外翻法机组从地块右侧入犁,耕到地头起犁后向左转。行至地块的另一侧再回犁,依次逆时针由外向内绕行耕完整块地,耕后地块中央形成一条垄沟。地块中间较高时可采用此法。

③套耕法对于有垄沟、渠道的水浇地可采用四区无环节套耕法。机组从第一区右侧进入,顺时针转入第三区左侧回犁,用内翻法套耕一、三两区;再以同样耕法套耕二、四两区。套耕法机组不转环形弯,操作方便,地头较短,工效高,并可减少地面上的沟和垄。耕前需先将地头转弯处的垄沟、渠道平掉。同理,也可采用三区与一区以及四区与二区的外翻法套耕。此外,还可以采用以外翻法套耕三区与一区,以内翻法套耕二区与四区的内外翻套耕法。

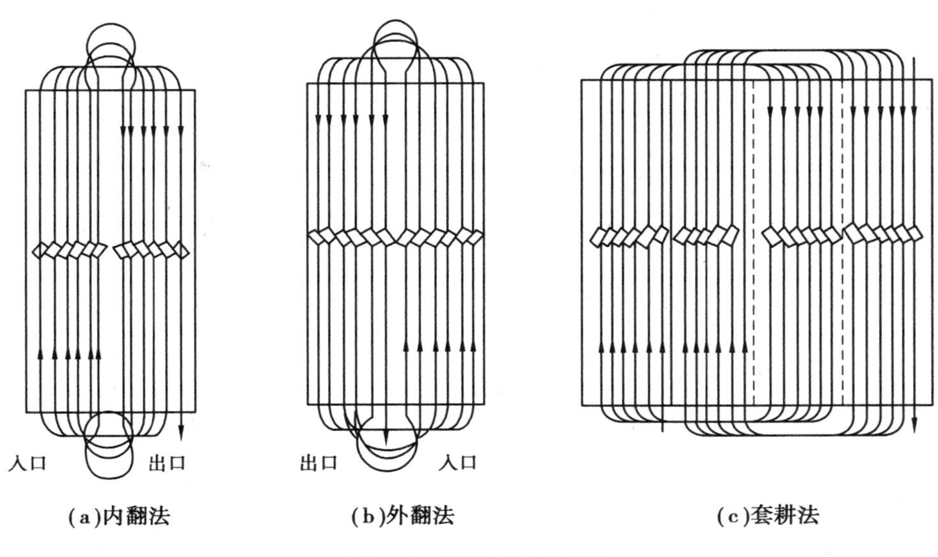

(a)内翻法　(b)外翻法　(c)套耕法

图 2.28　耕地的行走方法

(2)**耕地头线**

在正式耕地之前,在地块的两头应留出一定的宽度,先用犁耕出地头线,作为犁的起落标志线,使起犁落犁整齐一致、犁铧入土容易,减少重耕和漏耕,以提高耕地质量和工作效率。牵引机组地头宽度为机组长度的1.5~2倍;悬挂机组的地头宽度为拖拉机长度的1.5~2倍。地头宽度还与机手的操作熟练程度有关。同时,它还应该是耕幅的整数倍,以便耕翻地头时耕到边。

(3)**开墒**

在平地上耕第一犁称为开墒。开墒的好坏对作业质量和生产率影响很大,必须开得正,走得直,否则易造成漏耕、重耕或留下三角形楔子。为减小内翻法开墒时垄背的高度,应将犁调节为前犁浅、后犁深。悬挂犁开墒时,限深轮应调整至全耕深位置,而右提升杆伸长至使前犁下降半个耕深(低于拖拉机驱动轮支持面半个耕深),犁架呈倾斜状态。耕第二犁时再将右提升杆缩回,使犁架调平,进行正常作业。

为了减少开墒时出现的生埂以及使地面尽量平整,常采用如下开墒法。

①双开墒法。机组从地块中央用外翻法逆时针耕第一个来回,地块中间则形成一条沟。然后再用内翻法重耕一遍填平墒沟,此后用内翻法一直耕完整块地。用此法开墒无生埂,地面平整,但开墒处杂草、残茬等覆盖不严且工效低。

②重半幅开墒法。按正常开墒法耕第一犁,在返回(耕第二犁)时,使前两铧(半个耕幅)重耕,后两铧耕未耕地。此后将前犁调至正常耕深,用内翻法耕完整块地。用此法开墒无生埂,覆盖质量较好,对机组生产率影响不大,中间垄背较正常开墒法的小。

(4)**收墒**

犁耕后留下的墒沟对后续作业带来很大困难,因此要注意耕好最后一犁,即收墒,应当尽量减小墒沟。收墒的方法可采用以下几种。

①重半犁的收墒法。此法要求耕到最后一犁时应留下半个耕幅的未耕地,前犁正常耕生地而后犁调浅,耕已耕地。

②回一犁的收墒法。如最后一犁正好耕完未耕地,留下较大的墒沟,此时将后犁调浅,来回重耕一犁,使墒沟填平些。收墒时要注意犁走的位置,以达到填平墒沟的效果。

(5)**耕地头**

①单独耕地头。整块地的长边耕完后,用内翻法或外翻法单独耕两端的地头。此法耕后出现垄台或墒沟,且机组转弯困难。

②回形耕法。在耕区两侧留出与地头等宽的地边不耕,最后将地头与地边连起来转圈耕完,在四角处起犁转弯。

(6)**复式作业**

采用复式作业可提高作业质量,充分发挥拖拉机的功率和减少机车进地次数,并降低成本,提高工效。进行复式作业时犁上需要装复式作业拉杆。

耕地机组常用的复式作业有:犁带平地合墒器(起碎土、平整地表和缩小墒沟的作用)、犁带钢丝滚动耙,起碎土、耙平和耙实的作用)、犁带钉齿耙和盖(耮)(起平地和碎土作用)、犁带镇压器和盖(耮)(起镇实、耮碎表土、保墒的作用)。

2.5　铧式犁的常见故障与排除方法

铧式犁的常见故障与排除方法见表 2.2。

表 2.2　铧式犁的常见故障与排除方法

故障现象	故障原因	排除方法
入土困难	铧刃磨损	更换犁铧或用锻伸方法修复
	土质干硬	适当加大入土角度和入土力矩或在犁架尾部加配重
	犁架前高后低	调短上位杆长度、提高牵引犁横拉杆或降低拖拉机的拖把位置
	犁铧垂直间隙小	更换犁侧板、检查犁壁等
耕后地不平	犁架不平或犁架、犁铧变形	调平犁架、校正犁柱(非铸件)
	犁壁黏土、土垡翻转不好	清除犁壁上黏土,并保持犁壁光洁
	犁体在犁架上安装位置不当或振动后移位	调整犁体在犁架上的位置
水田作业时入土过深	悬挂犁机组力调节系统不起作用,犁出现钻深现象	不用力调节系统
	土壤承压能力较弱	使犁架前端稍调高些,安装限深滑板
立垡甚至回垡	过深	调浅
	速度过慢	加速
	各犁体间距过小,宽深比不当	当耕深较大时,可适当减少铧数,拉开间距
	犁壁不光滑	清除犁壁上黏土
耕宽不稳	耕宽调节器 U 形卡松动	紧固,若 U 形卡变形则更换
	胫刃磨损或犁侧板对沟墙压力不足	增加犁刀或更换犁壁、侧板
	水平间隙过小	检查水平间隙,调整或更换犁侧板
漏耕或重耕	偏牵引、犁架歪斜	调整纵向正柱
	犁架或犁柱变形	校正(非铸件)或更换
	犁体距离不当	重新安装并调整

2.6 铧式犁的维护与保养

铧式犁的维护与保养有如下几点：

①每次犁耕完毕，应清除犁体工作表面上的黏附物，保持清洁，防止锈蚀，以减少土壤与犁壁之间的摩擦阻力。

②每班工作结束后，应检查并拧紧所有松动的螺栓和螺母，犁体曲面上的埋头螺钉不能凸出，也不能凹下过多。

③定期检查犁铧、犁壁和犁侧板的磨损情况，超过规定的范围的应及时修复或更换。

④每工作 20 h 应向限深轮油嘴清油 1 次。

⑤耕作季节结束后，应彻底清除污物，在犁体工作表面和裸露的丝杆上涂防锈油，最好将犁存放在干燥处；如露天存放时，应将犁垫离开地面，卸掉犁铧并盖上防雨物。

第 3 章 旋耕机的类型、构造、使用及维护

旋耕机是目前应用较多的一种耕整地机械，又称旋转耕耘机。其工作部件由拖拉机动力输出轴驱动，用高速回转的刀片铣切土壤，再将切下的土块后抛与挡土罩及平涂拖板撞击，使土块进一步破碎落至地面，它能有效地切断植被，并将它们和肥料等均匀混合于耕作层中。碎土充分，耕后地表平坦，通常旋耕一次即可满足种床或苗床的要求，具有犁耙合一的作业效果。因其具有碎土能力强，作业质量好，工效高，既能抢农时、省劳力，又可减少机器下田次数，减轻对土壤的压实等特点，从而得到了广泛的应用。正确使用和调整旋耕机，对保持其良好技术状态，确保耕作质量是很重要的。

3.1 旋耕机的分类

旋耕机（图 3.1）按其旋耕刀轴的配置方式分为横轴式和立轴式两类。以刀轴水平横置的横轴式旋耕机应用较多。

图 3.1 旋耕机

3.1.1 横轴式旋耕机

横轴式旋耕机碎土能力较强，一次作业即能使土壤细碎，土肥掺和均匀，地面平整，达到旱地播种、移栽或水田栽插的要求，有利于争取农时，提高工效，并能充分利用拖拉机的功率。横轴式旋耕机对残茬、杂草的覆盖能力较差，耕深较浅（旱耕 12～16 cm，水耕 14～18 cm），能

量消耗较大。横轴式旋耕机主要用于水稻田和蔬菜地,也用于果园中耕。重型横轴式旋耕机的耕深可达20~25 cm,多用于开垦灌木地、沼泽地和草荒地的耕作。

3.1.2 立轴式旋耕机

工作部件为装有2~3个螺线形切刀的旋耕器。作业时旋耕器绕立轴旋转,切刀将土切碎。适用于稻田水耕,有较强的碎土、起浆作用,但覆盖性能差。目前使用不多。

3.2 旋耕机的结构及工作原理

3.2.1 旋耕机的构成及工作原理

旋耕机由机架、传动部分、旋耕刀轴、刀片、耕深调节装置、罩壳和拖板等组成,如图3.2所示。

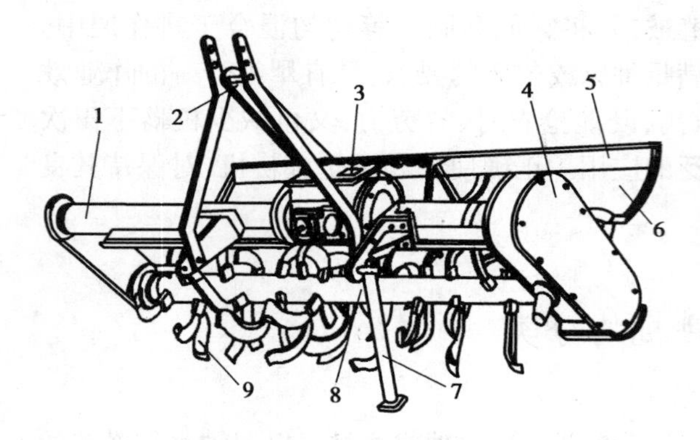

图3.2 旋耕机的构成
1—主梁;2—悬挂架;3—齿轮箱;
4—侧边传动箱;5—平土拖板;6—挡土罩;
7—支撑杆;8—刀轴;9—旋耕刀

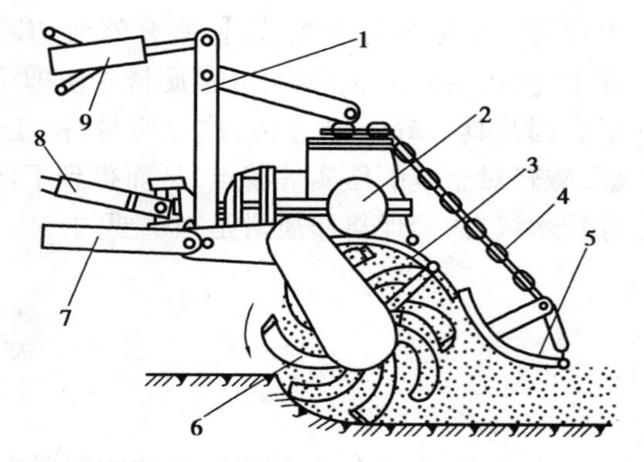

图3.3 旋耕机的工作原理
1—悬挂架;2—齿轮箱;3—挡泥板;
4—链条;5—拖扳;6—刀片;
7—下拉杆;8—万向节轴;9—上拉杆

动力由拖拉机动力输出轴传到齿轮箱3,经过侧边传动箱4传给旋耕机刀轴8,刀轴带动刀片9回转。随着机组的前进,刀片在旋转中切入土壤,并将切下的土块向后抛掷,与挡土板撞击后进一步破碎并落向地表,然后被拖板拖平。刀轴转速一般为190~280 r/min。其旋转方向与拖拉机轮子转动的方向一致。在与15 kW以下拖拉机配套时,旋耕机与拖拉机一般采用直接连接,不用万向节传动;与15 kW以上拖拉机配套时,则采用三点悬挂式、万向节传动。

3.2.2 主要零部件

(1)机架

机架是旋耕机的骨架,由左、右主梁,中间齿轮箱,侧边传动箱和侧板等组成,主梁的中部前方装有悬挂架,下方安装刀轴,后部安装机罩和拖板。

(2)**传动部分**

传动部分由万向节传动轴、中间齿轮箱和侧传动箱组成。拖拉机动力输出轴的动力经万向节传动轴传给中间齿轮箱,然后经侧传动箱传往刀轴,驱动刀轴旋转,如图 3.4 所示。

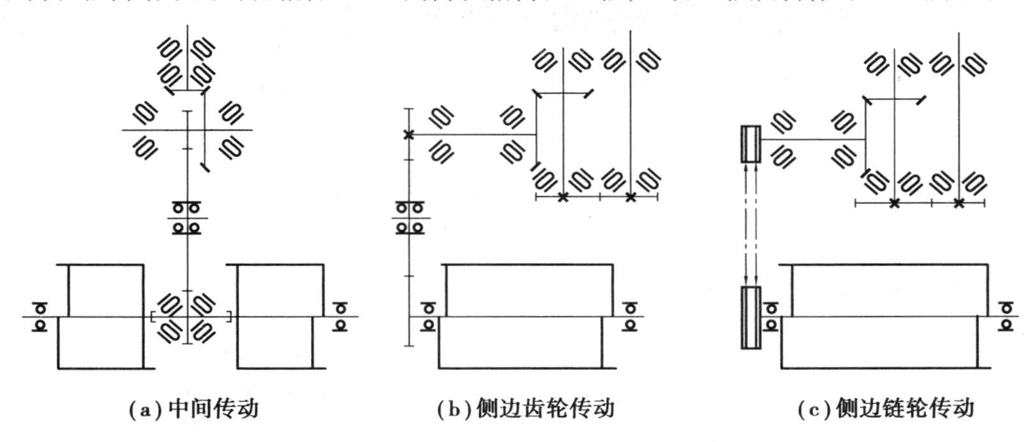

图 3.4　旋耕机的传动装置

万向节轴是将拖拉机动力传给旋耕机的传动件。它能适应旋耕机的升降及左右摆动的变化。

万向节轴的构造如图 3.5 所示,主要由十字节、夹叉、方轴、轴套和插销等零件组成。

万向节轴与轴头连接时,先抽出插销,然后持活节叉与花键轴头相连,再插上插销和开口销就可固定位置。

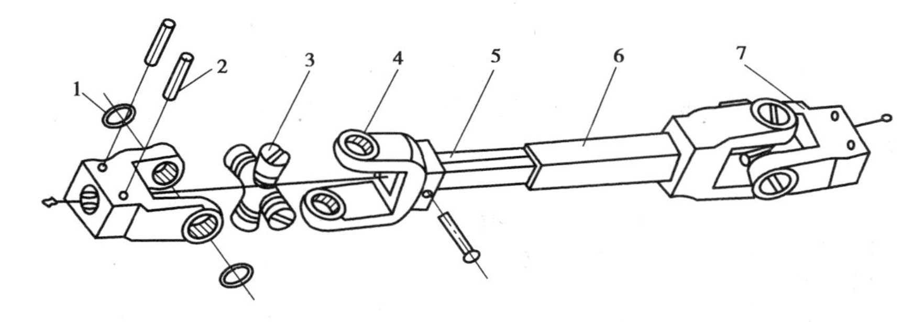

图 3.5　万向十字节的构造

1—挡圈;2—插销;3—十字节;4—夹叉;5—方轴;6—轴套;7—夹叉

使用万向节时,要求万向节轴与旋耕机轴头的夹角在耕作时不大于 10°,地头转弯提升(动力不切断)时,不大于 30°。夹角过大,使万向节转动时阻力矩变大,转动不灵活,使用寿命缩短,应要注意。

中间齿轮箱中有一对圆柱齿轮和一对锥形齿轮,如图 3.4(a)所示。侧边齿轮箱有齿轮传动和链传动两种形式,如图 3.4(b)、(c)所示。链轮传动零件数目少,重量轻,结构简单,加工精度要求高,制造复杂。

(3)**工作部分**

旋耕机的工作部分由刀轴、刀座和刀片等组成,如图 3.6 所示。

刀轴用无缝钢管制成,两端焊有轴头,用来和左、右支臂相连接。刀轴上焊有刀座或刀盘,如图 3.7 所示。刀座按螺旋线排列焊在刀轴上以供安装刀片;刀盘上沿外周有间距相等的

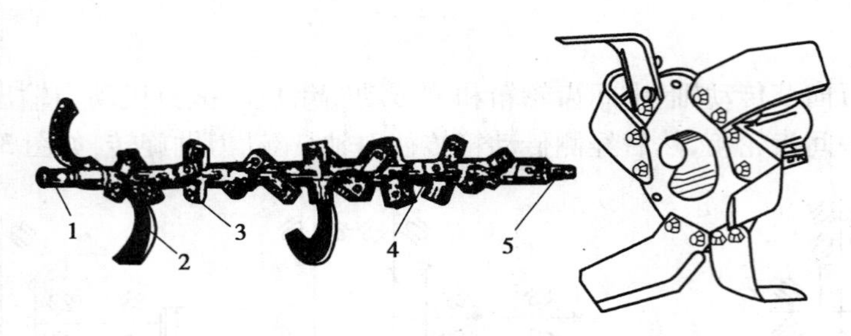

图 3.6　旋耕机的工作部件

1—左轴头;2—刀片;3—刀座;4—刀轴管;5—右轴头

孔位。根据农业技术要求安装刀片。刀片用 65Mn 钢锻造而成,要求刃口锋利,形状正确,刀片通过刀柄插在刀座中,再用螺钉等固紧,从而形成一个完整刀辊。

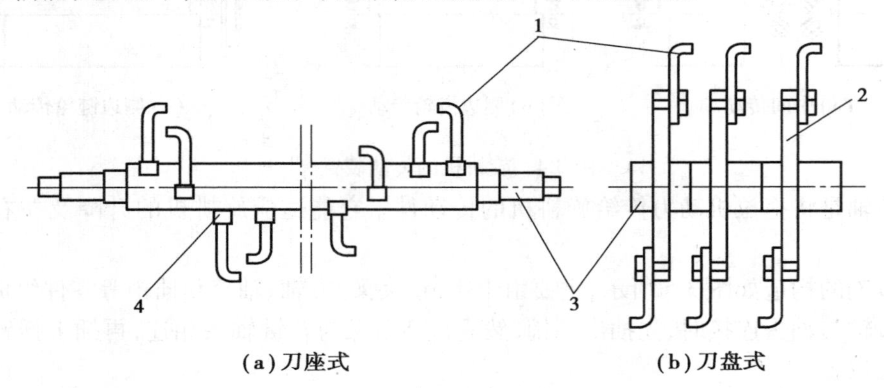

图 3.7　刀轴

1—刀片;2—刀盘;3—刀轴;4—刀座

旋耕刀片是旋耕机的主要工作部件。刀片的形式有多种,常用的有凿形刀、弯刀、直角刀等,如图 3.8 所示。

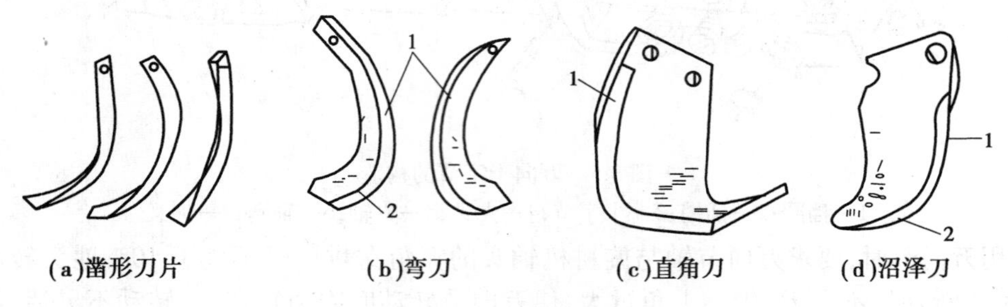

图 3.8　旋耕刀片

1—侧切刃;2—正切刃

①凿形刀(图 3.8(a))。刀片的正面为较窄的凿形刃口,工作时主要靠凿形刃口冲击破土,对土壤进行凿切,凿形刀前端较窄,有较好的入土和松土能力。能量消耗较少,但易缠草,适用于无杂草的熟地耕作。凿形刀有刚性和弹性两种。弹性凿形刀适用于土质较硬的地,在潮湿黏重土壤中耕作时漏耕严重。

②弯形刀片(图 3.8(b))。正面切削刃口较宽,正面刀刃和侧面刀刃都有切削作用,侧刃为弧形刀刃,其刃口有滑切作用,易切断草根而不缠草。有较好的松土和抛翻能力,但消耗功

率较大，适应性强，应用较广。弯刀有左、右之分，在刀轴上搭配安装。

③直角刀（图 3.8（c））。直角刀刀刃平直，具有垂直和水平切刃，刀身较宽，刚性好，容易制造，具有较好的切土能力，但入土性能较差。适于在旱地和松软的熟地上作业。

（4）**辅助部件**

旋耕机辅助部件由悬挂架、挡泥罩、拖板和支撑杆等组成。悬挂架与悬挂犁上悬挂架相似，挡泥罩制成弧形，固定在刀轴和刀片旋转部件的上方，挡住刀片抛起的土块，起防护和进一步破碎土块的作用。拖板前端铰接在挡泥罩上，后端用链条挂在悬挂架上，拖板的高度可以用链条调节。

3.3　旋耕机的安装与使用

3.3.1　旋耕刀片的安装

为了使旋耕机在作业时避免漏耕和堵塞，刀轴受力均匀，刀片在刀轴上的配置应满足以下要求：

①各刀片之间的转角应相等（平均角 = 360°/刀片数）。做到有次序的入土，以保证工作稳定和刀轴负荷均匀。

②相继入土的刀片在轴上的轴向距离越大越好，以免夹土和缠草。

③左右弯刀要尽量做到相继交错入土，使刀辊上的轴向推力均匀，一般刀片按螺旋线规则排列。

④在同一回转平面内工作的两把刀片切土量应相等，以达到碎土质量好，耕后沟底平整的目的。

⑤弯刀在刀轴上的配置有 3 种形式，如图 3.9 所示。

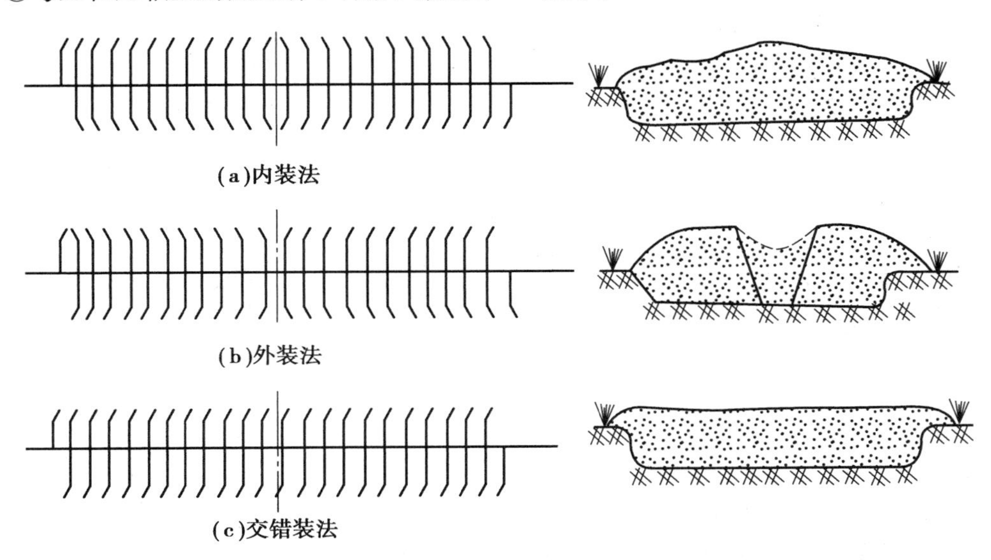

图 3.9　左、右弯刀的配置

内装法(图3.9(a)):将所有弯刀的弯曲方向朝向中央,刀轴所受轴向力对称,耕后刀片间没有漏耕,但耕幅中间成垄,适用于拆畦作。

外装法(图3.9(b)):所有弯刀的弯曲方向背向中央,刀轴所受轴向力对称。耕后刀片间没有漏耕,但耕幅中间成沟,两端成垄,适用于拆畦耕作和旋耕开沟联合作业。

交错装法(图3.9(c)):左右弯刀在轴上交错对称安装,耕后地表平整,但相邻弯刀方向相反处有漏耕,适用于犁耕后的旋耕作业或茬地的旋耕作业。

安装弯刀时要按顺序进行,并应注意刀轴的旋转方向,以免搞错了弯刀的朝向,一定做到用刃切土,要避免用刀背切土受力过大,不但效果不佳还会损害机件,影响耕地质量。装好后还要进行全面检查,并拧紧所有的螺帽。

3.3.2 旋耕机与拖拉机的配套连结

旋耕机的工作幅宽与拖拉机的轮距要相适应,一般要大于或等于拖拉机的轮距,以免工作时拖拉机的轮距压实已耕地。如不符合要求应调小拖拉机轮距。

由于旋耕机的功率消耗较大,对中小型拖拉机,旋耕机耕幅往往小于拖拉机最小轮距,这时旋耕机应采用偏悬挂方式,偏置拖拉机的一侧。还要在工作中选用合适的行走方法。即可避免压实已耕地。

旋耕机一般用三点悬挂方式与拖拉机连接,并通过万向节转动轴与拖拉机动力输出轴相连。万向节与拖拉机、旋耕机间的连接应该满足以下几点:

①方轴和方轴套间的配合长度要适当。安装万向节轴时,应注意伸缩方轴的长度应和拖拉机型号相适应,选用不同型号拖拉机,其方轴或方轴长度也应不同,在万向节轴的构造中已说明。

②方轴与方轴套的夹叉须在同一平面内(图3.10)。若装错,旋耕机的传动轴回旋就不均匀,并伴有响声和振动,使机件损坏。

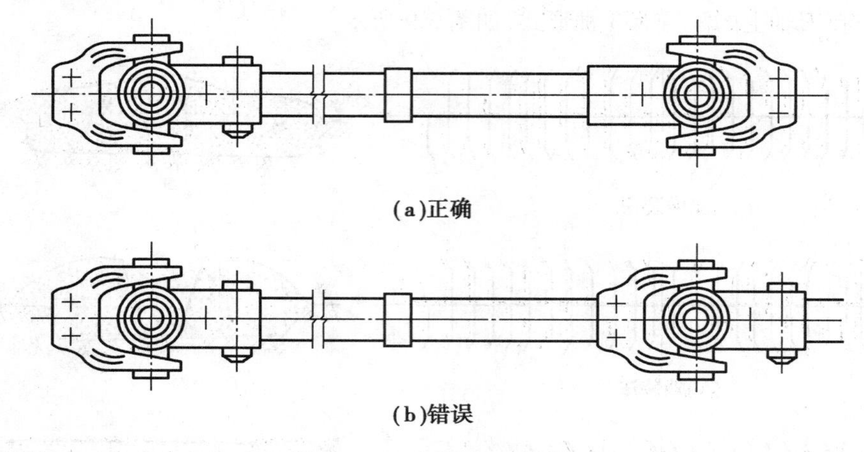

(a)正确

(b)错误

图3.10　万向节的正误安装

③旋耕机降到工作位置,达到预定耕深时,要求旋耕机中间齿轮箱花键轴(即第一轴)与拖拉机输出轴平行,以便万向节与两轴头间的夹角相等,使转动平稳,延长万向节使用寿命。如不符,可改变拖拉机上调节杆的长度来调节。

3.3.3　旋耕机的调整

(1)耕前调整

①左右水平调整。将带有旋耕机的拖拉机初停在平坦地面上,降低旋耕机,使刀片距离地面 5 cm,观察左右刀尖离地高度是否一致,以保证作业中刀轴水平一致,耕深均匀。

②前后水平调整。将旋耕机降到需要的耕深时,观察万向节夹角与旋耕机轴是否接近水平位置。若万向节夹角过大,可调整上拉杆,使旋耕机处于水平位置。

③提升高度调整。旋耕作业中,万向节夹角不允许大于 10°,地头转弯时也不准大于 30°。因此,旋耕机的提升,对于使用位调节的可用螺钉在手柄适当位置拧限位;使用高度调节的,提升时要特别注意,如需要再升高旋耕机,应切除万向节的动力。

(2)升降和深浅的调整

由于拖拉机液压机构的不同,旋耕机的升降和深浅调节也就不同,其调节方法和注意事项是:

①与具有力调节、位调节液压系统的拖拉机配套时,应用位调节,禁止使用力调节,以免损坏旋耕机。当旋耕机达到需要耕深后,应用限位螺钉(手轮)将位调节手柄挡住,使每次耕深一致。

②与具有分置式液压系统的拖拉机配套时,分配器手柄应放在浮动位置上,旋耕机的深浅用固定在油缸活塞杆上的定位卡箍来调节。下降或提升旋耕机时,手柄应迅速扳到浮动或提升位置上,不可在压降或中立位置上停留,以免损坏旋耕机。

③手扶拖拉机配用旋耕机的耕深,是用尾轮或滑橇控制。若调整后仍达不到要求,可松开夹紧手柄,提升尾轮套管来增加耕深。

④用万向节传动的旋耕机,因万向节在传动中的倾角不能大于 30°,因而提升不能过高。一般只要使刀尖离开地面 15~20 cm 即可;提升过高时,万向节方轴、套管及叉形接头会顶死,将扭坏万向节和动力输出轴,严重时将使拖拉机后桥壳体报废。使用中应将液压操纵手柄限制在允许的提升高度内。

(3)碎土能力的调整

碎土能力与拖拉机前进速度及刀轴转速有关,一般情况下,应改变前进速度来调整碎土的能力。如中间传动箱的速比可以调整,也可以用改变传动箱速比的方法来适应不同的土质和不同型号的拖拉机。

3.3.4　旋耕机的使用

旋耕机的工作特点是工作部件高速旋转,基本所有安全问题都与此有关。为此,在使用旋耕机时应特别注意以下几点:

(1)启动前的检查和准备工作

①新机首次启动时,仔细检查各部位紧固连接牢靠状况,附件是否完整,操作机构是否灵活。

②检查油底壳及喷油泵的机油面,应在油标尺上限标记与下限标记之间。

③检查燃油箱的存油量。打开燃油箱开关,使柴油流向喷油泵,并排除燃油系统中的空气。

④检查蓄电池及连线。检查蓄电池内电解液面高度。

⑤检查冷却系统并加足水。检查水箱及膨胀箱的存水量,并检查冷却系统各部位有无漏水现象。

⑥遇寒冷冰冻天气,柴油机应放置在防冻御寒场地。在野外工作时,启动前应先烘热油底壳并加二三遍热水使柴油机温热。

⑦柴油机启动时应将离合器手柄拨到分离位置。

⑧使用前应检查各部件,尤其要检查旋耕刀是否装反和固定螺栓及万向节锁销是否牢靠。

(2)**作业中应注意事项**

①要在提升状态下接合动力,待旋耕机达到预定转速后,机组方可起步,并将旋耕机缓慢降下,使旋耕刀入土。严禁在旋耕刀入土情况下直接起步,以防旋耕刀及相关部件损坏。严禁急速下降旋耕机,旋耕刀入土后严禁倒退和转弯。

②地头转弯未切断动力时,旋耕机不得提升过高,万向节两端传动角度不得超过 30°,同时应适当降低发动机转速。转移地块或远距离行走时,应将旋耕机动力切断,并提升到最高位置后锁定。

③旋耕机运转时人严禁接近旋转部件,旋耕机后面也不得有人,以防万一刀片甩出而伤人。

④检查旋耕机时,必须先切断动力。更换刀片等旋转零件时,必须将拖拉机熄火。

⑤耕作时前进的速度,旱田以 2~3 km/h 为宜,在已耕翻或耙过的地里以 5~7 km/h 为宜,在水田中耕作可适当快些。切记,速度不可过高,以防止拖拉机超负荷而损坏动力输出轴。

⑥旋耕机工作时,拖拉机轮子应走在未耕地上,以免压实已耕地,故需调整拖拉机轮距,使其轮子位于旋耕机工作幅宽内。作业时要注意行走方法,以防止拖拉机另一轮子压实已耕地。

⑦作业中,如果刀轴缠草过多应及时停车清理,以免增加机具负荷。

⑧旋耕作业时,拖拉机和悬挂部分不准乘人,以防不慎被旋耕机伤害。

⑨旋耕机体积相对庞大,车体突出部分较多,在上道路时,应低速行驶,严格遵守交通规则,以避免刮、擦、碰、撞等事故的发生。

(3)**安全操作**

①旋耕作业时,要遵守先转(刀轴)后降,边降边走,转速由低到高,入土由浅变深的操作方法。以防止机件损坏,切忌猛降入土,禁止转弯耕作。

②旋耕机在检查、保养和故障排除时,必须切断动力,将旋耕机降至地面。需要更换部件时,要把旋耕机垫牢,发动机熄火,确保安全。

③在地头转弯时,为提高效率,可在提升时不切断动力,但应减小油门,降低万向节轴,转速由低到高,并注意保证万向节的倾斜度不超过 30°。

④万向节和刀片的安装要牢固,旋耕作业时,机后禁止站人,以保证人身安全。

3.4　旋耕机的维护与保养

3.4.1　旋耕机维护与保养

旋耕机的保养分为当班保养和季度保养。

(1) 当班保养

一般情况下，每班次作业后应进行当班保养，内容包括：

①清除刀片上的泥土和杂草；

②检查各连接件紧固情况，拧紧连接螺栓；

③检查刀片、插销和开口销等易损件有无缺损，如有损坏，要进行更换；

④向各润滑油点加注润滑油，并向万向节和轴承处加注黄油，以防加重磨损。

⑤检查传动箱是否缺油，缺油时，应立即补充。

(2) 季度保养

每个作业季度完成后，应进行季度保养，内容包括：

①彻底清除机具上的泥尘、油污；

②更换润滑油、润滑脂；

③检查刀片是否过度磨损，必要时更换新刀片；

④检查机罩、拖板等有无变形，必要时恢复其原形或换新的；

⑤全面检查机具的外观，补充油漆，在刀片、花键轴上涂油防锈；

⑥长期不用时，应置于水平地面上，长时间悬挂在拖拉机上会造成联结部件变形。

3.4.2　常见故障及排除方法

旋耕机的常见故障及排除方法见表 3.1。

表 3.1　旋耕机常见故障及排除方法

故障现象	产生原因	排除方法
负荷过大拉不动	耕深过大	减小耕深
	土壤黏重、干硬	降低工作速度和犁刀转速
旋耕机向后间断抛出大土块	犁刀弯曲、变形或切断	矫正或更换犁刀
	犁刀丢失	重新安装上犁刀
耕后地面不平	机组前进速度与刀轴转速不协调	调整两者速度的配合
旋耕刀轴转不动	齿轮或轴承损坏后咬死	修理或更换
	侧挡板变形后卡住	矫正修理
	旋耕刀轴变形	矫正修理
	旋耕刀轴被泥草堵塞	清除堵塞物
	传动链折断	修理或更换

续表

故障现象	产生原因	排除方法
工作时有金属敲击声	旋耕刀固定螺丝松动	拧紧固定螺丝
	旋耕刀轴两端刀片变形后敲击侧板	矫正或更换
	传动链过松	调整链条紧度,如过长可去掉一对链节
旋耕刀变速有杂音	安装时有异物落入	取出异物
	轴承损坏	更换轴承
	齿轮牙齿损坏	修理或更换

3.5 微耕机简介

微耕机是一种以小型柴油机或汽油机为动力的小型旋耕机械。其特点是结构简单、重量轻、外形尺寸小、操作灵活、便于存放等。微耕机适用范围广泛,近年来,在平原、山区、丘陵的旱地、水田、果园等都得到推广应用。适用于蔬菜大棚中、低矮的果树林下、作物行间进行中耕除草,培土施肥,喷洒液体等作业;种植薯类、土豆、生姜、大葱的农户巧妙地应用该类机型进行开沟、作埂,在作物生长期内进行施肥培土和喷洒农药等作业。此外,微耕机上的动力部分配上相应机具还可以进行抽水、发电等作业,还可牵引拖挂车在田间自由行驶或进行短途运输。因此,微耕机受到了越来越多的农民消费者的欢迎。

3.5.1 微耕机的主要结构

微耕机主要由发动机、机架、传动系统、旋转刀轴、刀片、耕深调节装置、罩壳等组成(图3.11)。旋转刀轴由无缝钢管制成,轴的两端焊有轴头,与左右支臂相连。轴上焊有刀座或刀盘,刀座按螺旋线排列焊在刀轴上,供安装刀片,而刀盘周边有间距相等的孔位,便于根据农业技术的要求安装刀片。

图3.11 微耕机

发动机通过传动部分将动力传入齿轮箱,齿轮箱通过齿轮的啮合将动力进一步传到驱动轮轴,然后直接驱动工作部件进行各种作业。

中间链盒起到连接发动机与变速箱,传输动力的作用。

变速箱一般设计有2个前进挡,1个后退挡,也有设计成带有动力输出部分,可以配置后旋耕机或为进行其他作业时提供动力。

行走部分主要是行走胶轮。

工作部分包括操纵手把和各种配套农机具。操纵手把高低可以调节5个位置,水平可以回转大于350°定位操作方位。

主机架固定在变速箱的中部，后部与尾架连接，机架上固定发动机和主离合器，从而使各部件组成一个整体。后旋耕机通常在出厂时就与主机配置。它同时也可以作为独立的农机具。

3.5.2 微耕机的组装调整

(1)微耕机的组装

开箱后，先按装箱清单检查各零部件及说明书是否完整，然后按以下步骤进行组装：

①固定好主机将六方输出轴插入行走箱总成下部的输出轴套六方孔内；

②用M6×16内六角螺钉将六方限位套装在六方输出轴上，使六方输出轴不能轴向窜动；

③装车轮：将车轮分别装在六方输出轴两端，并用两颗M8×55螺栓，M8螺母固定；

④拖挂装置的组装：将连接架组装在拖挂体上，用连接轴连接；

⑤扶手架的安装：将扶手架上的两个齿盘对正扶手架座地的齿盘，并注意调节扶手架的上下位置，用随机附带M16×140螺栓，平垫16，弹垫16，手柄组件连接，锁紧；

⑥换挡杆装配：将换挡杆从扶手座上的换挡支撑块的槽中穿过，插入换挡套的孔中，并用开口销φ3.2×16固定。将换挡杆置于“空挡”位置。

(2)配套机具的连接使用

①需要旋耕时，拆下车轮，将旋耕装置的六角管套在行走机构六方输出轴两端，用M8×55螺栓轴向固定，注意旋耕刀分左右刀组，安装后应保证微耕机前行时，刀刃口先工作。旋耕刀装好后，必须安装左右安全防护板，以免旋耕刀伤人，旋耕的深度可通过调节调速杆的高低及其与地面的夹角来实现。

②水田的旋耕：当水田的泥脚(人进入水田下陷的深度)小于25 cm时，可直接用湿地弯刀组耕水田。当水田的泥脚为25~45 cm时，可使用水田耕轮耕作。

③当需要开沟时，取下调速杆，装上开沟器，调节好开沟器的宽度和高度，即可进行开沟作业。开沟的宽幅范围为14~40 cm，开沟的深度范围为11~25 cm。

④短途运输：将车厢前臂装在行走机构的拖挂体上，并在行走机构的传动轴上装上车轮即可进行运输。

⑤多功能作业：取下变速箱后部的保护罩，旋出主轴后端的螺栓，取出轴上的键套，将皮带轮或联轴器键槽对准键，推入(或轻敲)再用螺栓紧固，即可输出动力。配上相应的机具就能进行抽水、喷灌、喷药、脱粒、打谷、收割、发电等作业。

(3)微耕机的调整

①离合器拉线的调整。若离合器分离不清或打滑，就要调整离合器拉线螺栓，方法是：松开离合器拉线管上的锁紧螺母，用扳手调整螺栓，若是离合器分离不清，应把调整螺栓往内旋，直到离合器能分离清为止。若是离合器打滑，应把调整螺栓往外旋，直到离合器能结合而不打滑为止，然后锁紧螺母，若调整离合器拉线螺栓都不能使离合器正常工作，就需调整皮带的张紧度。

②油门拉线的调整。把扶手上的油门手柄开到最大位置时，发动机上的油门也应开到最大位置，若扶手上的油门手柄开到最大位置而发动机上的油门不能开到最大位置时，就要调整油门拉线，方法是：先松开油门拉线的锁紧螺母，把调整螺钉旋出一些，使之符合上述要求

后重新锁紧螺母。

③三角皮带松紧度的调整。三角皮带的松紧是用手把皮带的上下边轻轻握拢为宜,过松过紧都要进行调整,方法是:松开发动机的4颗安装螺栓,如果是汽油发动机,除松开安装螺栓外,还应松开发动机与传动箱的连接板固定螺栓,向前或向后适当移动发动机,使三角皮带松紧度符合上述要求,拧紧相应的螺栓。

④手扶架高度的调整。以操作者感觉高低适宜为准,一般是把发动机放到水平位置时,以扶手的高度齐腰高为宜,调整方法是:取出扶手的调整螺栓,改变扶手的操作高度,再将调整螺栓插入相应的调整孔内并紧固螺母。

⑤耕作深度的调整。取出阻力棒销子,改变阻力棒上下连接孔位,就能调整耕作深度,销子穿入阻棒上面的孔,阻力棒降低,耕深就加大,销子穿入下面的孔,阻力棒升高,耕深就减小。有的机器是用螺栓来调整阻力棒的高度,调整时,先松开螺栓,把阻棒调整到需要的位置,再拧紧螺栓即可。

3.5.3 微耕机的使用安全注意事项

微耕机的使用安全注意事项包括:

①微耕机工作时转动的耕刀速度很快且十分锋利,接触时要造成严重伤害,因此人与耕刀要保持一定距离;

②使用前了解并熟悉所有安全设施及操作装置;

③在耕作之前,清除耕作区内的大石块、玻璃、大树枝等坚硬异物;

④请勿在狭小的空间或封闭的环境中使用微耕机,这会使你呼吸的空气中含大量有害废气,并发生危险;

⑤耕作时应防止微耕机的倾倒;

⑥检查机况或机器沉陷需转移机器时,应熄火停机,再进行检查或转移。如确需机器在运行状态下进行检查或转移,则机器一定要处于空挡、小油门位置;

⑦严禁装上旋耕刀的微耕机在沙滩或石子堆上行驶,以免损坏刀片;

⑧微耕机使用后,应注意清除微耕机上的泥土、杂草、油污附着物,保持整机清洁;

⑨严禁饮酒后驾驶、操作微耕机。严禁将微耕机交给未经培训的人员操作、使用;

⑩在患有妨碍驾驶、操作安全疾病或过度疲劳时,不准驾驶、操作微耕机;

⑪作业现场除有关人员外,不许小孩、老人、残疾人和其他人员进入作业现场;

⑫微耕机进行田间转移确需上路行驶,必须严格遵守《中华人民共和国道路交通安全法》的有关规定。

3.5.4 微耕机的保养

(1)每班保养(每班工作前和工作后进行)

①倾听和观察各部分有无异常现象(如不正常响声、过热和螺钉松动等);

②检查发动机、变速箱和行走箱有无漏油现象;

③检查发动机和变速箱润滑油是否在油标尺下与下限之间;

④及时清除整机及附件上的泥垢、杂草、油污;

⑤填写好耕作记录。

(2)一级保养(每工作 150 h)

①进行每班保养的全部内容;

②清洗变速箱和行走箱、并更换机油;

③检查并调试离合器、换挡系统和倒挡系统。

(3)二级保养(每工作 800 h)

①进行每工作 150 h 保养的全部内容;

②检查所有的齿轮及轴承,如磨损严重请更换新件;

③微耕机其余零件如旋耕刀片或连接螺栓等,如有损坏,请更换新件;

(4)技术检修(每工作 1 500~2 000 h)

①到当地特约维修站进行整机拆开,清洗检查,磨损严重的零件必须更换或酌情修复;

②请专业维修人员检查摩擦片、离合器。

(5)微耕机的长期存放

微耕机需要长时间存放时,为了防止锈蚀,应采取下列措施:

①按发动机使用说明书要求封存发动机;

②清洗外表尘土、污垢;

③放出变速箱中的润滑油、并注入新油;

④在非铝合金表面未涂油漆的地方涂上防锈油;

⑤将机器存放在室内通风、干燥、安全的地方;

⑥妥善保管随机工具、产品合格证和使用说明书。

第 4 章 耙的类型、构造、使用及维护

4.1 耙的用途和分类

耙主要用于耕后或种植前的整地作业。犁耕之后,土壤的松碎、紧密和平整程度是不能满足播种或栽植要求的,因此还需要进行整地,为作物发芽和生长创造良好的条件。

目前,最常用的整地机具有圆盘耙、钉齿耙和镇压器。

圆盘耙的应用十分广泛,它可用于耕后整地,收获后的浅耕灭茬、保墒、松土除草(如用于果园)以及飞机撒播后的盖种。

圆盘耙一般由耙组、耙架、悬挂架和偏角调节机构等组成(图 4.1)。对手牵引式圆盘耙,还有液压式(或机械式)运输轮、牵引器和牵引器限位机构等。有的耙上还设有配重箱。耙组为圆盘耙的主要工作部件,各种圆盘耙组的结构大体相同,但各种耙的耙组数量、配置方案、单个耙组的耙片直径和数量,以及某些具体结构有所不同。

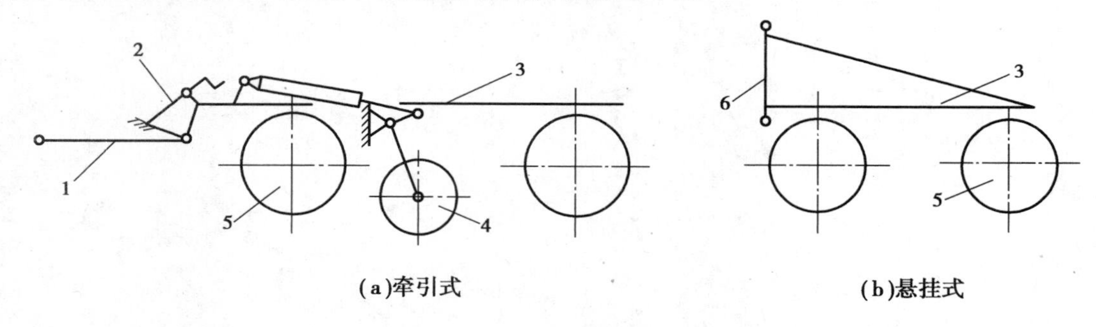

图 4.1　耙的示意图

1—牵引器;2—牵引器限位机构;3—耙架;4—运输轮;5—耙组;6—悬挂架

按机组的挂结方式,圆盘耙可分为牵引式、悬挂式和半悬挂式三种。如按圆盘耙适用的土壤类型可分为重型、中型和轻型三种。重型圆盘耙用于沼泽地、生荒地及其他黏重土壤,耙深可达 18 cm;中型圆盘耙用于较黏重土壤,耙深可达 14 cm;轻型耙多用于轻质土壤,耙深约 10 cm。

按耙组的配置形式，圆盘耙又可分为单列耙、双列耙、对置耙和偏置耙，如图 4.2 所示。单列耙目前很少应用，而双列耙由于后列移动土壤的方向同前列相反，可使地表更趋平整。对置耙的耙组对称地配置在拖拉机中心线的两侧。对于双列对置耙，由于后列两耙组都向内翻土，所以在每次行程之后，在两侧和中间分别形成耙沟和土埂。偏置耙的耙组可以偏置在拖拉机中心线的左侧（左侧偏置耙）或右侧（右侧偏置耙），其主要优点是以解决对置耙的上述缺陷，使耙后地表平整、不漏耙。但是，由于偏置，其侧向力不易平衡，调整比较困难。同时，作业时只宜单向转弯。

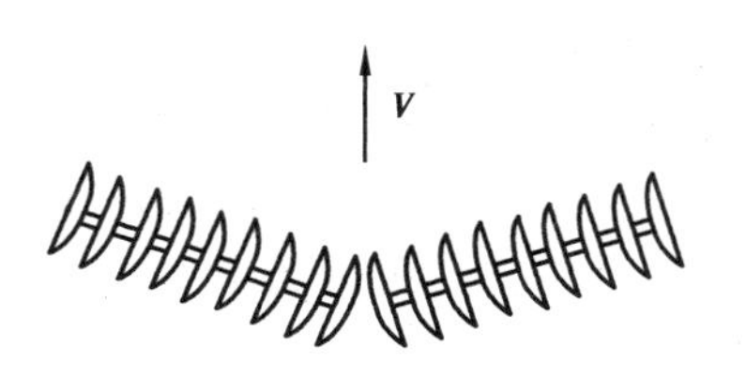

(a)单列对置　　(b)双列对置　　(c)双列偏置

图 4.2　耙组的配置形式

钉齿耙除用于耕后或播前松碎土壤外，还可破碎雨后地表结成的硬壳、减少水分蒸发、平整田面、苗期除草、疏苗等。

钉齿耙按其结构特点可以分为直齿式钉齿耙（图 4.3）、弹齿耙、网状耙（图 4.4）等。

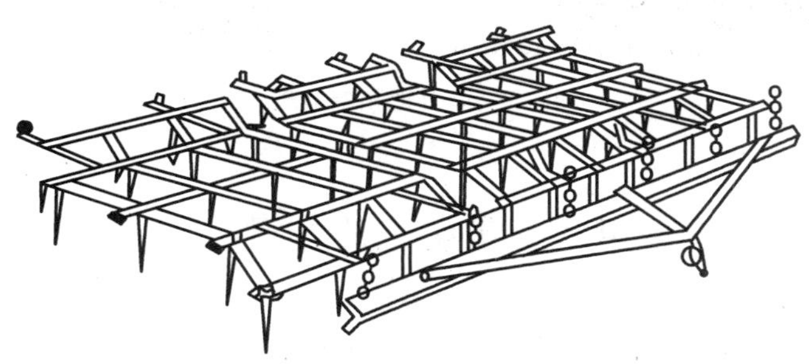

图 4.3　钉齿耙

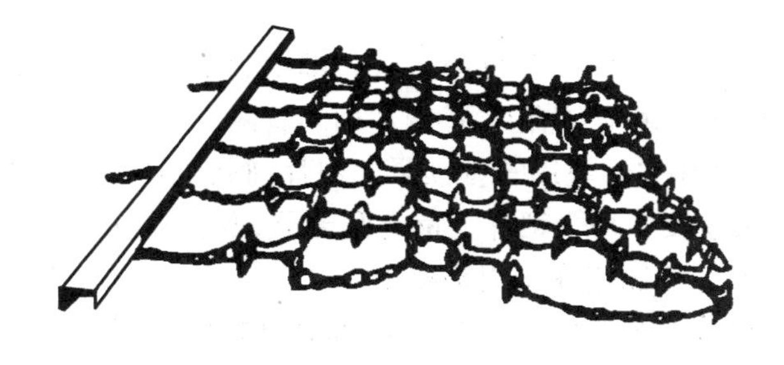

图 4.4　网状耙

弹齿耙仅用于石砾地，其弹簧钉齿可在遇到石砾时不致损坏，但因过度破坏土壤和成本较高，故应用不广。网状耙的钉齿用弹簧钢丝弯制而成，每个齿都是相互铰接的，因此适应地形的能力较强。直齿式钉齿耙按其钉齿的入土角能否调整又可分为调节式和固定式两种。由于耙的入土能力主要决定于耙重,所以亦可根据钉啮耙的重量分为轻型、中型、重型三种。

4.2 圆盘耙的功用

圆盘耙主要用于耕后、播前的碎土,耕平和覆盖肥料。由于圆盘耙工作过程中有搅动和翻转表土的作用,能切断草根和残株,故也可用于收获后的浅耕灭茬作业。

圆盘耙按适用的土壤类型和耙深不同,可分为重型、中型和轻型圆盘耙 3 种;按耙组的排列可分为单列耙和双列耙;按结构型可分为对置式和偏置式,对置式耙组对称地配置在拖拉机中心线后两侧,偏置式圆盘耙的耙组则偏置在拖拉机后的右侧;按挂结方式可分为牵引式、悬挂式和半悬挂式。

图 4.5　牵引耙和悬挂耙

4.3 圆盘耙的构造

圆盘耙主要由耙组、耙架、角度调节装置、加重箱和运输轮、牵引或悬挂装置等组成。

4.3.1　耙组

耙组为圆盘耙的工作部件,由耙片、间管、方轴、轴承、耙组横梁、刮土器和刮土器横梁组成(图 4.6)。耙片中心有方孔穿在方轴上,各耙片用间管隔开,以保持一定的间距。轴承所在处两边用短间管,轴端通过内(外)垫用螺母锁紧。耙片、阀管、轴承内圈随方轴一起转动。轴承座通过支架与耙组横梁连接。每个耙片上都有刮土器,刮土器固定在刮土器横梁上。刮土器横梁通过连接梁和 U 形螺栓固定在耙组横梁上。

由于圆盘耙组上的轴承要承受相当大的径向和轴向载荷,同时经常与尘土接触,所以该耙装有专用的自动调心的密封球轴承。轴承内圈的轴孔为正方形。滚珠两侧各有三层薄钢片、三层橡胶垫密封。轴承外圈与轴承座为球面配合,使轴能自位。轴承座内有油槽,注入黄油润滑。这种轴承克服了过去使用含油木质或铸铁滑动轴承易磨损、黄油消耗量大和保养费时等缺点。

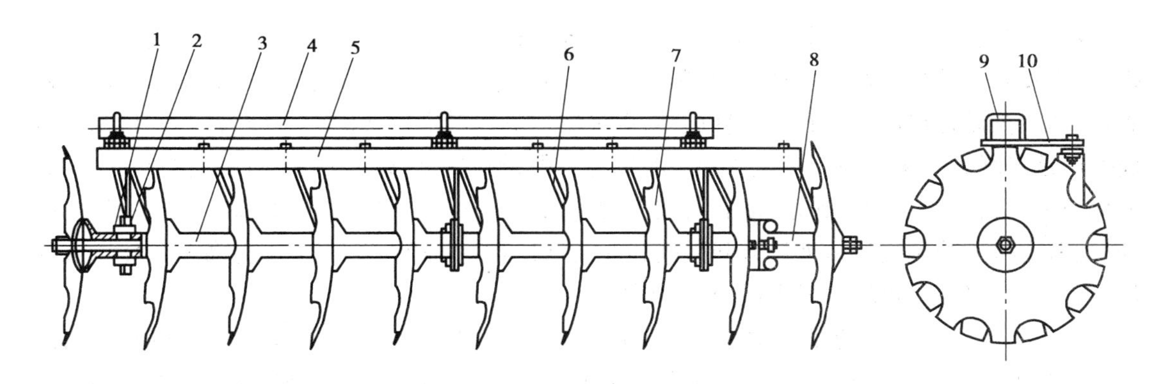

图4.6　耙组

1—方轴;2—轴承;3—间管;4—耙架;5—耙组横梁;6—刮土器;
7—耙片;8—附加耙片;9—U形螺钉;10—刮土器架

耙架是用两端封口的矩形钢管制成的整体性刚架,具有良好的强度和刚度。耙组的矩形管横梁与耙架用压板固定,其相互位置可方便地调整。

耙片为球面圆盘,盘的边缘磨有刃口,中间为方孔。圆盘耙片一般分为全缘耙片和缺口耙片两种,如图4.7所示。全缘耙片工作的边缘刃口能切土、切草,圆盘切面具有一定翻土能力;缺口耙片入土、切土和碎土能力较全缘耙片强,适用于黏重土壤或新垦荒地,缺口耙片安装时应把一个耙片的缺口对着相邻耙片的凸齿,相互错开。一般重型耙多采用缺口耙片。而轻型耙则采用全缘耙片。有的耙上这两种耙片都有,前面用缺口耙片,后面则用全缘耙片。

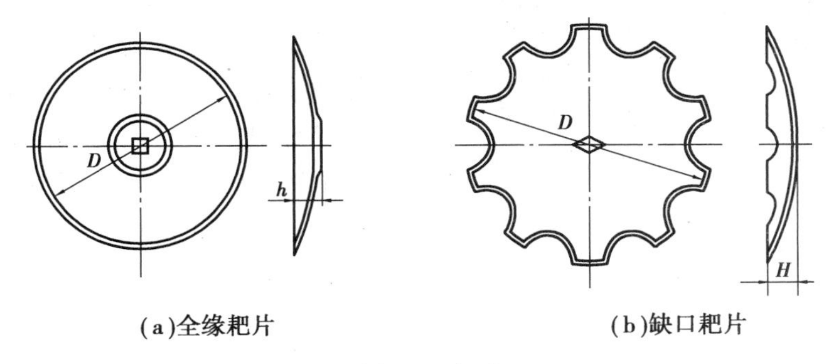

图4.7　耙片

耙片工作时,耙片刃口平面垂直于地面,在牵引力作用下滚动前进,其回转平面与前进方向成α角,如图4.8所示,称为偏角。耙片滚动前进时,在重力和土壤阻力作用下切入土中,并达到一定耙深。耙片在作业时向前的滚动可以看成是滚动和移动的复合运动。在滚动中耙片刃口切碎土块、草根及作物残茬等;移动中在耙片刃口和球面的综合作用下,进行推土和铲土,土壤沿球面上升到一定高度后跌落,从而使土壤破碎,并有一定的翻土覆盖作用。

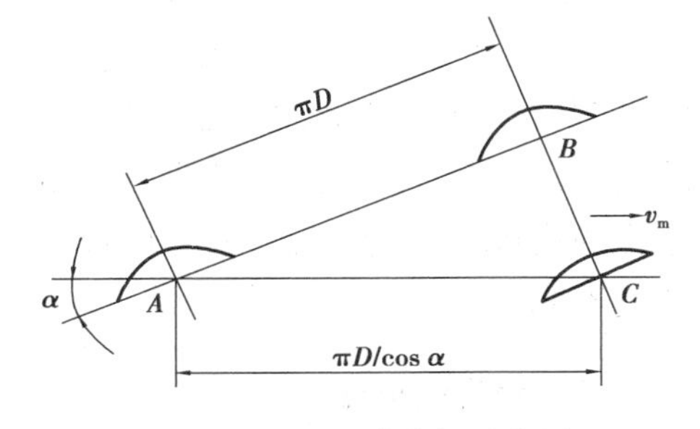

图4.8　耙片运动分解示意图

耙的调整分耙深调整和偏置量的调整。耙深调整主要是调节偏角，耙的前后列偏角可分别在0°~23°内无级调整，常用偏角有刻线标志。调整时，应将耙升起，松开压板和转轴压板螺栓，然后推动耙组横梁使其绕转轴旋转，以横梁前侧面对准耙架侧面刻线为准，偏角刻线由前而后逐步增大。由于前列耙组所耙土壤较为坚硬，侧向力较大，为了平衡前列的侧向力，后列偏角常调得稍大于前列偏角，以获得较大的侧向力。该耙前列最大偏角20°，后列23°。此外，耙深也可用控制拖拉机液压升降手柄和改变悬挂点高度的方法调整。提高下悬挂点或降低上悬挂点的位置，可增强入土能力，使耙深加大。

有时为了适应作业的不同要求，需要调整偏置量（耙的中心偏离拖拉机中心的横向距离）。例如在果园里作业，为了使耙接近树茎而拖拉机在树间开阔地行驶，需要较大的偏置量时，可将前后耙组同时相对耙架向左移动相等距离。为了达到新的力的平衡，需将前耙组偏角减小，后耙组偏角增大。反之，则相反。

由于该耙为左侧偏置耙，所以机组右转弯半径小。在耙地时，耙不提升不能左转弯。因此，耙地的行走路线采用右转弯离心耙法，这样可使前一行程左侧留下的一条耙沟被下一行程所填平，耙后地表平整。

间管是一中心有方孔的套管，其两端大小不等，安装时的大头与耙片凸面相接，小头与凹面相接，轴承间管用来安装轴承。

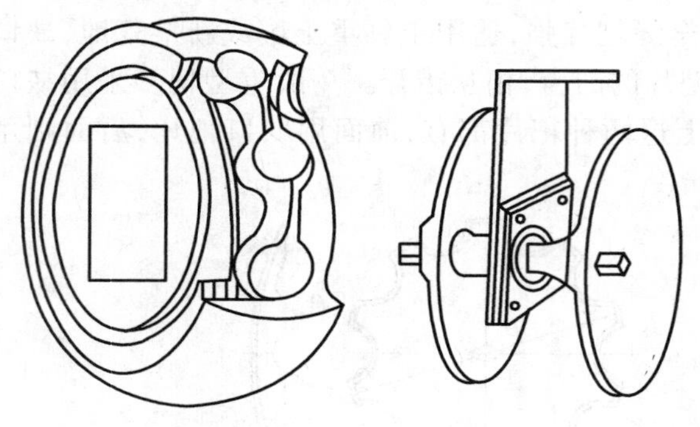

图4.9　耙组滚动轴承

轴承有木瓦轴承、铸铁滑动轴承和滚动轴承3种。木瓦轴承体积大，密封差，耗油多，易磨损。铸铁滑动轴承比较能承受较大的载荷，但与木瓦轴承有类似的缺点。滚动轴承采用外球面、内方孔、深滚道、多层密封的专用轴承，它与轴承作为球面配合，能使轮定位，轴承内黄油每作业季节只需注油润滑一次。轴承如图4.9所示。

4.3.2　耙架

耙架用来安装圆盘耙组、调节机构和牵引架（悬挂架）等部件，耙架采用型钢或管材制成，大多做成分组形式，便于调节各耙组偏角，悬挂架也做成三角支架，但其斜撑杆的长度可调节。圆盘耙通过牵引或悬挂装置与拖拉机连接。在对置式牵引装置中，牵引装置的垂直调节器上有孔位，可改变挂结高度，在牵引耙上则有限位架，通过摇动丝杆来改变挂钩的高度，为适应偏置耙的偏牵引，牵引杆可左右调节，当偏角不同时，牵引杆的位置也应不同。

4.3.3　角度调节器

角度调节器用于调节圆盘耙的偏角，偏角越大，入土越好，耙得越深。土壤湿度大时，偏角宜小，否则容易造成耙片黏土和堵塞。为保持耙深不变，偏角调好后必须锁定，角度调节器有丝杆式、齿板式、插销式、压板式、油压式和手杆式等。

丝杆式用于部分重型耙上，这种形式的角度调节器结构复杂，但工作可靠，齿板式在非系列轻型耙上使用，调节比较方便，但杆件容易变形，影响角度调节，插销式与压板式结构简单，工作可靠，但调节困难，在系列中型耙与轻型耙上采用；油压式用于系列重型耙上，虽然结构复杂，但工作可靠，操作容易。

4.3.4　加重箱、运输轮

耙架上的箱形框架用于放置重物（重物不得超过说明书规定重量），以增加耙片的入土能力，重物应放在耙组作业时向上翘起的一端。

牵引式圆盘耙长距离运输时，应安装运输轮，使耙片离地，以免破坏路面或损坏耙片。

4.4　圆盘耙的维护与保养

4.4.1　技术状态的检查

①同一耙组耙片刃的着地点应在同一直线上，偏差应小于5 mm，各圆盘间距相等，偏差应小于8 mm。

②耙片不应变形，刃口厚度不应大于0.5 mm，如果刃口有缺损，缺损处深度应小于15 mm，长度应小于15 mm，一个耙片的缺损处应不超过3处。

③耙片不得在轴上晃动，方轴应正直。

④耙架不应变形或开焊。

⑤各螺纹部连接螺钉要紧固。

4.4.2　调整

（1）深浅调整

耙的工作深度用改变偏角或加重的方法来调整，加重不应超过400 kg，加重物在前列要放在加重盘中部，后列要放在加重箱两端。

（2）水平调节

圆盘耙工作时，耙组因受侧向力矩的影响，两端入土深浅不一致。凹端较深，凸面端较浅。为了使耙组深度一致，不同类型的圆盘耙，应对照说明书进行调整，对PY-3.4型41片圆盘耙（图4.10），前列耙组凸面端利用卡板和销子与主梁连接，可防止凸面端上翘，深度变浅，后列耙组凹面端用两根吊杆挂在耙架上，可限制凹面端的入土深度，吊杆上有孔，可以根据工作情况，改变吊杆的固定位置，使耙深一致。

对于悬挂式圆盘耙，其悬挂架上有不同的孔位，以改变挂接高度。对于牵引式圆盘耙，其工作位置和运输位置的转换是通过起落机构实现的。起落过程由液压油缸升降地轮来完成，耙架调平机构与起落机构联动，在起落过程同时改变挂接点的位置，保持耙架的水平。在工作状态，可以转动手柄，改变挂接点的位置，使前后列耙组的耙深一致。

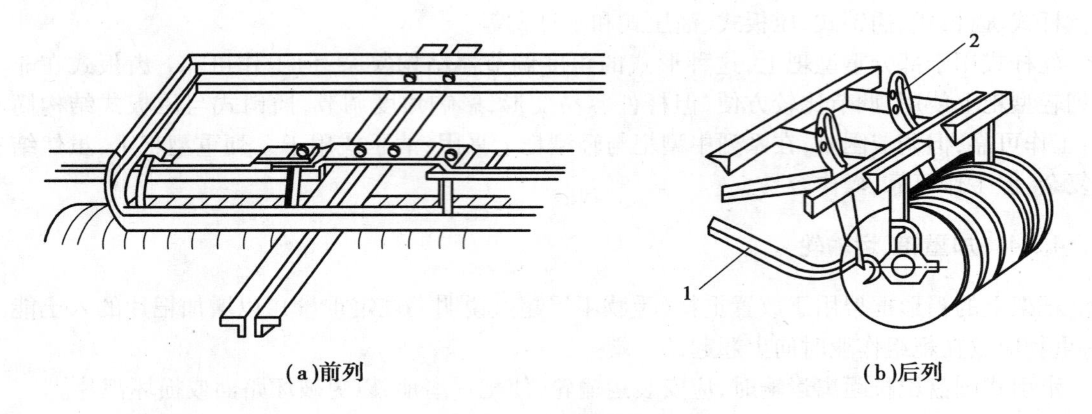

(a)前列　　(b)后列

图 4.10　圆盘耙的水平调整

1—后列拉轩;2—吊杆

4.4.3　保养、保管

圆盘耙在作业中应保持润滑,每班向轴瓦注油两次,各螺纹应紧固,尤其轴头螺母要保证牢靠,季度作业后要拆洗轴承,调好间隙。木瓦视磨损程度及时更换。停放时,用木板垫起耙组,在耙片上涂油防锈,加重箱应放室内。

4.4.4　修理

在车床上切削磨钝的耙片将耙片用专用夹具卡在车床卡盘上,用顶尖支撑专用夹具的另一端。切削时,应使耙片刃口角呈 37°,刃口厚度应有 0.3~0.5 mm。切削时应该用硬质合金刀片,如图 4.11 所示,也可将耙片装于磨刃夹具上均匀地转动耙片,以免在砂轮上磨刃时,使耙片退火,如图 4.12 所示。

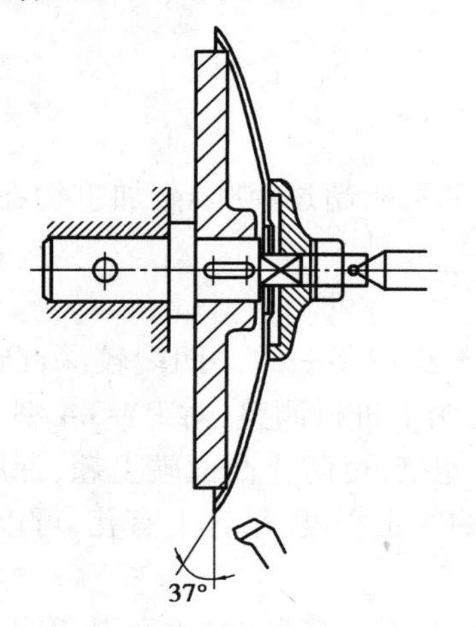

图 4.11　切削耙片夹具

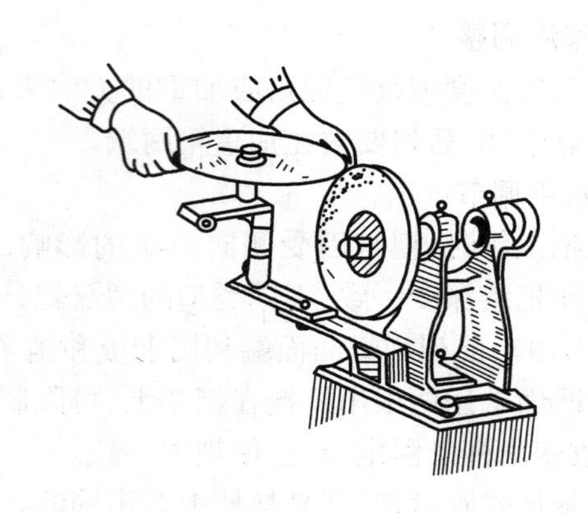

图 4.12　在砂轮上刃磨耙片

方孔裂纹的修理可用电弧焊进行修复。若裂纹严重。维修时可在方孔上加焊一个内方孔的圆铁盘。

4.4.5　常见故障与排除方法

圆盘耙的常见故障与排除方法见表 4.1。

表 4.1　圆盘耙的常见故障与排除方法

故障现象	故障原因	排除方法
耙片不入土	偏角太小	增加耙组偏角
	附加质量不足	增加附加质量
	耙片磨损	重新磨刃或更换耙片
	耙片间堵塞	清除堵塞物
	速度太快	减速作业
耙片堵塞	土壤过于黏重或太湿	选择土壤湿度适宜时作业
	杂草残茬太多,刮土板不起作用	正确调整刮土板位置和间隙
	偏角过大	调小耙组偏角
	速度太慢	加快速度作业
耙后地表不平	前后耙组偏角不一致	调整偏角
	附加质量差别较大	调整附加质量使其一致
	耙架纵向不平	调整牵引点高低位置
	牵引式偏置耙作业时耙组偏转,使前后耙组偏角不一致	调整纵拉杆在横拉杆上的位置
	个别耙组堵塞或不转动	清除堵塞物,使其转动
阻力过大	土壤过于黏湿	选择土壤水分适宜时作业
	偏角过大	减小耙组偏角
	附加质量过大	减轻附加质量
	刃口磨损严重	重新磨刃或更换耙片
耙片脱落	方轴螺母松脱	重新拧紧或换修

第2单元
播种与栽植机械

栽植机械主要由播种和移栽两大类机械组成。前者包括各种类型的撒播机、条播机和点播（穴播）机；后者主要是指水稻移栽机械和旱地移栽机械。

根据用途，又可将播种机分为通用播种机和专用播种机。通用播种机的适应范围较广，能播多种作物的种子；专用播种机是根据某种作物的特殊要求设计的，只能适应一种作物播种的需要；如棉花播种机要能适应棉籽上有短绒的情况。

插秧机的种类也很多，如按所插秧苗的大小，可将其分为大苗拔秧苗插秧机、小苗带土苗插秧机、带土苗和大小苗两用机等。使用小苗插秧可采用工厂化育秧，加强对秧苗的控制并可省去拔秧工序。但这种育秧方法对双季晚稻的培育还不能适应，因此，这两类插秧机都在我国试验推广。目前，常用的水稻插秧机根据操作方式和驱动行走形式分步行式和乘坐式两大类。其中步行式又分为手扶自动式插秧机和手扶拖拉机配套插秧机；乘坐式又分为独轮驱动行走乘坐式插秧机和四轮底盘插秧机，四轮底盘插秧机又有普通插秧机、高速插秧机两种。

旱地移栽机械常见的有马铃薯移栽机、棉花带钵移栽机、甘蔗移栽机及蔬菜移栽机等。这类机械国外已有很多机型，国内也正在大力开展这方面的研究工作。

随着科学技术的发展及栽培方法的不断变化，用新的工作原理设计成的播种机，如精量播种机及适用于少耕法的联合播种机（即一次完成松土、播种、施肥及喷药）也已广泛用于生产。

第 5 章

播种机的类型、构造、使用及维护

5.1 播种方法与播种作业的技术要求

5.1.1 播种方法

我国地域辽阔,播种方法因各地区的自然条件、作物和栽培制度而异。常用的播种方法有撒播、条播、穴播和精密播种等,如图 5.1 所示。

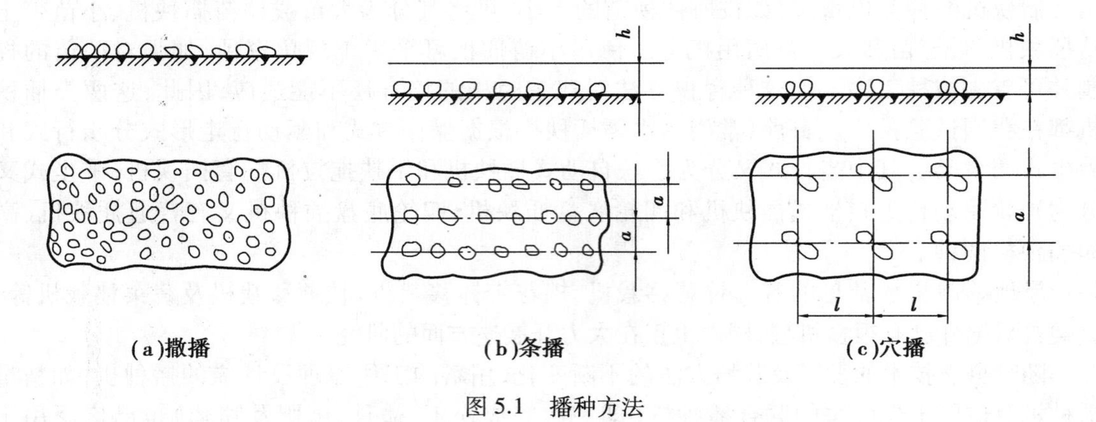

图 5.1 播种方法

(1)撒播

将种子按要求的播量撒布于地表,称为撒播。撒播种子在田间分布不均匀,且人工或机械覆土时,难于将种子完全覆盖,因此,出苗率低,主要用于飞机撒播,以便高效率完成大面积种草、造林或直播水稻。山区脊瘦坡地种植小麦、谷子、荞麦等,也常用撒播。

(2)条播

将种子按要求的行距、播深和播量播成条行,称为条播。条播的作物便于田间管理作业,故应用很广。

(3)**穴播**

按要求的行距、穴距和播深将几粒种子集中于一穴,称为穴播。穴播法适用于中耕作物,可保证苗株在田间分布合理、间距均匀。与条播相比,穴播能节省种子。棉花、豆类等穴播,还可提高出苗能力。

(4)**精密播种**

按精确的粒数、间距与播深,将种子播入土中,称为精密播种。精密播种可以是单粒精播,也可以将多于一粒的种子播成一穴,要求每穴粒数相等。精密播种可节省种子和省掉间苗工序,与普通条播比,种子在行内均匀分布,因而有利于作物生长,可提高产量。目前,工厂化育秧大多采用精密播种。

5.1.2　播种作业的技术要求

播种机的工作过程可分为两个基本阶段:第一阶段是产生均匀的种子流,并将此种子流定量地引至开沟器下端;第二阶段是开沟,将种子分配在沟内,并进行覆土和镇压(图5.2)。

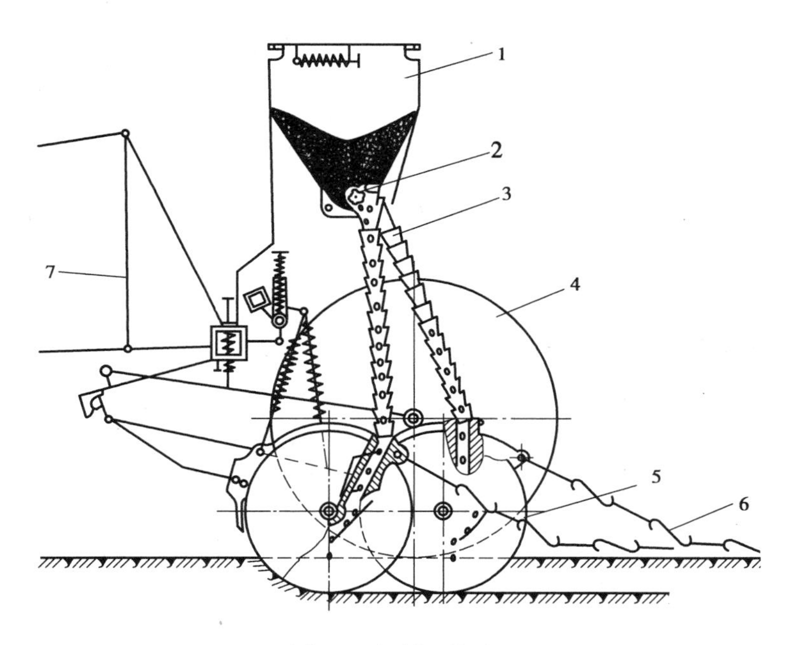

图5.2　机播工作过程

1—种子箱;2—排种器;3—输种管;4—行走轮;5—开沟器;6—覆土器;7—悬挂架

(1)**农业技术要求**

播种的农业技术要求,包括播种期、播量、播种均匀度、行距、株距、播种深度和压实程度等。

作物的播种期不同,对出苗、分蘖、发育生长及产量都有显著影响。不同的作物有不同的适播期,即使同一作物,不同的地区适播期也相差很大。因此,必须根据作物的种类和当地条件,确定适宜播种期。

播量决定单位面积内的苗数、分蘖数和穗数;行距、株距和播种均匀度确定了田间作物的群体与个体关系。确定上述指标时,应根据当地的耕作制度、土壤条件、气候条件和作物种类综合考虑。

播深是保证作物发芽生长的主要因素之一。播得太深,种子发芽时所需的空气不足,幼芽不易出土,但覆土太浅,会造成水分不足而影响种子发芽。

播后压实可增加土壤紧实程度,使下层水分上升,使种子紧密接触土壤,有利于种子发芽出苗。适度压实在干旱地区及多风地区是保证全苗的有效措施。我国几种主要作物播种的农业技术要求见表5.1。

表5.1 几种主要作物播种的农业技术要求

作物名称	小麦	谷子	玉米		大豆	高粱	甜菜	棉花
播种方法	条播	条播	穴播	精播	精播	穴播	精播	穴播
行距/cm	12~25	15~30	50~70	50~70	50~70	30~70	45~70	40~70
播量/($kg \cdot hm^{-2}$)	105~300	4.5~12	30~45	12~18	30~45	4.5~15	4.5~15①	52.5~75②
播深/cm	3~5	3~5	4~8	4~8	3~5	4~6	2~4	3~5
株(穴)距/cm	—	—	20~50	15~40	3~10	12~30	3~5	18~24
穴粒数	—	—	3±1	—	—	5±1	—	5±2

注:①单芽丸粒化种子,直径为2.5~3 mm,千粒重20 g左右;

②浸种拌灰后的重量,棉籽单位容积质量为591 g/L左右。

(2)播种机的性能要求及性能指标

对播种机的性能要求可分为农业技术要求和使用要求。

对播种机的农业技术要求是:保证作物的播种量、种子在田间分布均匀合理、保证行距株距要求、种子播在湿土层中且用湿土覆盖、播深一致、种子损伤率低、施肥时要求肥料分施于种子的下方或侧下方。

对播种机的使用要求有:能播多种种子,开沟深度可调且能保证调整后的位置,种箱清扫容易便于更换种子。

5.2 播种机的类型和构造

5.2.1 播种机的分类

播种机的类型很多,有多种分类方法。按牵引动力可分为畜力播种机、机引播种机、悬挂播种机、半悬挂播种机;按播种的作物分有谷物播种机、棉花播种机、牧草播种机、蔬菜播种机;按播种方法可分为撒播机、条播机和穴播机;按排种原理可分为气力式播种机和离心式播种机;按联合作业可分为施肥播种机、旋耕播种机、铺膜播种机、播种中耕通用机。

(1)谷物条播机

由机架、地轮、传动机构、排种器、排肥器、种箱、肥箱、开沟器、覆土器和镇压轮等组成。按与拖拉机的挂接方式可分为牵引式和悬挂式,可一次完成开沟、施肥、播种、覆土和镇压等工序,主要用于条播小麦、大豆、玉米等。

(2)单粒精密播种机

多采用播种单体与机架连接的方式,播种单体一般由开沟器、压种轮、仿形限深轮、镇压轮、种箱、传动机构等组成。可精播玉米、大豆、高粱、甜菜、棉花等中耕作物,有的地区对小麦也可实现精量播种。

(3)穴播机

机架结构形式有采用谷物条播机的,也有精密播种机的,排种器为窝眼轮式,每穴投2~3粒种子,用于穴播玉米、大豆、棉花、花生等,也有小麦穴播机,每穴投种6~11粒。

(4)旋耕播种机

开沟器前设置有旋耕刀辊,拖拉机动力输出轴的动力通过万向节传动轴经齿轮变速箱传递至旋耕刀辊。

(5)铺膜播种机

铺膜机与播种机的有机组合形式,属于复式作业机具。

(6)穴盘播种机

由填土、压坑、精量播种、覆土、刮平、传动输出机构组成,机组常为固定流水线形式,以电动机为动力,在大棚里使用,主要用于穴盘秧苗的播种,目前应用并不广泛。

(7)撒播机

料斗一般用不锈钢制作,撒播轮通常为齿轮传动,拖拉机动力输出轴的动力经齿轮变速器传递至撒播轮,料斗中的种子落到撒播轮后在离心力的作用下撒播到地面。

图5.3为一种谷物播种施肥机。它由排种器、排肥器、输种管、深浅调节机构、覆土器、开沟器、行走部分、机架和传动机构等组成。图5.4为一种中耕作物播种施肥机。它由机架、行走部分、传动机构、开沟器、覆土器、排种器、施肥器、起落机构、划印器、镇压器、起垄铲等组成。

近年来,播种机的研制工作有很大发展,主要表现在产品的“三化”程度高,品种齐全,能适应各种作物、土壤、气候条件的需要。此外,联合播种机发展也很快,除可同时进行施肥外,还可同时施撒除虫剂和除莠剂(图5.5),作业效率显著提高。

很多国家对提高排种器播种精确性、通用性和对高速适应性方面也做了许多工作,取得了不少成果,有的已用于生产。如近年来播种机上所应用的各种式样的气力式排种器就是一种体现。

把新技术应用到播种机上也日趋普遍。如应用液压技术进行控制调节,利用光电装置,进行播种情况的监视。并能利用一些特殊手段记录排种器工作全过程的实际图像。随着科学技术的发展,将会有更多的新技术应用到播种机上。

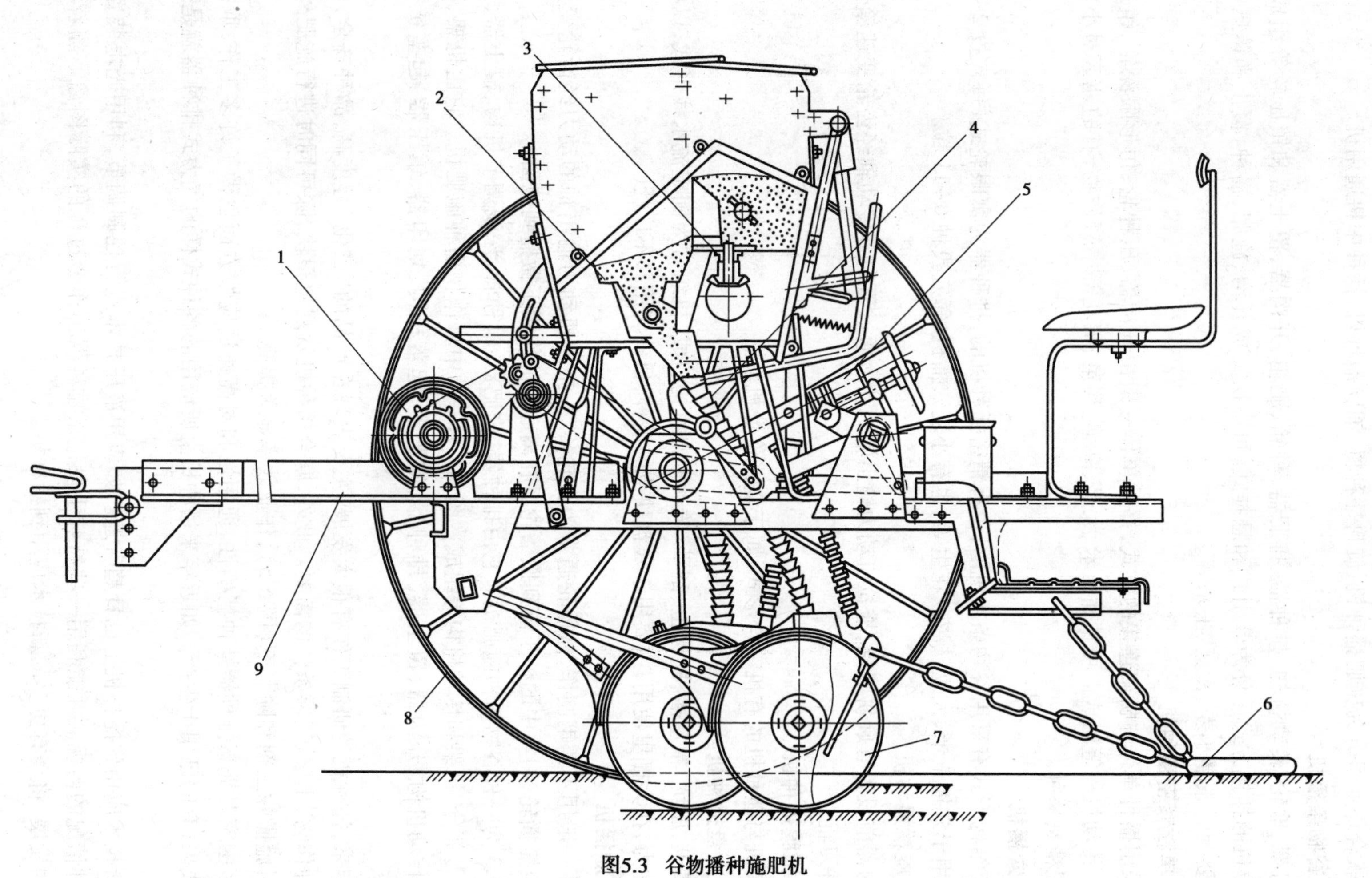

图5.3　谷物播种施肥机

1—传动链轮；2—种子箱；3—肥料箱；4—输种管；5—深浅调节机构；6—覆土环；7—开沟器；8—行走轮；9—机架

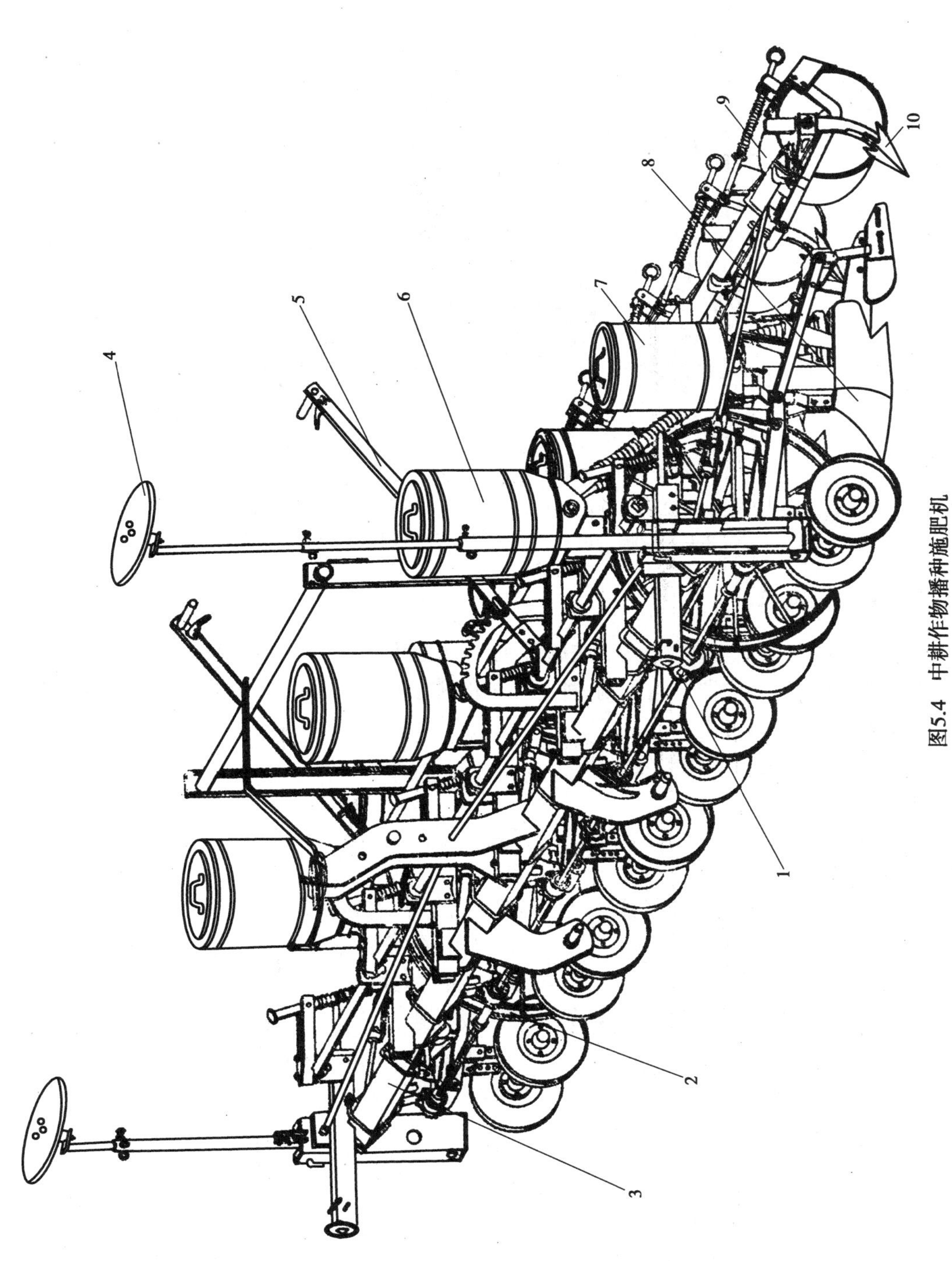

图5.4　中耕作物播种施肥机

1—传动机构；2—行走轮；3—机架；4—划印器；5—起落机构；6—肥料箱；7—种子箱；8—开沟器；9—镇压器；10—起垄部件

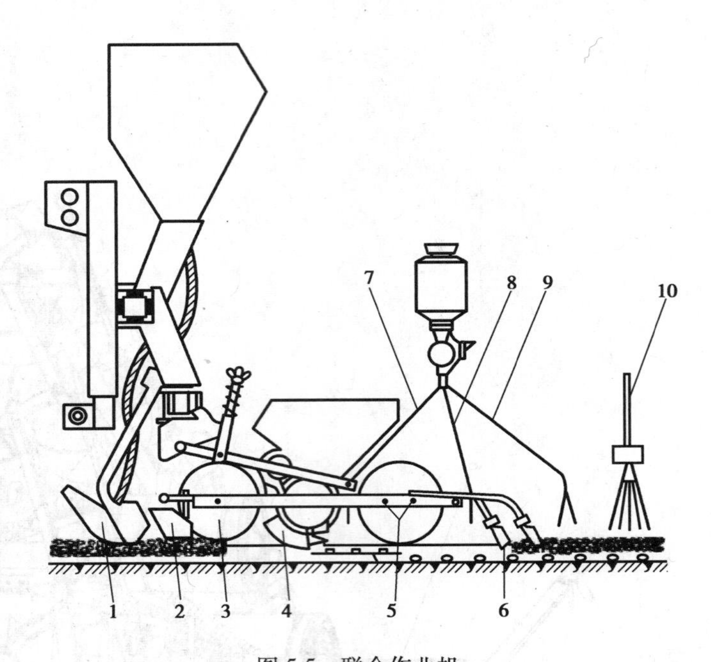

图 5.5　联合作业机

1—开沟施肥;2—清除泥块;3,5—镇压;4—开播种沟;6—覆土;
7,8—施粒状杀虫剂;9—施粒状除莠剂;10—喷雾

5.2.2　谷物条播机

谷物条播机以条播麦类作物为主,兼施种肥。增设附加装置可以播草籽、镇压、筑畦埂等作业。播种机工作时,开沟器开出种沟,种子箱内的种子被排种器排出,通过输种管均匀分布到种沟内,然后由覆土器覆土。

谷物条播机一般由如下几部分组成:

(1)**机架**

用于支持整机及安装各种工作部件。一般用型钢焊接成框架式。

(2)**排种、排肥部分**

排种、排肥部分包括种子箱、肥料箱、排种器、排肥器、输种管和输肥管等。

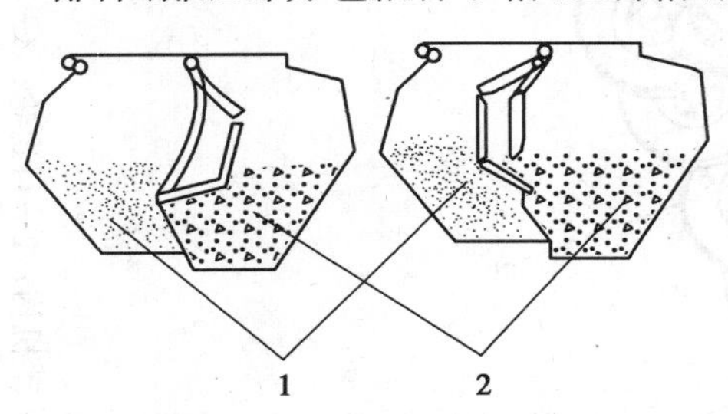

图 5.6　组合式种肥箱

1—种子;2—肥料

谷物条播机播行多而行距小,故种箱和肥箱多采用整体式结构,用薄钢板压制成型,并与机架联成框架,以增加其刚度。当种肥间的比例关系常需要改变时,可采用组合式种肥箱(图 5.6)。种箱、肥箱的容积,应以保证只在地头添加来确定。

通常谷物条播机每米工作幅宽的种箱容积为 45~100 L,肥箱容积为 45~90 L。前后箱壁的倾角 β 应大于种子或肥料与箱壁的摩擦角(β 一般为 55°~60°),保证种肥顺利流入排种器或排肥器内。

输种(肥)管的作用是将排种器和排肥器排出的种子、肥料导入开沟器。其上为漏斗形,借弹性卡簧安装在排种器下方。前后相邻的一组排种器和排肥器所排的种子和肥料经同一管输出,达到种、肥混播的目的。

(3)**开沟覆土部分**

开沟覆土部分包括开沟器、覆土器和开沟器升降调节机构。开沟器将土壤切开,形成种沟,种子落入沟底后,覆土器以适量细湿土覆盖,达到要求的覆土深度。

谷物条播机上常用的覆土器有链环式、拖杆式、弹齿式和爪盘式。其中,链环式和拖杆式结构简单,能满足条播机覆土要求,因此,我国生产的谷物条播机上多采用这两种覆土器(图5.7)。

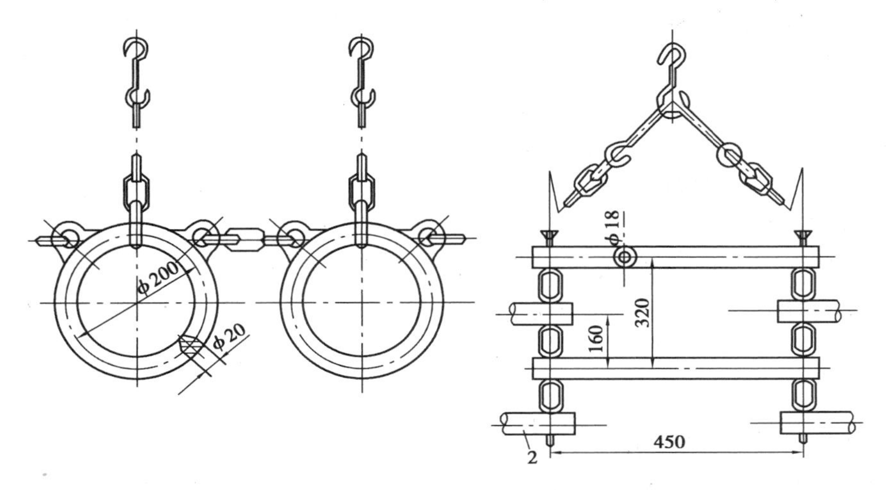

图 5.7　谷物条播机上常用的覆土器

(4)**传动部分**

通常用行走轮通过链轮、齿轮等驱动排种、排肥部件。链轮或齿轮一般均能调换安装,以改变排种、排肥传动比调节播种量或播肥量。各行排种器和排肥器均采用同轴传动。

5.2.3　排种器

排种器是播种机的主要部件,配置在种子箱底或侧壁式箱内(参看图 5.2)。常用的排种器有槽轮(外槽轮、内槽轮)式、型孔(水平圆盘、垂直圆盘、窝眼轮、型孔带)式、离心式、气力(气吸、气压、气送)式等多种。下面简单介绍几种常见的排种器:

(1)**外槽轮式排种器**

外槽轮式排种器(图 5.8)由外槽轮、阻塞轮等组成。槽轮表面设有凹槽,工作时槽轮在充满种子的排种杯内转动,种子也被带着运动,经排种舌排出杯外。

为了适应不同尺寸的种子,外槽轮排种器又分为上、下排式(图 5.9)两种,前者是利用改变排种舌的位置,以适应播尺寸不同的种子;后者是利用不同的排种方式,来适应播不同的种子。一般谷物种子由槽轮的下方排出,大粒种子(如大豆)可采用上排式。

(2)**内槽轮式排种器**

内槽轮式排种器(图 5.10)的工作元件为一圆环,其内表面常刻有槽棱。圆环转动时种子被槽棱带起,并在摩擦力作用下升起到一定高度,然后在自重作用下落入排种口排出。

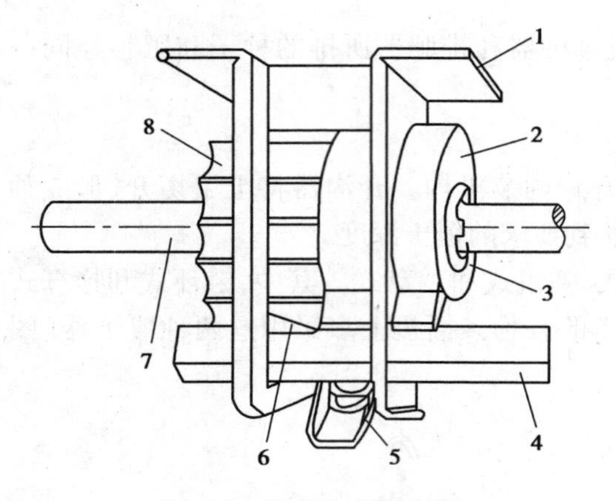

图 5.8 外槽轮式排种器

1—排种杯;2—阻塞轮;3—挡圈;4—清种方轴;
5—弹簧;6—排种舌;7—排种轴;8—外槽轮

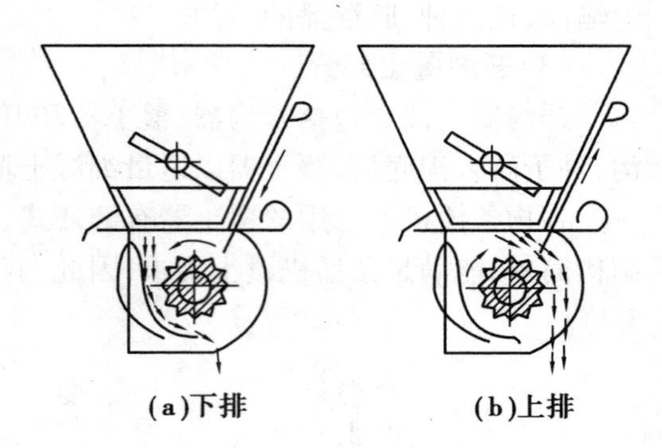

图 5.9 上、下排式排种器

(3)窝眼式排种器

窝眼式排种器(图 5.11)的窝眼开在圆柱体上,其大小和数量依所播种子的大小、数量和株距而定,每个窝眼可以只盛一粒种子或同时盛数粒种子,圆柱体上的窝眼有单排的,也有多排的。

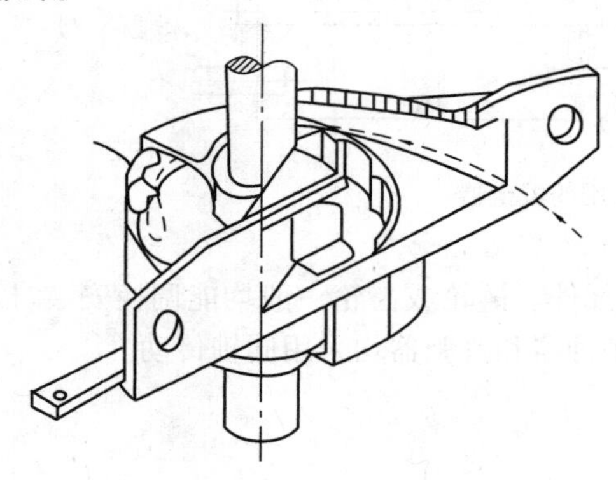

图 5.10 内槽轮式排种器

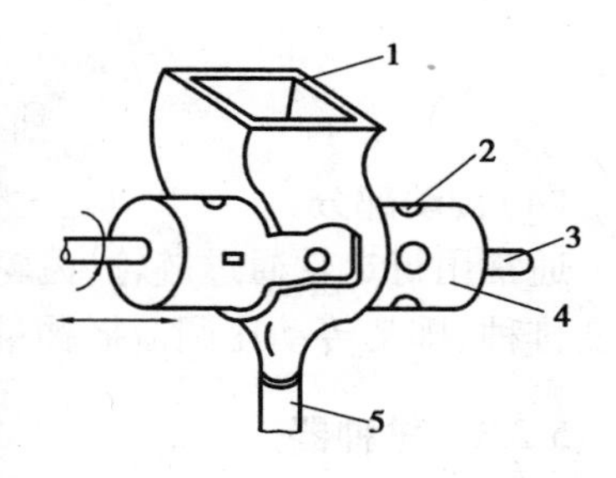

图 5.11 窝眼式排种器

1—种子箱;2—窝眼;3—传动轴;
4—窝眼轮;5—输种管

(4)离心式排种器

离心式排种器(图 5.12)的工作元件为一高速旋转的圆锥斗。圆锥斗位于锥形种子箱内,外部有种子围绕。种子由圆锥斗底部可调节的孔口进入锥斗,离心力使种子沿锥面向上升,并均匀地抛入沿周围均匀分布地排种口分配室,通过各排种管落入沟内。

(5)气力式排种器

气力式排种器是一种较新颖的排种器,可分为气吸式、气压式和气送式三种类型。

如图 5.13 所示为我国设计的一种气吸式排种器。当吸种盘在种子室中转动时,种子被吸附在吸种盘表面的吸种孔上。当吸种盘转向下方时,圆盘后面由于与吸气室隔开,种子不再受吸种盘两面压力差的作用,由于自重落入开沟器。

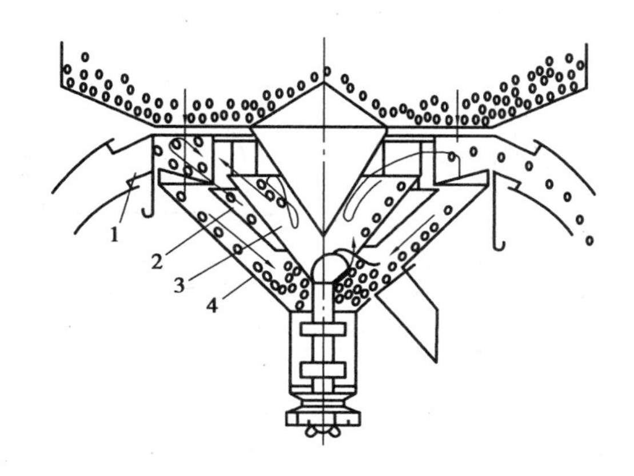

图 5.12　离心式排种器

1—输种管;2—中间锥体;3—旋转的内锥斗(内锥体);4—外锥体

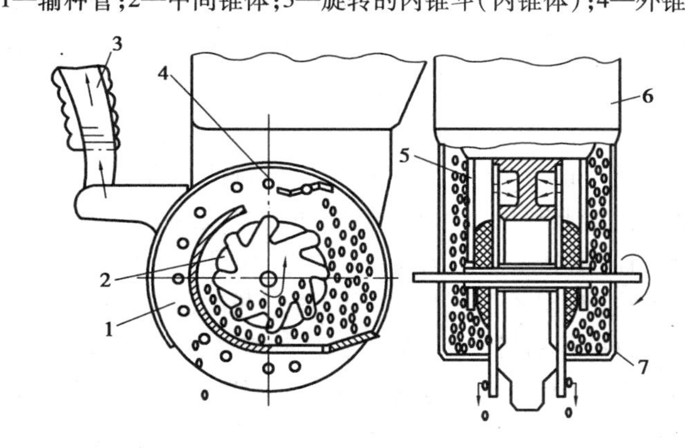

图 5.13　气吸式排种器

1—吸种盘;2—橡胶搅拌轮;3—吸气管;4—刮种板;5—挡板;6—种子箱;7—种子室

5.2.4　开沟器

(1)开沟器的类型和要求

播种机工作过程的第二阶段主要由开沟器完成。开沟器的任务包括开沟、导种和覆土。

开沟器可按入土角的大小分为锐角开沟器和钝角开沟器两类(图 5.14)。前一类有锄铲式和芯铧式,后一类有靴鞋式、滑刀式和双圆盘式。开沟器按其外形来说也是一种楔形部件,当楔形基角 $\alpha<\pi/2$ 时,促使下层土粒升向地表,而当 $\alpha>\pi/2$ 时,则促使上层土粒向下压。

开沟器的要求主要有:

①开沟时要求沟开得直。沟底松软平整,能达到农业技术要求的苗幅宽度,深度一致,不乱土层;

②导种入土后,对条播要求分布均匀,对穴播要求落粒位置准确;

③覆土时,要使细湿土层将种子全部覆盖,覆土深度一致,覆土后地表平整;

④有良好的入土性能,工作可靠,不易被杂草和湿土堵塞;

⑤工作阻力应尽可能小。

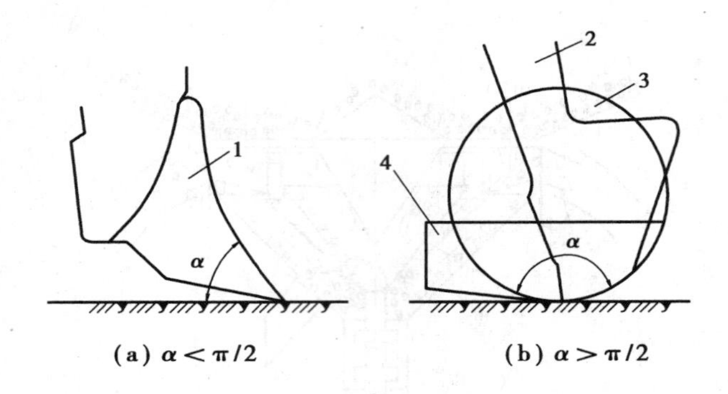

图 5.14　开沟器类型示意图

1—锄铲式;2—靴鞋式;3—双圆盘式;4—滑刀式

(2)常用开沟器的结构特点

①锄铲式开沟器。这种开沟器工作时铲前圆弧面推壅土壤(图 5.15(a)),土壤在铲前形成突起,两侧的土壤受到挤压而分开。开沟器离开原位后,两侧土壤落入沟中而覆盖种子。

锄铲式开沟器的入土角为锐角,入土性能好。但会将下层湿土上翻与上层干土相混合,造成土壤水分的流失,而且可能使干土盖在种子上影响种子发芽。当田间杂草和残茬较多时,开沟器容易发生缠草和壅土现象,所以对整地的要求较高。但是它的结构简单,重量轻,易于制造。这类开沟器的苗幅宽度一般为 4 cm 左右,可用于麦类及豆类作物的条播。

图 5.16 为 2BL-12/16 播种机上的锄铲式开沟器。开沟器开沟时,由于其后部土壤形成向前倾斜的散落土层,种子由排种器排下后,又受到输种管的碰撞而散落在斜坡上,使播深不一致。为此在铲尖内焊有中间向上凸起的导种反射板,这样可使播深均匀并能使种子向两侧分散(两边密,中间稀),使实际苗宽可达 5~6 cm。铲翼后侧板边线设计成斜边,以保证湿土先落入沟底,覆盖于种子周围。

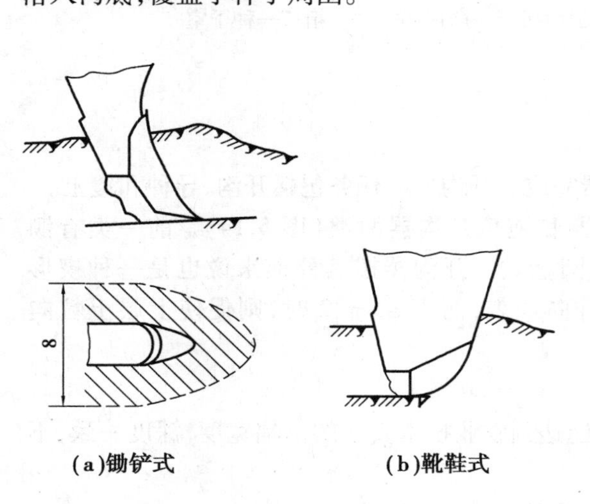

图 5.15　种沟的形成

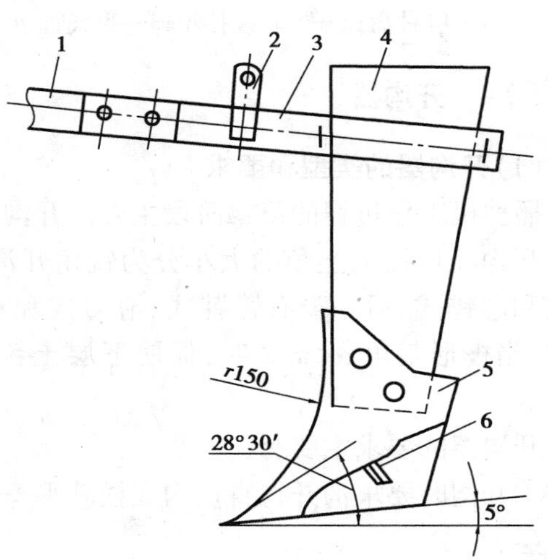

图 5.16　锄铲式开沟器

1—拉杆;2—压杆座;3—夹板;4—筒身;5—铲翼;6—反射板

②靴鞋式开沟器。这种开沟器的入土角为钝角，在重力作用下土壤被下压并将表土分向两侧。开沟器形成的铲前突起较锄铲式小（图 5.15（b）），造成的侧边土丘比较大，所开的沟较窄而浅。

靴鞋式开沟器的特点是开沟浅，适于在整地细碎的土壤上播种，如蔬菜、甜菜等小粒种子。但对播前整地质量要求较高，自身覆土作用差。

③芯铧式开沟器。这种开沟器（图 5.17）是由耧耙芯子演变来的。工作时，芯铧水平刃切开土壤，土壤逐渐沿曲面上升，然后向两侧推移，侧板使土壤继续分开，种子从开沟器两侧落入沟内，当侧板通过后，土壤落入沟内覆盖种子。

芯铧式开沟器的入土角为锐角，入土性能好。能把表层干土、土块、杂草及残根翻到两侧，使沟底宽而平整，利于种子均匀分布和避免干湿土相混，为种子发芽生长创造了良好的条件。目前使用这种开沟器最大开沟深度为 12 cm，开沟宽度为 18 cm。能较好地符合垄上开沟播种的要求，也能适应平播宽苗幅的开沟播种。

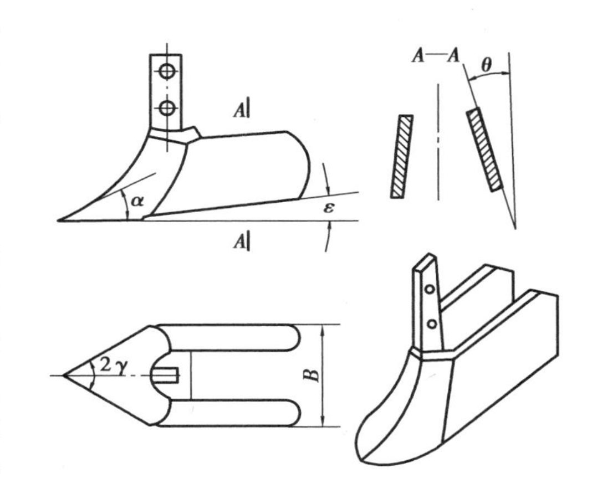

图 5.17　芯铧式开沟器

④双圆盘式开沟器。这种开沟器（图 5.18）是由两个旋转的平面圆盘组成，交点聚在前方。入土角为钝角，但由于两圆盘与土壤呈线接触，故有较大的压应力，较易入土。工作时，圆盘边滚动边切割土壤，并将土壤推向两侧，土壤形成的侧丘较大、前丘较小，沟底呈 W 形。

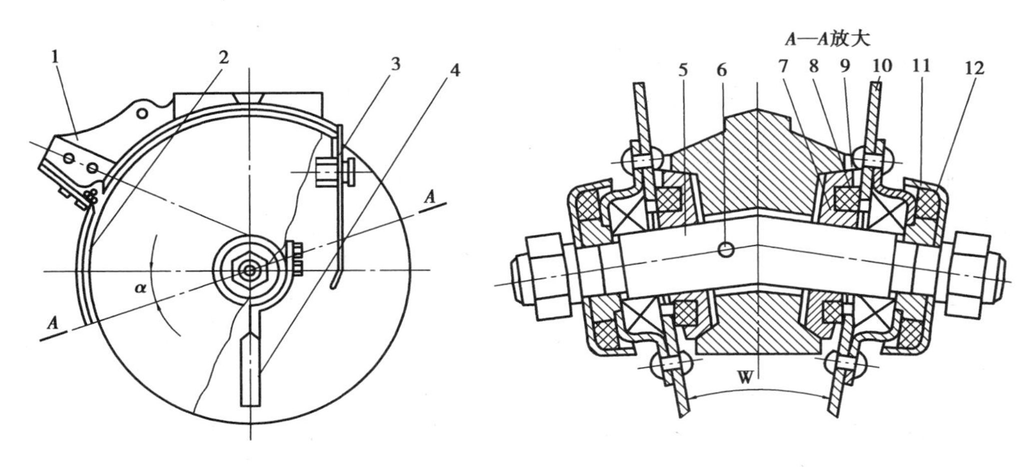

图 5.18　双圆盘式开沟器

1—开沟器体；2—圆盘护板；3—散种板；4—分土板；5—圆盘轴；6—圆柱销；7—轴承内挡；8—防尘圈；9—调节垫圈；10—圆盘；11—圆盘盖；12—轴承外挡

双圆盘式开沟器的切土能力较强，能在整地条件较差，田间有土块、残茬等情况下正常工作。但结构复杂、重量大。一般开沟较深，播小粒种子时需加限深器。

双圆盘所开的沟底形成凸尖。尖点越高（角愈小），角越大，沟底的凸尖也越大，呈两行的沟形就越明显。

5.2.5 传动及起落机构

（1）传动装置

传动装置包括排种传动和排肥传动两部分。如图 5.19 所示。

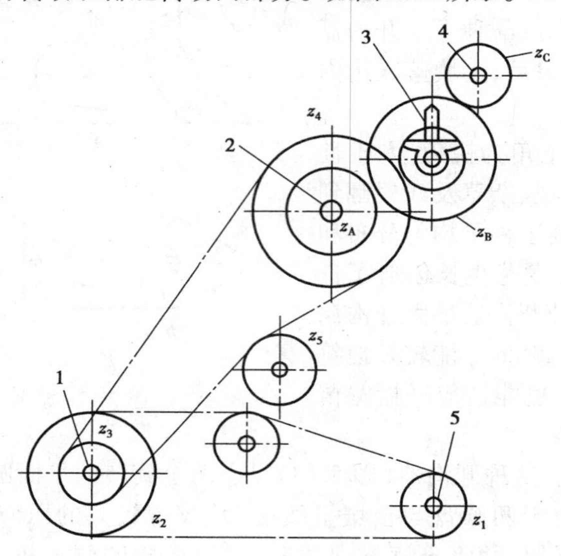

图 5.19 施肥播种机传动示意图

1—中间传动轴；2—排种轴；3—星轮轴；4—搅拌器轴；5—行走轮轴

①排种传动部分。固定在主轴（地轮轴）上的链轮通过铸造钩形链条传给安装在机架前梁上的传动轴，再通过传动轴外端的链轮及其链条，传给种箱一端的排种轴。二级传动上有 10 齿、15 齿、20 齿 3 种链轮，通过互相倒换安装，可得 6 种排种传动速比。

②排肥传动部分。通过箱壁上一对直齿轮由排种轴传给排肥轴，再通过一对锥齿轮减速，带动排肥星轮，此传动备有 20 齿、27 齿、40 齿、47 齿 4 个齿轮。组内齿轮互换位置，可得 4 种传动速比，再与 6 种排种传动速比配合，可得 24 种排肥传动速比。

（2）传动离合器

传动离合器的作用是保证开沟器和排种、排肥器的工作协调一致，即当开沟器一旦降落，排种器和排肥器便立即开始工作，而在开沟器升起的同时，随即停止排种和排肥。

由石家庄农业机械股份有限公司生产的布谷 2BF-24A 型施肥播种机的传动离合器为嵌齿式，主要由主动套、被动套、离合器弹簧及离合器叉等组成，如图 5.20 所示。主动套用键安装在地轮轴上和轴一起转动，并可做轴向移动。被动套活套在地轮轴上，套两端带有结合爪，分别与主动链轮和主动套结合。离合器叉叉部伸入主、被动套间，后端和安装在升降方轴上的离合器曲柄相连，离合器弹簧安装在主动套外侧。

当升降机构使开沟器升起时，回转的升降方轴通过离合器曲柄迫使离合器叉前移，叉部

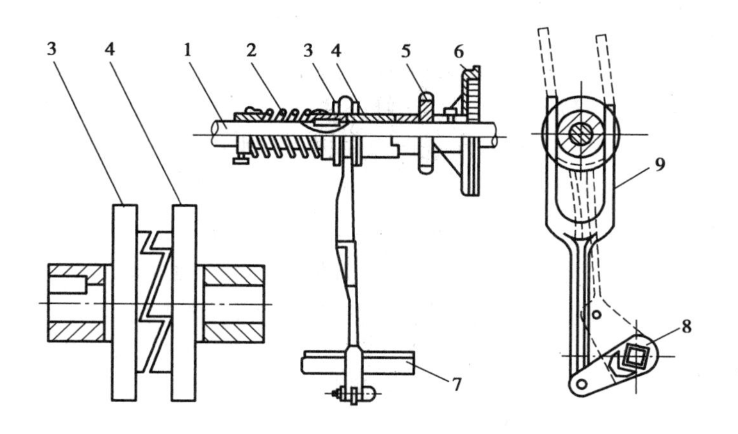

图5.20　传动离合器

1—行走轮轴;2—离合器弹簧;3—主动套;4—被动套;5—链轮;
6—主动盘;7—升降方轴;8—离合器曲柄;9—离合器叉

的凸起部分进入主、被动套间,主动套压缩弹簧而左移与被动套脱离,主动链轮立即停止转动,排种器、排肥器以及肥料搅拌器也随即停止工作。而当开沟器降落时,升降方轴反向回转,离合器曲柄把离合器叉拉回,主动套在离合器弹簧作用下,被推向被动套并与之相结合,于是排种器、排肥器和肥料搅拌器恢复工作。

(3)**起落和播深调节机构**

播种机提升开沟器一般有机力式和液压式两种。

①机力式起落机构。机力式起落机构共两套,分别由左、右地轮驱动,各自控制半幅播种机的开沟器起落。起落机构由起落离合器和起落四杆机构组成,如图5.21所示。

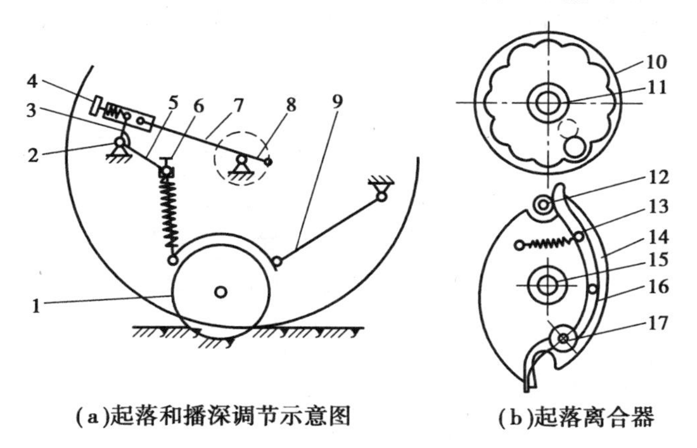

图5.21　开沟器起落机构和播深调节机构

1—开沟器;2—起落方轴;3—支杆;4—播深调节手轮;5—起落臂;6—吊杆;
7—连杆;8,15—曲轴;9—开沟器拉杆;10—主动盘;11—行走轮轴;
12—滚轮;13—弹簧;14—被动盘;16—月牙卡铁;17—滚柱

起落离合器为内闸轮式,由主动盘(内闸轮)、双口盘、月牙卡铁等组成。主动盘内有圆窝形凹槽,固定在地轮轴上,随轴转动。双口盘固定在曲柄一端,其上铰连一月牙卡铁,卡铁一端装有一个滚柱(内滚轮),另一端用弹簧与双口盘相连,离合器的工作用起落手柄控制。

起落四杆机构由曲轴、连杆、支杆、方轴、起落臂、吊杆等组成。

开沟器落下(工作状态)或升起(运输状态)时,起落手柄末端的滚轮在弹簧作用下,进入双口盘的缺口内,迫使月牙卡铁绕轴销回转,使其上滚柱从主动盘凹槽内脱出,主动盘与双口盘脱开,则主动盘转动(随地轮转动),而双口盘不动,曲轴及起落四杆机构不动,开沟器保持落下或升起位置。当要改变状态,如从工作状态变成运输状态时,只需向上扳动起落手柄,使滚轮从双口盘缺口内脱出(脱出后立即松手),则月牙卡铁在弹簧作用下反方向回转,使滚柱进入主动盘凹槽内,主动盘与双口盘结合,双口盘随主动盘转动,则曲轴回转并通过连杆和支杆推动方轴向后上方转动,通过起落臂和吊杆,使开沟器绕拉杆销连点回转而升起,当双口盘转过180°时,滚轮在弹簧作用下自动进入另一缺口,迫使滚柱从主动盘凹槽脱出,主动盘与双口盘脱开,起落四杆机构不动,开沟器保持其升起状态。若欲从升起状态变成工作状态,需再次扳动起落手柄,曲轴便又随地轮转动,连杆、支杆、方轴、起落臂作反向回转,使开沟器降落,当双口盘转过180°,滚轮再次落入双口盘缺口时,动力切断,开沟器保持其降落位置。

播深调节机构用以调节播种深度。播深调节机构装在支杆一端,其上有带手轮的丝杆,当顺时针转动手轮时,丝杆前伸推动支杆,使方轴转动,起落臂向下方转动,压缩吊杆弹簧,再通过山形销和吊杆作用于开沟器上,使开沟深度增大,反向转动手轮,弹簧压缩力减小,开沟深度变浅。各开沟器开沟深度可通过改变山形销在吊杆上的安装位置进行调整,以保持开沟器开沟深度一致。

②液压式起落机构。液压式起落机构的构成如图5.22所示。当需提升开沟器时,将液压操纵手柄(位于驾驶员座旁)放到“提升”位置,油缸活塞杆伸出,推动转臂后摆,方轴转动,起落臂上摆,通过吊杆将开沟器升起。需要降落时,将液压操纵手柄放到“下降”位置,油缸活塞杆缩回,通过转臂带动方轴回转,升降器降落。开沟器入土深度由活塞杆上的限位板控制,当活塞杆缩回至限位板顶作限位阀时,油缸油路封闭,活塞杆定位,开沟器限定在一定的工作深度,改变限位板在活塞杆上的位置,即可调节开沟器的工作深度。

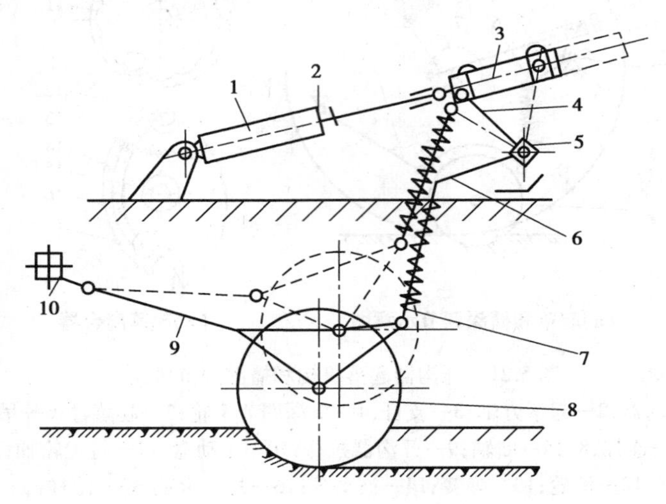

图5.22 2BL-24型播种机液压式起落机构

1—液压油缸;2—限位阀;3—半幅播调节器;4—转臂;5—起落方轴;
6—升降臂;7—吊杆;8—圆盘;9—开沟器拉杆;10—开沟器梁

5.3　播种机的维护与保养

5.3.1　播种机技术状态检查

(1)排种、排肥机构

①种、肥箱平整无凹陷,安装牢固,不漏种、肥。箱盖关闭灵活。

②排种器各零件完整无缺,排种轴转动灵活,不碾碎种子。槽轮工作长度一般误差不超过1 mm,且调整灵活。

③播量调节机构应灵活,不得自行滑移。

④排肥机构转动灵活,齿轮啮合正确,排肥活门调整灵活,开合一致。

(2)传动机构

①传动链、链轮应位于同一平面上,其偏差不大于1.5~2.0 mm,轴向晃动不超过2.0 mm。啮合间隙应为2.5~3.0 mm。传动中,不应跳齿、打滑和跳链。

②钩形链安装方向正确。应钩向外且朝链条运动方向。

③链条松紧度合适,检查时,用手下压链条中间部位,其下凹应不大于15~20 mm。

(3)开沟器

①开沟器刮土板与圆盘间隙为1~2 mm,圆盘转动灵活,且不晃动。

②圆盘刃口斜面宽度应为6~8 mm,刃口厚度不大于0.4 mm,刃口完整。若有深1.5 mm、长1.5 mm的缺陷或崩缺不得超过3处。两圆盘的接触间隙不得大于2 mm。径向差不超过3~4 mm。

③相邻开沟器之间距离应合乎要求,行距偏差不应大于5 mm,所有开沟器下刃口都在同一水平面上。

(4)输种管

输种管不应变形、漏种,与排种杯连接可靠。

(5)机架

①机架不得弯曲和倾斜,拉筋应拉紧,开沟器梁弯曲度不超过10 mm。

②机架左右梁应平行,偏差不超过5 mm,对角线长度差不超过10 mm。

③牵引架不应弯曲,主梁需符合悬吊筑埂器的要求。

(6)起落机构

起落机构各部件运动灵活,动作准确。

(7)地轮机构

①地轮如有变形,其径向和轴向摆差不超过10 mm。

②地轮辐条完好,不允许松动,若有弯曲应不大于4 mm。

③刮土板安装位置恰当,既能刮土,又不妨碍轮子旋转。

5.3.2　播种机常见的故障及排除方法

播种机常见的故障及排除方法见表5.2。

表 5.2 播种机的常见故障及排除方法

故障名称	产生原因	排除方法
漏播	排种器、输种管堵塞	清选种子中杂物，清除输种管管口黄油或泥土
	输种管损坏漏种	修复更换
	槽轮损坏	更换槽轮
	地轮镇压轮打滑或传动不可靠	检查排除
不排种	链条断	更换新链条
	弹簧压力不足，离合器不结合	更换损坏零件
	轴头连接处轴销丢失或剪断	更换轴销
	排种出口处被杂草堵塞	清除杂草
不排肥	大锥齿轮上开口销剪断	检查排除
	肥箱内肥料架空	
	进肥或排肥口堵塞	
开沟器堵塞拖堆	圆盘转动不灵活	增加内外锥体间垫片
	圆盘晃动、张口	减少内外锥体间垫片，锁紧螺母调整
	导种板与圆盘间隙过小	清除泥土，注油润滑
	土质黏	清除泥土
	润滑不良	注油润滑
	工作中后退	清除泥土
开沟器升不起来或升起后又落下	滚轮磨损严重	更换缺损零件
	卡铁弹簧过松	
	双口轮与轴连接键丢失	
	月牙卡铁回转不灵	
开沟器圆盘转动不灵活	粘泥将开沟器糊住	清除泥土
	泥土将两圆盘间堵住	
开沟器有噪声	导种板没装正，与圆盘干涉	重新调整导种板

第6章 水稻插秧机的类型、构造、使用及维护

水稻的种植方式有直播和移栽两种。

直播是将稻种直接播种于田间生长成熟，工艺简单，易于机械化，可用机械进行撒播或条播，尤其是用飞机撒播，效率更高。但直播受自然条件的影响较大，且在田间的生长期长，只适于在单季节生产地区采用。

移栽是我国传统的水稻种植方法，种植过程分育苗和插秧（抛秧）两段进行。可提前育秧，缩短在田间的生长时间，可提高复种指数或解决无霜期短的矛盾，且产量高，但移栽的用工量大，劳动条件差，实现机械化较困难。

水稻移栽的机械化目前有两种方式，一种是大田育秧、拔秧，然后再用插秧机插秧，另一种方式是室内育秧（工厂化育秧），然后将育出的盘式秧苗，装入插秧机栽插在田间。

6.1 水稻插秧的农业技术要求和水稻插秧机的类型

6.1.1 水稻插秧的农业技术要求

水稻插秧的农业技术要求如下：

①株行距符合当地要求，株距应可调节。

②每穴有一定的株数，并能在一定范围内调节。

③插秧深度适宜，并能在一定范周内调节。

④插直、插稳、均匀一致，漏、漂秧率低于20%，勾、伤秧率低于15%。

⑤机插要求秧田应泥烂田平，耕深适当，软硬适宜。宜用比较整齐的适龄壮秧。

6.1.2 水稻插秧机的分类

按不同标准可将水稻插秧机分为不同的类型：

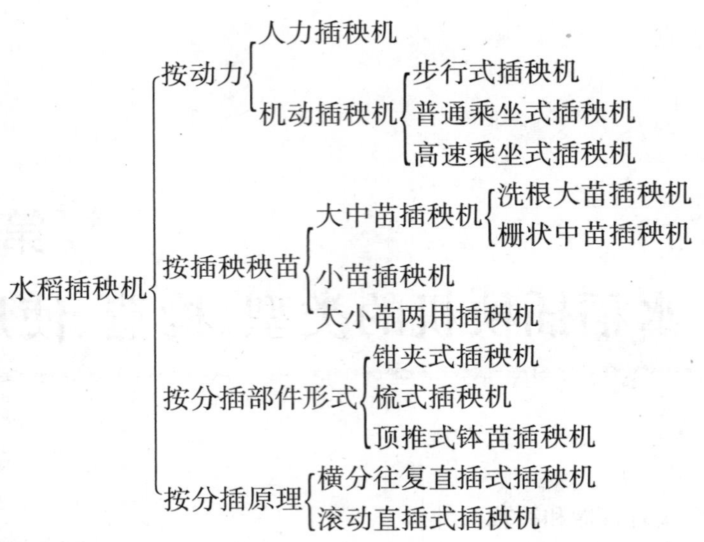

(1)**高速乘坐式插秧机**

行走采用四轮行走方式,后轮一般为粗轮毂橡胶轮胎;采用旋转式强制插秧机构进行插秧,插秧频率比较快,作业效率比较高。市场上常见的乘坐式高速插秧机,插秧行数为6行,作业幅宽1.8 m,配套动力8.5~11.4 kW,作业效率每小时0.4 hm^2 左右。

(2)**普通乘坐式插秧机**

行走采用单轮驱动和整体浮板组合方式,采用分置式曲柄连杆机构进行插秧。市场上常见的简易乘坐式插秧机,插秧行数为6行,作业幅宽1.8 m,配套2.94 kW左右,作业效率每小时0.15 hm^2 左右。

(3)**手扶步进式插秧机**

行走采用双轮驱动和分体浮板组合方式,采用分置式曲柄连杆机构进行插秧。市场上常见的手扶式插秧机,插秧行数为4行和6行,作业幅宽1.2~1.8 m,配套1.7~3.7 kW柴油机,作业效率每小时0.1~0.2 hm^2。

插秧机的型号释义如下所示:

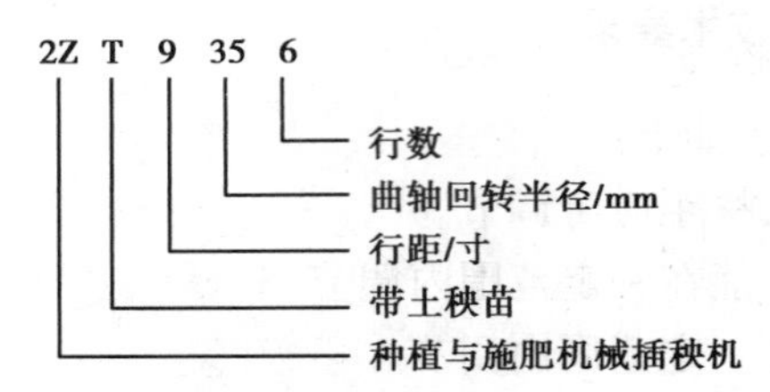

6.2 水稻插秧机的主要工作部件

插秧机的组成部件如图6.1所示。

插秧机的底盘主要由传动系统、行走系统、转向系统、制动装置、机架、船板等组成。

传动系统是将发动机动力传递到各工作部件,主要有两个方向:传向驱动地轮和由万向节传送到传动箱。传动箱又将动力传递到送秧机构和分插机构。分插机构前级传动配有安

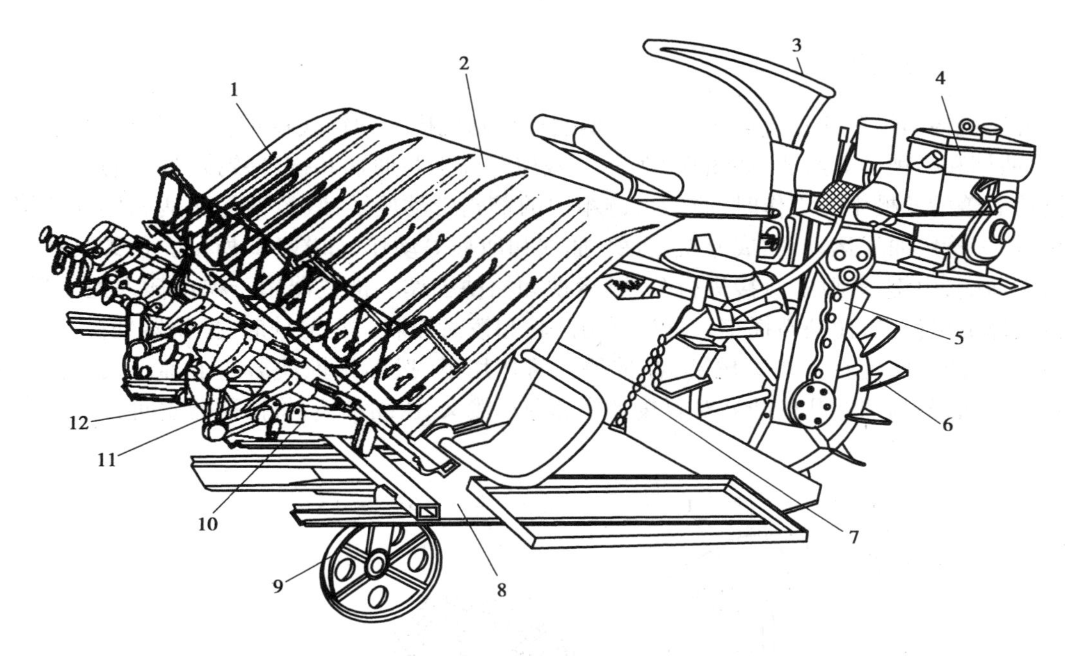

图 6.1　插秧机的组成

1—压秧杆;2—秧箱;3—操向盘;4—发动机;5—行走传动箱;6—水田轮;

7—挂链;8—秧船;9—尾轮;10—链箱;11—栽植臂;12—摇杆

全离合器防止秧针取秧卡住时,损坏工作部件。传动箱是传动系统中间环节,又是送秧机构的主要工作部件。传动箱中主动轴上有螺旋线槽(凸轮滑道),从动轴上固定着滑块,当主动轴转动时,滑块在螺旋线槽作用下横向送秧,将主动轴的转动变成滑块和从动轴的移动,该轴的移动即是横向送秧的动力来源。

插秧机的行走装置由行走轮和船体两部分组成。常用的行走装置(除船体外)分为四轮、二轮和独轮 3 种,所用的行走轮都具备以下 3 个性质:

①泥水中有较好的驱动性,轮圈上附加加力板;

②轮圈和加力板不易挂泥;

③具有良好的转向性能。

插秧机到地头要转向 180°,因此要求有较好的转向功能。四轮行走装置的转向是由前轮引导的,二轮行走装置由每个轮子的离合制动作用来完成转向,国产 2ZT 系列插秧机(乘坐式)是依靠独轮转向来完成整机转向。而日本产独轮步行机,是依靠操作者提升浮子摆动扶手完成转向。

日本产插秧机,无论是乘坐式还是步行式插秧机,其船体部分均为分体液力自动控制浮子式,其优点是承重能力强、防陷、消除水浪和防壅泥等性能均较船板式优越,但其液压件加工精度要求高,成本也较船板式高。国产插秧机配置的船板基本上仅适应东北三省水稻种植作业要求,但在泥脚较深和含沙量较少的土壤中,仍然会产生下陷、壅泥、壅水推倒已插秧苗的问题,特别是在南方双季稻地区,春季稻收获后,不可能在平整土地后有两三天作为土壤沉淀的时间,船板式壅水壅泥的现象十分严重,也曾在结构上采取一些改进措施,但在部分地区仍然不能根本解决壅水壅泥带来的漂秧、埋秧等问题。

6.2.1 分插机构

分插机构为纵分往复直插式，采用曲柄摆杆控制机构和钢针式秧爪，分插机构由栽植臂、摆杆、曲柄和推秧器等组成，如图 6.2 所示。栽植臂分别与曲柄和摆杆铰接，摆杆另一端固定在链箱后盖的长槽中。工作时，曲柄由链箱中的链轮带动旋转，栽植臂受曲柄和摆杆的综合作用，按一特定曲线运动，完成分秧、运秧、插秧和回程等动作，如图 6.3 所示。秧叉装在栽植臂盖的前端，由钢丝制成，直接进行分秧、运秧和插秧工作。推秧器用于秧苗插入泥土后，把秧苗迅速推出秧叉，使秧苗插牢。推秧器由凸轮和拨叉控制。在取秧时，推秧器处提升位置，在插秧时，凸轮凹处对着拨叉尾部，在推秧弹簧作用下，拨叉将推秧器向下推出，进行脱秧。当栽植臂回程提起时，凸轮凸处对着拨叉尾部顶动拨叉，压缩弹簧，将推秧器缩回。

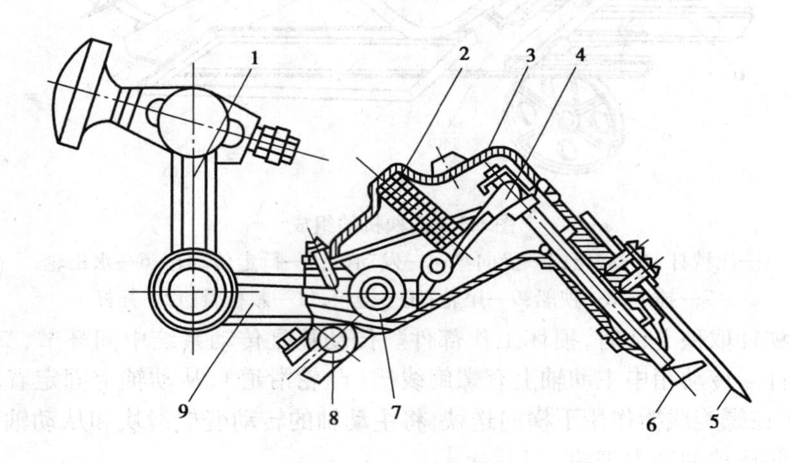

图 6.2　曲柄摆杆式分插机构

1—摆杆；2—推秧弹簧；3—栽植臂盖；4—拨叉；5—分离针；6—推秧器；7—凸轮；8—曲柄；9—栽植臂

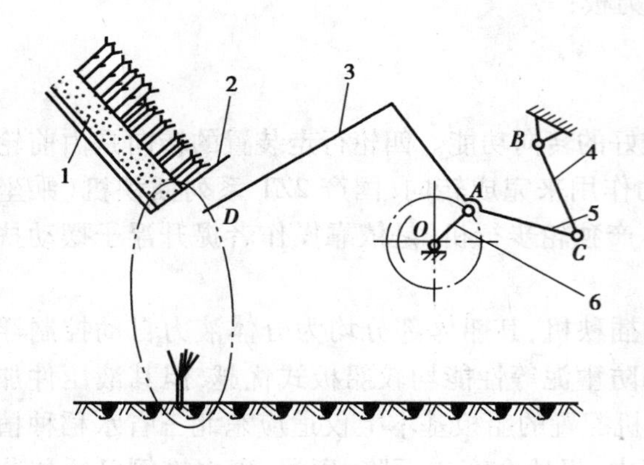

图 6.3　秧叉轨迹示意图

1—秧箱；2—秧门；3—秧叉；4—摆杆；5—栽植臂；6—曲柄

6.2.2 移箱机构

移箱机构用来左右移动秧箱，进行横向送秧。保证秧箱中秧盘能沿左右方向均匀地依次被秧叉叉取，避免架空漏取现象。

移箱机构主要由螺旋轴、滑套、指销和移箱轴等组成，如图 6.4 所示。螺旋轴上有正反螺旋槽，槽的两端各有一段 180°直槽，便于指销换向。滑套用螺栓与移箱轴固定连接，滑套上的指销插入螺旋轴的螺旋槽内。移箱轴用夹子与秧箱下面两个驱动储网定连接。

工作时，螺旋轴旋转，指销沿螺旋槽移动，带动滑套、移箱轴、秧箱作横向移动。当秧箱移动到极端位置时，指销进入直槽部分，此时

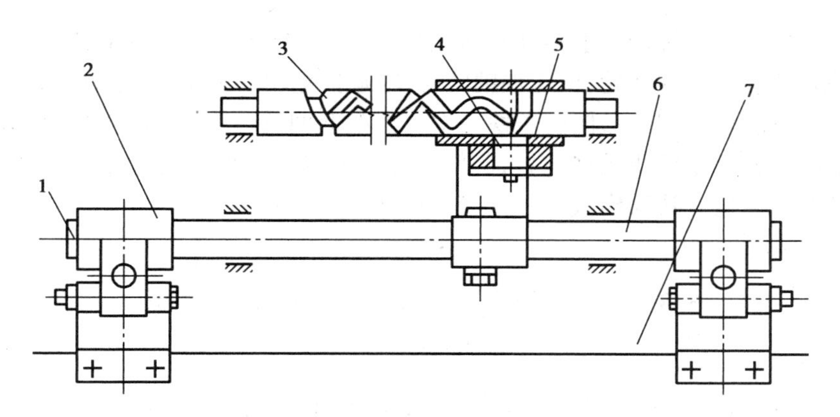

图 6.4　横向送秧机构

1—驱动臂;2—驱动臂夹子;3—螺旋轴;4—指销;5—移箱滑套;6—移箱轴;7—秧箱

秧箱停止横移(这一停歇时间为纵向送秧时间),随后,指销进入反向螺旋槽,秧箱即作反向的横移。

6.2.3　纵向送秧机构

纵向送秧机构用来保证秧盘始终靠向秧门,使秧叉每次取秧盘准确一致。

纵向送秧机构为棘轮式,主要由套装在螺旋轴一端的桃形轮、装在送秧轴上的送秧凸轮、抬把、棘爪、棘轮和送秧齿轮等组成,如图 6.5 所示。

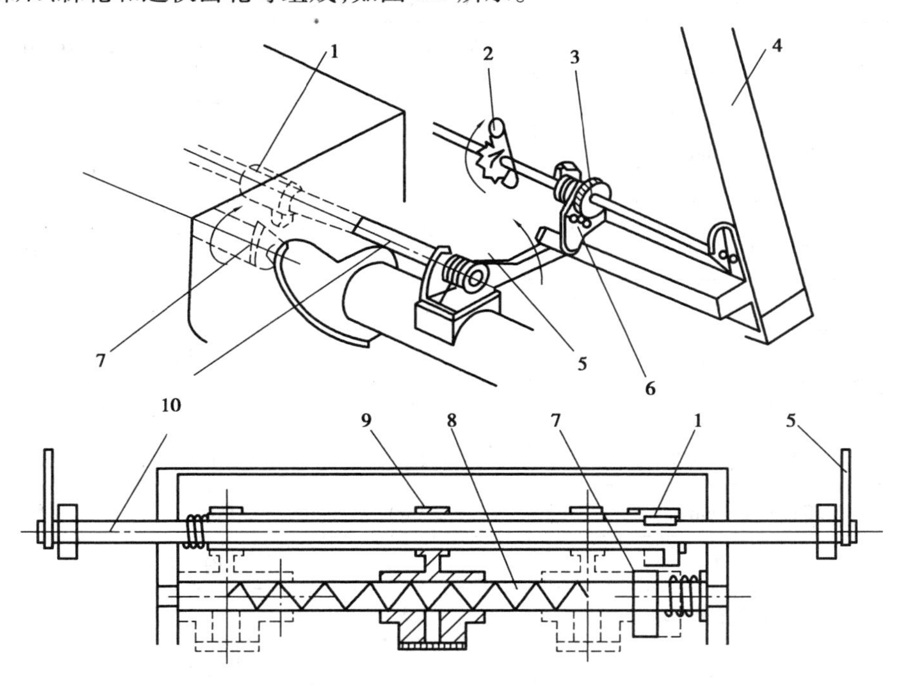

图 6.5　纵向送秧机构

1—送秧凸轮;2—送秧齿轮;3—棘轮;4—秧箱;5—抬把;6—棘爪座;
7—桃形轮;8—移箱凸轮轴;9—滑套;10—送秧轴

工作时,移箱滑套在螺旋轴上移动到右端位置时,滑套将桃形轮右推到与送秧凸轮相对应的位置,桃形轮拨动送秧凸轮,使送秧轴转动,轴端抬把驱动棘爪,拨动棘轮,使轴上的送秧齿轮转动一定角度,轮齿把秧盘向前送秧一次。当滑套回移(向左移动)时,桃形轮在弹簧作用下离开凸轮,机构处于停止送秧位置,当滑套移到左端位置时。通过轴套将送秧凸轮左移与桃形轮相对,又重复上述动作,进行一次纵向送秧。

6.3 插秧机的产品规格与技术参数

我国生产插秧机的厂家很多,品牌主要有久保田、洋马、东洋、井关、富来威、福田雷沃、碧浪、太湖、福尔沃、天时等。现就丘陵山地使用较多的几个品牌各机型的主要技术参数进行一下介绍。

6.3.1 久保田(苏州)

久保田农业机械(苏州)有限公司主要生产 SPW-28C、SPW-48C、SPW-68C、SPW-68CM 手扶式插秧机和 NSD8、SPV-68C、NSPV-68C、NSPV-68CM、SPD8 等高速乘坐式插秧机。

表 6.1 为久保田手扶式插秧机的主要技术参数,表 6.2 为久保田四轮驱动插秧机的主要技术参数。

表 6.1 久保田手扶式插秧机的主要技术参数

<table>
<tr><td colspan="2">机　型</td><td>SPW-28C(2ZS-2)</td><td>SPW-48C</td><td>SPW-68C/SPW-68CM</td></tr>
<tr><td rowspan="3">尺寸</td><td>全长/mm</td><td>1 820</td><td>2 140</td><td>2 370</td></tr>
<tr><td>全宽/mm</td><td>880</td><td>1 590</td><td>1 930</td></tr>
<tr><td>全高/mm</td><td colspan="3">910</td></tr>
<tr><td colspan="2">质量/kg</td><td>70</td><td>160</td><td>185</td></tr>
<tr><td rowspan="9">发动机</td><td>型　号</td><td>MZ80</td><td colspan="2">MZ175-B-1</td></tr>
<tr><td>形　式</td><td colspan="3">风冷四冲程 OHV 汽油发动机</td></tr>
<tr><td>总排气量/mL</td><td>80</td><td colspan="2">171</td></tr>
<tr><td>额定输出/kW</td><td>2.2</td><td>3.5</td><td>3.3</td></tr>
<tr><td>转速/(r · min^{-1})</td><td>3 600</td><td>3 000</td><td>3 600</td></tr>
<tr><td>燃油</td><td colspan="3">车用无铅汽油</td></tr>
<tr><td>燃油箱容量/L</td><td>2.5</td><td colspan="2">4</td></tr>
<tr><td>点火方式</td><td colspan="3">无接点式电磁点火</td></tr>
<tr><td>启动方式</td><td colspan="3">手拉启动式</td></tr>
</table>

续表

行走部	车轮上下调节		液压式		
	行走轮	结构形式	粗轮毂橡胶轮胎		
		直径/mm	600	660	
	插秧速度/(m · s⁻¹)		0.2~0.77	0.34~0.77	0.28~0.77
	变速方式		静液压无级变速[HST]	齿轮变速	
	变速挡数		前进 2 挡	前进 2 挡、倒退 1 挡	
插秧部	插秧行数/行		2	4	6
	插秧行距/cm		30		
	插秧株距/cm		12、14、16、18、21(可选装 25、28)		
	插秧株数(株/3.3m²)		90、80、70、60、50(可选装 45、40)		
	插秧深度/cm		0.7~3.7(5 段)		
	1 株苗数调节量	横送量/次	20、26		
		纵送量/mm	7~17		
秧苗条件(叶龄、苗高)/(叶、cm)			2.0~4.5、10~25		
插秧效率/(m² · h⁻¹)			200~1 000	900~2 100	1 000~3 200

表 6.2　久保田四轮驱动插秧机的主要技术参数

机　型		NSD8	SPU-68C
尺寸	全长/mm	3 350	3 000
	全宽/mm	2 280	2 210
	全高/mm	2 492	1 495
最低离地高度/mm		540	430
结构质量/kg		760	495

续表

	型　号			D902-E3-P	GZ410-P-CHN-S1
发动机	形　式			水冷四冲程3气缸立式柴油发动机	水冷四冲程2气缸 OHV 汽油发动机
	总排气量/mL			898	404
	额定输出/kW			15.4	7.7
	转速/($r \cdot min^{-1}$)			3 000	3 600
	使用燃料			0号柴油	车用无铅汽油
	燃油箱容量/L			17	9
	启动方式			启动马达式	启动电机
行走部	转向方式			液压转向式	动力转向式
	车轮	种类	前轮	防爆轮胎	实心轮胎
			后轮	粗轮毂橡胶轮胎	橡胶凸耳轮
		直径×宽度	前轮/mm	650×95	650×78
			后轮/mm	950×50	900×50
		轮距	前轮/mm	1 200	1 080
			后轮/mm	1 200	1 200
	变速方式			齿轮(机械式)变速箱	液压式变速器
	变速挡数/挡			主变速:前进2、倒退1[副变速:2级]	主变速器:无级[副变速:2级][插秧:0~1.42][行走:0~4.2]
插秧部	插秧方式			旋转式强制插秧	
	插秧行数/行			8	6
	插秧行距/cm			30	
	插秧株数/(株·$3.3\ m^{-2}$)			90、80、70、60、50、45	
	插秧深度/cm			1~4.2(5级)	2~5.3(5级)
	横送量/(mm·次数$^{-1}$)			11/26、14/20、16/18(3级)	11/26、14/20、18/16(3级)
	纵送量/mm			8~18	
秧苗条件	秧苗种类			带垫秧苗	块状秧苗
	叶龄、苗高/(叶、cm)			2~4.5、8~25	
监控报警和自动装置				秧苗用尽、倒车时插秧部自动上升、充电、机油压、水温、燃油、划线杆、栽插离合器、中央标杆	
预备秧苗装载数/箱				16	12
作业效率/($m^2 \cdot h^{-1}$)				3 000~9 000	5 300

6.3.2　洋马农机

洋马农机(中国)有限公司主要生产 VP4C、VP5、VP6、VP8D 系列高速插秧机。其四轮驱动乘坐式高速插秧机,具有高地隙底盘,双排回转式插秧器,加长秧箱,插秧部分左右平衡装置等特点。表 6.3 为洋马乘坐式高速插秧机的主要技术参数。

表 6.3　洋马乘坐式高速插秧机的主要技术参数

<table>
<tr><td colspan="4">型　号</td><td>VP4C</td><td>VP5</td><td>VP6</td><td>VPSD</td></tr>
<tr><td colspan="4">规　格</td><td>x.w</td><td>PWU</td><td>PWU</td><td>PWU</td></tr>
<tr><td rowspan="4">机身尺寸</td><td colspan="3">总长/mm</td><td>2 540</td><td>3 075</td><td>3 075</td><td>3 350</td></tr>
<tr><td colspan="3">总宽/mm</td><td>1 550</td><td>1 920</td><td>2 145</td><td>2 795(2 200)</td></tr>
<tr><td colspan="3">总高/mm</td><td>1 260</td><td>1 530</td><td>1 530</td><td>1 SOO</td></tr>
<tr><td colspan="3">最低离地高/mm</td><td>330</td><td>350</td><td>350</td><td>415</td></tr>
<tr><td colspan="4">质量/kg</td><td>295</td><td>540</td><td>560</td><td>SOO</td></tr>
<tr><td rowspan="6">发动机</td><td colspan="3">型　号</td><td>GAlSOSERB</td><td>GA40lDERB</td><td>GA401DERB</td><td>3TNV70</td></tr>
<tr><td colspan="3">种　类</td><td>空气冷却 4 冲程单缸</td><td>空气冷却 4 冲程 2 缸</td><td>空气冷却 4 冲程 2 缸</td><td>水冷 4 冲程 3 缸立式柴油发动机</td></tr>
<tr><td colspan="3">额定功率/转数/(kW · r · min^{-1})</td><td>3.4/1 800</td><td>7.7/1 800</td><td>7.7/1 800</td><td>14/3 200</td></tr>
<tr><td colspan="3">总排气量/L</td><td>0.174</td><td>0.391</td><td>0.391</td><td>0.854</td></tr>
<tr><td colspan="3">使用燃料</td><td>汽车用无铅汽油</td><td>93 或 97 号汽油</td><td>93 或 97 号汽油</td><td>柴油轻油</td></tr>
<tr><td colspan="3">燃料箱容量/L</td><td>6.0</td><td colspan="3">20</td></tr>
<tr><td rowspan="6">行走部分</td><td colspan="3">转向方式</td><td>中央支架(P:动力转向)</td><td colspan="2">液压助力转向</td><td>阿卡曼方式</td></tr>
<tr><td rowspan="4">车轮</td><td rowspan="2">种类×个数</td><td>前轮</td><td>无内胎轮胎×2</td><td>无内胎轮胎×2</td><td>无内胎轮胎×2</td><td>无内胎轮胎×2</td></tr>
<tr><td>后轮</td><td>橡胶两凸缘轮胎×2</td><td>橡胶凸耳轮×2</td><td>橡胶凸耳轮×2</td><td>橡胶两凸缘轮胎×2</td></tr>
<tr><td rowspan="2">外径/mm</td><td>前轮</td><td>550</td><td>650</td><td>650</td><td>650</td></tr>
<tr><td>后轮</td><td>750</td><td>900</td><td>900</td><td>950</td></tr>
<tr><td colspan="3">变速挡数/挡</td><td>前进 4、后退 2(CVT 元级变速)</td><td colspan="2">前进 2、后退 1×HMT 无级变速</td><td>前进 2(插秧 1)、倒退 1×HMT 无级变速</td></tr>
</table>

续表

插秧部分	插秧部的位置		后悬挂方式			
	插秧部升降方式		液压式			
	插秧部安装方式		平行连接式			
	插秧方式		转盘式	旋转式		
	插秧行数/行		4	5	6	8
	插秧行距/cm		30	33		30
	插秧株距/cm		22、18、16、14（疏插规格：16、23、18、16）	22、18、16、14、12（28、24、22、18、17）	20、17、14、13、11、（25、22、20、18、17）	21、18、15、14、13
	插秧株数/（株·3.3 m^{-2}）		50、60、70、80（疏插规格：40、50、60、70）	50、60、70、80、90（40、50、60、67）	50、60、70、80、90（40、50、55、60）	50、60、70、80、90
	插秧深度/mm		8~44（7挡）	8~44（7挡）	8~44（7挡）	8~44（7挡）
	插秧部分水平控制方式		—	UFO（选装）	UFO（选装）	内撑条UFO
	单穴株数调节方式	横送/（mm·次$^{-1}$）	11/26、14/20	11/26、14/20、16/18		90/30、11/26、14/20、15.5/18
		纵送/mm	8~17			
插植速度/（m·s^{-1}）			0.1~1.0	0~1.43	0~1.28	0~1.6
备用苗装载张数			4	6		8
作业效率/（1 000 m^2·min^{-1}）			22	13	10	8
秧苗条件	苗的种类		幼苗、中苗			
	苗高/cm		8~10、10~15、15~25			10~15、15~25
	叶龄/叶		1.5~2.0、2.0~2.5、2.5~4.0			2.0~2.5、2.5~4.0
	苗块尺寸（纵×横×厚度）/cm		58×28×3			
报警装置			—	油量表、充电灯、发动机泊灯、插秧离合器报警灯、续苗警报灯、发动机水温灯、离合器忘操作报警灯、蜂鸣器、倒退蜂鸣器、肥料补充警报灯、蜂鸣器（装有施肥机时）、肥料堵塞警报灯、蜂鸣器（装有施肥机时）		

6.3.3　江苏东洋

江苏东洋机械有限公司(原江苏东洋插秧机有限公司)是我国第一家生产高性能插秧机和收割机的中韩合资企业,也是一家集农机开发、制造、销售和服务为一体的综合性农机制造企业,主要产品有 P28 型手扶式插秧机、PF48 型手扶式插秧机、PF455S 型手扶式插秧机、PD60 型乘坐式高速插秧机。插秧机年生产能力达 5 万台,2006—2010 年东洋系列产品连续入选农业部《全国通用类农业机械购置补贴产品目录》。

表 6.4 为东洋插秧机的主要技术参数。

表 6.4　东洋插秧机的主要技术参数

型　号		2ZS-2(P28)	2ZS-4A(PF48)	PF455S	PD60
驱动形式		独轮驱动	两轮驱动	散播苗 2 轮 3 浮板型	乘坐两轮驱动
结构质量/kg		75	175	170	620
外形尺寸:长×宽×高/mm		1 890×880×940	2 480×1 480×840		3 000×2 080×1 520
发动机	型　号	GT241	E170	E130G	Honda614
	形　式	风冷 4 冲程 1 缸 OHV 汽油发动机			风冷 4 冲程 2 缸 OHV 汽油发动机
	总排气量/L	0.08	0.171	—	
	标定功率/kW	1.3	3.2	1.69	8
	转速/$(r \cdot min^{-1})$	3 600	3 200		
	燃油牌号	无铅汽油 90 号以上			
	油箱容量/L	2.4	4	4	20
	启动方式	反冲击式启动			电启动式
	燃油耗油量/$(g \cdot kW \cdot h^{-1})$	≤430	≤395		
行走部分	车轮形式	橡胶轮抓驱动轮			
	车轮外径/mm	600	612		650(前轮) 900(后轮)
	车轮宽度/mm	120	90		
	变速方式	齿轮挂接变速			主变速三挡,HST 无级变速
	作业速度/$(m \cdot s^{-1})$	0.3~0.68	0.39~0.71		—
	转变速度/$(m \cdot s^{-1})$	0.21~0.42			—
	变速挡数/挡	前进 2	前进 2,后退 1		无级

续表

	插秧方式	曲柄式强制插秧			旋转式插秧
插秧部分	插秧行数/行	2(并列式)	4(并列式)		6(并列式)
	插秧行距/mm	300			
	横向传递量/(mm·次数$^{-1}$)	11.7/24、14/20(2级)	10.8/26、11.7/24、14/20(3级)	10.8/26、11.7/24、14/20(3级)	—
	纵向取秧深度/mm	8~18(10级)	8~18(10级)	8~18(10级)	8~19(12挡)
	插秧穴距/cm	13、15、18、21、24、28	12、14、16、17、19、21	14.6、13.1、11.7	26.9、22.5、19、16、13.5、12.4
	插秧穴数/(穴·3.3 m^{-2})	80、70、60、50、45、40	90、80、70、65、60、50	70、80、90	41、49、58、69、82、89
	穴株数/(株·穴$^{-1}$)	2~5(调解式)	2~5(调节式)	3~5(标准、调节式)	2~5(调节式)
作业小时生产率/(hm·h^{-1})		≥0.1	0.16~0.3	0.2	0.3~0.5
作业单位燃油消耗率/(kg·hm^{-2})		≤7.7	≤6.0	≤6.0	≤6.7

6.3.4 井关农机(常州)

井关农机(常州)有限公司是一家集生产、销售、服务于一体的综合性农机制造商。主要生产PC6型步进式插秧机,PZ60、PZ60-T、PZ80型乘坐式高速插秧机。

PC6型步进式插秧机主要特点:

①为实现高精度插秧,采用独特的振摆传感器,在田区内通过控制机体水平达到安定,确保正确、快速、高精度的插秧;

②采用2连式宽幅送苗皮带,可以保持秧苗底部平整,进行正确送苗;

③采用手柄进行取苗量,插植深浅的调节,简单操作就可以进行高效率,高精度的插秧作业;

④附件轻松拆卸,保养方便。

乘坐式高速度插秧的主要特点:

①简易的操作,转弯更方便,配置HST手柄,加强原地转弯功能;

②1.6 m/s的高速度插秧;

③插植部采用电子自动左右平衡。

表6.5为井关PC6型步进式插秧机的主要技术参数,表6.6为井关乘坐式高速插秧苗的主要技术参数。

表 6.5　井关 PC6 型步进式插秧机的主要技术参数

	参数名称	数　值
机身尺寸	全长/mm	2 180
	全幅/mm	2 100
	全高/mm	1 030
	最低地面高度/mm	≥350
机体质量/kg		180
发动机	型　号	FE 161G
	种　类	空冷、4 冲程、单缸、OHV 汽油发动机
	总排气量/L	0.171
	额定功率/转速/($kW \cdot r \cdot min^{-1}$)	3.2/1 600
	使用燃料	无铅汽油(90 号)
	燃料容量/L	3.2
	启动方式	反冲程手拉式
行走部分	车轮上下调节	液压式自动上下左右调节
	车轮形式	橡胶车轮
	车轮距离/mm	640
	变速挡数/挡	前进 2,后退 1
插秧部分	插植方式	曲轴式
	插植行数/行	6
	插植行距/cm	30
	插植株距/cm	14、16、18
	插植株数/(株 · 3.3 m^{-1})	80、70、60
作业效率(计算值)/($m^2 \cdot h^{-1}$)		最大 2 800(随作业环境变化)
插秧速度/($m \cdot s^{-1}$)		0.29~0.62

表 6.6 井关乘坐式高速插秧机的主要技术参数

产品型号			PZ60	PZ60-T	PZ80
机体尺寸(长×宽×高)/mm			2 960×2 020×2 140	3 070×2 055×1 580	3 130×2 220×2 470
机体重量/kg			540	620	830
发动机	型　号		FD501D(川崎)		E3112-UP
	种　类		水冷 2 气缸 4 冲程 OHV 汽油发动机		立式水冷 3 缸 4 冲程柴油发动机
	启动方式		电启动		
	额定功率/转速(kW · r · min^{-1})		8.3/3 600		16.9/2 600
行走部分	车轮直径	前轮/mm	650		
		后轮/mm	950		
	变速方式		液压无级变速(HST)		
	变数挡数/挡		前进 2,后退 2		
	驱动方式		四轮驱动		
插植部分	插植方式		旋转强制式		
	插植行数/行		6		8
	插植行距/cm		30		
	插植株距/cm		25、21、18、17、14、12、11		
	插植株数/(株 · 3.3 m^{-2})		45、55、60、65、80、90、95		
	插植深度/cm(挡)		2.0~5.0(7 挡)		
	插植速度/(m · s^{-1})		0~1.6		0~1.8
	横向送苗/mm(挡)		18、20、24(3 挡)	18、20、24(3 挡)	18、20、24(3 挡)
其他装备			自动转弯升降、向动划线、自动倒车上升、插植平衡装置、插植深浅自动调节		
作业效率/(m^2 · h^{-1})			最大 6 600	4 000~7 300	4 000~8 500

6.3.5 南通富来威

南通富来威农业装备有限公司主要生产 2Z-455、2ZF-4B 手扶式插秧机和 2ZG-6DK 乘坐式插秧机。

手扶式插秧机具有以下特点：

①功率强劲。选用美国百力通(B&S)公司 2. 75 kW (3.5 ps)汽油发动机；

②株距 6 挡可调，株距可以实现 117~223 mm 的快速调节，仅需调整变速手柄和株距调节手柄，方便快捷；

③液压仿形自动平衡。浮板式的液压升降机构和自动平衡系统实现插秧深度的一致；

④送秧可靠。独有送秧结构设计确保了送秧的可靠；

⑤功能多样化。对插秧机功能进行了强化，为晚间作业及保养提供方便。

乘坐式插秧机具有以下特点：

①前轮独立减震，作业舒适；

②大马力、强扭矩、大油箱；

③HMT 无级变速，速度随心所欲；

④高速插秧，插深自动调节；

⑤无刹车转向，调头对行迅速；

⑥单元离合，实现插秧行数可调；

⑦安全防护、水泵冲洗人性化设计。

表 6.7 为富来威手扶插秧机的主要技术参数，表 6.8 为富来威 2ZG-6DK 乘坐式插秧机的主要技术参数。

表 6.7　富来威手扶插秧机的主要技术参数

型　号		2Z-455	2ZF-4B
结构形式		2 轮 3 浮板型	
行走轮结构形式		橡胶轮爪驱动轮	
行走轮直径/mm		612	660
工作部件结构形式		曲柄摇杆式/回旋式	
外形尺寸(长×宽×高)		2 460×1 480×860	2 410×1 480×880
整机重量/kg		175	176
配套动力	型号名称	93400 型/EY20-3D 型四冲程汽油机	93400 型/EY20-3D 型四冲程汽油机
	输出功率/kW	3.5	2.57
	输出转速/($r \cdot min^{-1}$)	3 600	
挡位/挡		前进 2、倒退 1	
工作能力	生产率/($hm^2 \cdot h^{-1}$)	0.10~0. 23	0.11~0.25
	作业速度/($m \cdot s^{-1}$)	0.34~0. 97	0.32~1.05
	道路行驶速度/($m \cdot s^{-1}$)	≤1.10	≤1.18
	插秧深度/mm	0~46（可调节）	10~35

续表

栽培密度	工作行数/行	4
	插秧行距/mm	300
	穴数/株	3~5(可调节)
	插秧穴数/(穴·3.3 m^{-2})	45、50、60、70、80、90
	插秧株距/mm	223、200、180、146、130、117
秧苗条件	秧苗种类	带土苗
	苗高/mm	100~250
	叶龄/叶	2~4. 5

表 6.8　富来威 2ZG-6DK 乘坐式插秧机的主要技术参数

机体尺寸全长×全宽×全高/mm			3 075×2 200×1 620
最小离地高度/mm			350
机体重量/kg			625
发动机	型　号		GX610K1
	种　类		空冷 4 冲程 OHV 汽油发动机
	额定功率/kW		10.3
	最大功率/kW		11.8
机体尺寸全长×全宽×全高/mm			3 075×2 200×1 620
发动机	最大转速/(r·min^{-1})		3 600
	使用燃料		车用无铅汽油(93 号或 97 号)
	邮箱容量/L		20
行走部分	驱动方式		四轮驱动
	车轮	前轮/mm	实心轮胎 650
		后轮/mm	橡胶凸耳轮 900
	变数方式		液压无线变速 HMT
	变数挡数/挡		前进 2、倒退 1

续表

插植部分	插秧方式		旋转式
	插秧行数/行		6
	行距/cm		30
	株距/cm		22、18、16、14、12
	插植株树/(株·3.3 m^{-2})		50、60、70、80、90
	栽植深度/mm		14~44(6挡)
	插植部平衡装置		TBS(手动或自动)
	取苗量调节方式	横向/(次)	18、20、26
		纵向/mm	8~17
插植速度/(m·s^{-1})			0~1.45
预备载苗台			6
作业效率(理论计算值)		hm^2/h	2.7~6
秧苗条件	种 类		幼苗,中苗
	苗长/cm		8~25
	叶龄/叶		1.5~4.0
	苗床尺寸(长×宽×厚)/cm		58×28×3

6.4 手扶式插秧机的使用与维护

手扶插秧机(图6.6)主要由发动机控制系统、驾驶操作系统、插植系统、油压系统、行走系统等组成,是一种双轮驱动步行式插秧机,人在机后步行操作,其主要操作系统都在机器后部,用钢丝与各控制部分相连,便于操作,控制机器。苗箱与插植臂也在机器后部,便于机手查看并添加秧苗。手扶插秧机结构简单、轻巧,操作灵便,使用安全可靠。其插秧过程如下:插植臂运转带动秧针工作,把秧苗从苗盘上取下,再利用推秧器把秧苗插入地下,从而插秧完成。

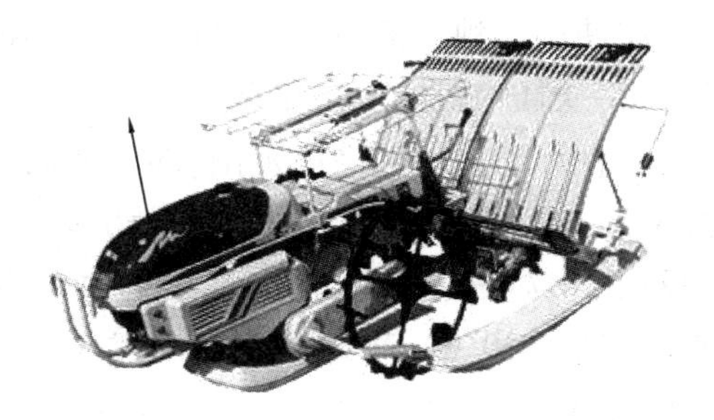

图6.6 手扶插秧机

手扶插秧机适合于我国丘陵山区使用。

6.4.1 手扶插秧机的安装与启动

新机器在购买回来之后，首先你要检查插秧机的包装是否完好，然后打开包装。取出各个部件，根据包装内的包装清单核对配件，确定配件完好之后准备安装。首先将中间标杆固定在机器的前端，然后开始组装预备苗盘架。第一步：将弹簧以正确方向装配在导杆上，随后将导杆固定在苗盘支架上；第二步：将苗盘架前滚轮固定好，将苗盘架往插秧机上装配时请先松开导杆上的支架固定板，将两只后滚轮装配在支架导杆上；第三步：把苗盘架放在支架导杆上，固定好支架固定板，装好最后两个前滚轮，这样苗盘架就装配好了；第四步：用手操作一下，检查装配是否到位。

下面我们就来看看如何操作使用插秧机，在启动之前，首先要检查机油和燃油是否充足，如果不足的话一定要补足，接着打开油箱盖，加入适量纯净的汽油，加油时一定不能有明火，将燃油开关放到开的位置，现在你可以准备启动插秧机了：将变速杆放在中立，轻轻拉出节气门手柄，然后启动开关旋转到运转位置，如果是夜间请旋转到照明位置。主离合器和插秧机离合器搬到切断位置，油压手柄处于下降位置，并将油门手柄向内侧调节到二分之一处，接着拉动反冲式启动器，启动发动机，将风门推回，往大田行走时为了防止颠簸，可以将变速杆放到插秧挡缓慢转移机器。

插秧机启动后，还需要对插秧机进行磨合，插秧机磨合包括空转磨合、行走磨合、插秧系统磨合。所谓空转磨合就是磨合发动机，发动机启动后在原地进行磨合，空转磨合半个小时之后就可以进行行走磨合，抬升机器，将变速杆拨到行走或插秧挡，缓慢连接主离合器，机器就可以行走了。行走磨合大概需要一个小时左右的时间，一般可以先将变速杆拨到插秧挡慢速磨合，再将变速杆拨到行走挡快速磨合。插秧系统磨合就是插秧系统空转磨合，结合定位分离离合，插秧系统空运转。为了节省时间也可以将行走磨合同时进行插秧系统磨合，空转磨合大概需要 2 h，插秧系统磨合完成之后，需要将各部分润滑油放出，用柴油清洗后加注新的润滑油。

6.4.2 手扶插秧机使用前的调整

在使用插秧机前我们还要根据生产情况对手扶插秧机进行三方面调整：首先是取苗量的调节，手扶插秧机的取苗量调节可分为纵向取苗量调节和横向取苗次数调节。纵向取苗量主要是指秧针切秧块的高度范围，即调节范围是 8~17 mm，标准为 11 mm。如果取苗量过大或过小，通过苗移动滚上端的螺母来调节，螺杆往上调也就是螺母往下调，取苗量变大，反之则相反（图 6.7）；横向取苗量是指苗箱由一端移动到另一端位置时插植臂运动的次数，它的调节有 3 个挡位 20、24、26（图 6.8）。通常横向取苗量 20 次时，横移送量为 10.8 mm，适用于幼苗；24 次时，横移送量为 11.7 mm，适用于中苗；26 次时，横移送量为 14 mm，适用于大苗。我们一般把它放在 24 次的位置就可以了。如需调节时，松掉并取出移动拨叉固定螺栓后，旋转圆盘对准合适秧苗的位置，调节时，一定要与苗移送拨叉组合相对应。表 6.9 为横向取苗量参考表。

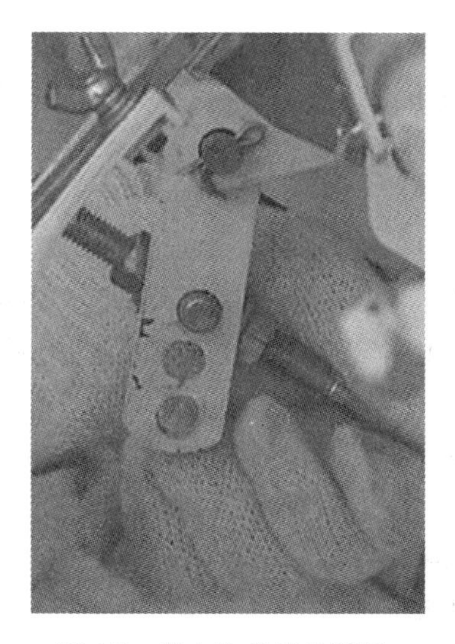

图 6.7　纵向取苗量的调节

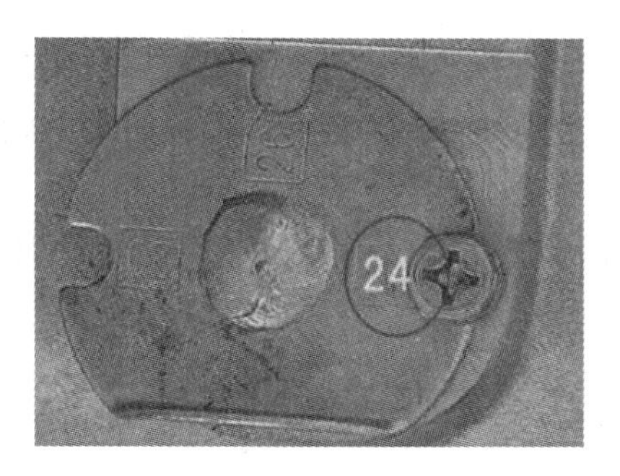

图 6.8　横向取苗量的调节

表 6.9　横向取苗量参考表

横向取苗次数	横向移送量/mm	秧苗种类
20	10.8	幼苗
24	11.7	中苗
26	14	大苗

第二,根据品种不同调整株距。在齿轮箱右侧株距变速手柄,共有六挡调节:从外向内分别是 12、14、16 一组和 17、19、21 一组。当变速杆处于插秧一挡时对应的株距分别是 12、14、16,用于栽插精稻;当变速杆处于插秧二挡时对应的株距分别是 17、19、21(图 6.9),用于栽插杂交稻。出厂时株距为中间挡,也就是 14 或 19。若想改变插秧密度,可调整变速挡,调节方法为:变速杆在中间位置,主离合器、插秧离合器结合,插植臂慢速运转,推或拉株距手柄,调节到所要的位置,然后加大油门使插植臂高速运转,确定株距无掉挡现象即可。

第三,调节插秧的深度。插秧深度可通过改变插深调节手柄的位置来选择四个挡位(图 6.10(a)),还可以通过换装浮板后部安装板的孔位选择六个挡位,插上面的孔插深变浅,插下

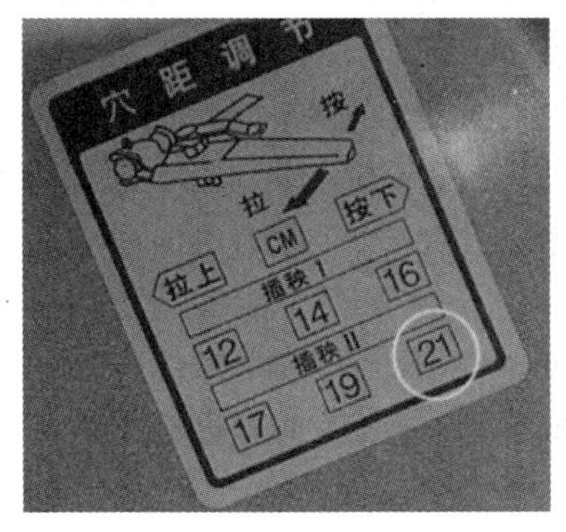

图 6.9　株距的调节

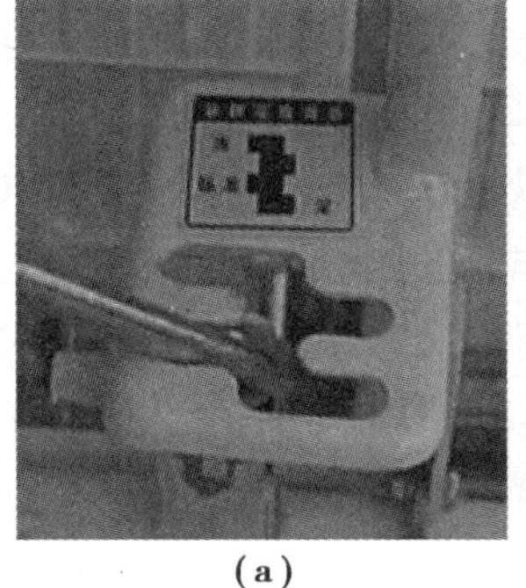

(a)

(b)

图 6.10　插秧深度的调节

面的孔插深变深(图 6.10(b))。在调整安装板孔的位置时,要保证三个浮板的安装孔的位置一致。插秧深度可按照农业要求而定,一般情况下不偏不倒、越浅越好,插深调节手柄每移动一个挡位插秧深度就会改变 6 mm 左右。

6.4.3 手扶插秧的田间作业

在作业前要选择好田块,要求田块平坦,耕深为 13~15 cm,最适宜的水深为 20 cm 左右。如果水过深,则插秧时会冲倒先插好的邻近苗而导致浮秧率超标,水过浅或没水,则秧爪有可能会带回秧苗。

为满足机插秧对大田整地质量的要求,应根据不同土壤质地、茬口情况采用相应的耕整技术。一般采用以下两种工艺流程:

流程一:前茬秸秆打捆或粉碎→泡田 24 h→埋茬起浆(1~2 次)→平整→沉实 2~3 d。

流程二:前茬秸秆打捆或粉碎→浅耕→泡田→水田耙→平整→沉实 2~3 d。

准备的秧苗高度一般要求为 12~18 cm,小苗长到 3 叶,中苗至少 3.5 叶时才能插秧,同时要求盘根比较紧密,不容易松散,其土层的厚度为 2.5 cm 左右,同时苗盘水分不能太大,适合的苗盘用手摁在秧块土层时会有水渍,土层的汗水率为 30%~40%。

取苗的时候一定要用取苗板,以免伤害到秧苗。

进入田块时,要从田块的一个角进入,油压手柄要放在下降位置,将机器下降。

装秧苗前要将变速杆放到中立位置,油压手柄拨到下降,启动发动机,将主离合器和插植离合器连接,使苗移动到导轨的最左边或最右边,熄火后拔出秧苗延伸板,用取苗板来装载秧苗,秧苗应装配到导轨的前沿位置,既不能留有空隙又不能压在导轨上,预备盘支架上可放入几盘秧苗,以便于及时供给,如果秧块过于干燥,可适当洒一点水,使其变得潮湿,秧块容易下滑。

装好秧苗后启动机器,将变速手柄拨到插秧位置连接插秧离合器,这时苗箱开始移动,需要特别注意的是插秧机设有划印器和侧对行器,这是为了保持行距一致而设定的,侧对行器有两个位置,一个是行距 33 cm,主要用于种杂交稻,另一个是 30 cm,主要用于种粳稻。作业时可根据要求扳到合适位置就可以了。展开划印器,同时对准连接秧苗或田埂,展开侧对行器,最后缓慢连接主离合器开始进行插秧。

机器在首次作业时,可以先试插一段距离,检查秧苗插秧深度及取苗量是否符合要求,然后再正式插秧,这里取苗量一般按照粳稻每穴 3~5 株、杂交稻每穴 1~2 株进行,秧苗插入的深度为 2.6 cm,粳稻株距为 12 cm,杂交稻株距为 20 cm,行距是固定的为 30 cm。在田里作业时应考虑插秧作业顺序,尽量减少人工插秧的面积,根据插秧作业田块的大小、形状有所不同,在作业前一定要策划好作业的路线,然后有效地完成插秧作业。无论是四角形田块还是异形的田块,最好四个角都留出两个机器的位置,方便拐弯。只要确保田里能插满秧苗就可以了,如果秧苗插得不直,可随时握住手把使机器左右移动进行修正。插秧时操作人员一定要走猫步,不能叉开腿走路,否则会导致机器不平衡影响插秧效果,油门手柄可逐渐增大来增加作业的速度。

6.4.4　手扶插秧机使用中的调整

(1)**拉线的调整**

插秧机在使用一段时间以后有些部位会因为运转频繁出现松动磨损等情况，从而影响栽插质量，所以我们要及时对插秧机的拉线进行调整，使它更好地工作(图6.11)。需要调整的拉线主要有以下几个：

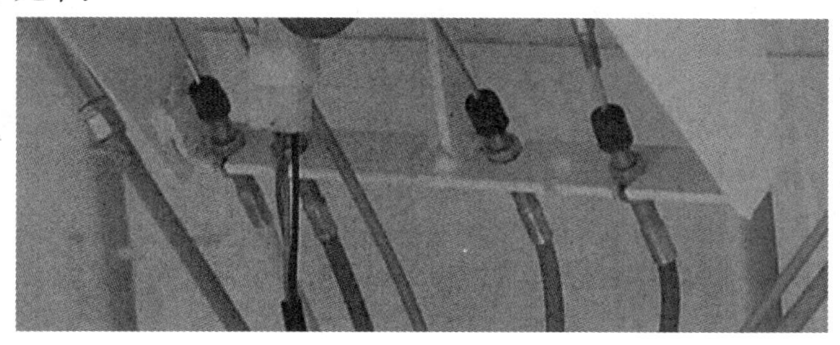

图6.11　水稻插秧机接线

①转向拉线的调整。当插秧机转向不灵或原地打转时可以调节转向拉线，调整拉线上的调整螺杆，使转向手柄的间隙调整到毫米即可，左右转向拉线的调整方法一样。

②主离合器拉线的调整。主离合器拉线过紧将导致主离合器皮带磨损过快，降低其使用寿命；过松，则导致皮带打滑，行走无力。当需要调整时，可以调整拉线上的调整螺母，使主离合器手柄连接到切断位置时，动力开始传递或插植臂开始运转，此位置为最佳状态。

③插秧离合器拉线的调整。插秧离合器拉线过紧，则会导致插植部不能正常分离；过松，则不能正常接合。当插植部不能正常结合与分离时，调整插秧离合器拉线，通过调整拉线上的螺母。在主离合器连接时，使插离合器在切断位置，插植臂开始运转，此位置为最佳状态。

④油压离合器拉线的调整方法。液压手柄应在“上”的位置上起作用。如拉线过紧，则导致下降缓慢且停机后有时会自动下降；如拉线过松，则导致难以上升或上升缓慢且机身自动下降。当机器上升下降不灵敏时，应检查油压离合器拉线。先把油门开到最大，切断主离合器和插秧离合器，调整油压离合器上的调节螺母使手柄在“上”的位置时，机器3~4 s能升起来，0~2 s下降，升起来以后一定要“固定”。此位置为最佳状态。倘若线太紧，则上升快，下降慢；线太松，则会上升慢，下降快。

(2)**插植系统的调整**

除了拉线需要调整外，插秧机作业时间长了以后，尤其是插植系统，容易出现松动、磨损等情况，也需要进行检查及调整。

第一步，检查秧针和推秧器是否变形，如变形，则用螺丝刀将秧针向上撬或向下压，调整到秧针和推秧器之间的间隙达到0.7~2 mm为止(图6.12)。

第二步，检查秧针和取苗口的间隙是否一致。秧针如果不在取苗口中间，则容易使秧针变形，加剧橡胶导板的磨损，影响插秧质量。其调整方法为：松开插植曲柄锁销上的螺母，敲松曲柄锁销，松开摇杆上的螺母，调整插植臂，如果调整不了，松开摇杆上的螺母，增减垫片。如秧针需要向里移动，就减少垫片，如秧针需要向外移动，则增加垫片(图6.13)。秧针移动到合适位置时将各螺母锁紧。

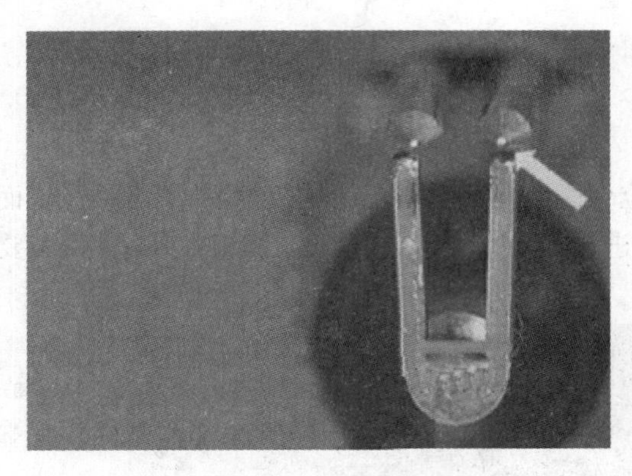

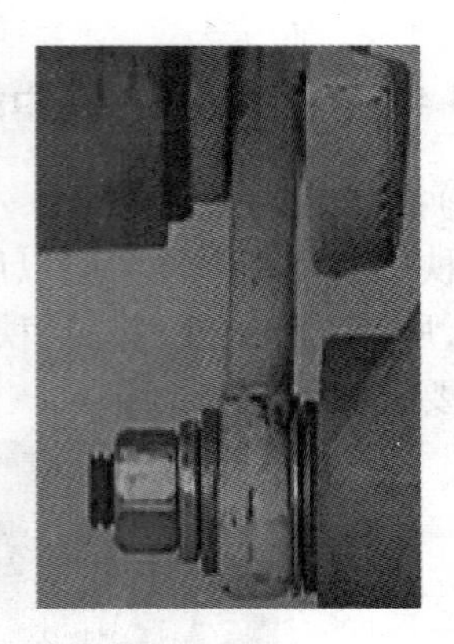

图 6.12　秧针和推秧器之间的间隙

图 6.13　秧针垫片

第三步,是用取苗卡规,检查四个插植臂上的秧针,相对于导航是否在同一水平线上。如果不在,将会影响每穴取秧量的控制,调整方法为:先调整左侧插植臂。将纵向取秧手柄放在标准挡上,松开该调节挡位板上的螺栓。移动调节挡位板,让导轨上下移动到秧针与卡规上的最长刻度线对齐即可(图 6.14)。再调整右侧插植臂。调整导轨右侧的调节螺母,让导轨上下移动,使秧针与卡规上的最长刻度线对齐即可。最后调整位于内侧的两个插植臂。将摇杆上的锁紧螺母松开,用锤子轻敲摇杆。插植臂上下移动,使秧针和卡规上的最长刻度线对齐即可。

图 6.14　取苗卡规

第四步,检查苗箱与秧针的侧间隙,当苗箱移动到最"左"或"右"端时,四个秧针不能与苗箱取苗口侧边相摩擦。如发生摩擦,则容易使秧针变形,影响插秧质量。调整时,可松开苗箱两端苗箱支持臂的紧固螺母,轻轻敲击苗箱支持臂,使其到位即可,最后拧紧螺母。

(3)其他部分调整

①皮带调整。机器用一段时间后,皮带可能会松掉,标准的皮带应在侧面同一水平线上。按下皮带,下降幅度 10~15 mm 为最好,如果松了,要把发动机向前推动来张紧皮带,反之相反。

②机体平衡的调整。如插秧机左右两侧不平衡时,则插好的秧苗左右两侧插深会不一致。只要调整后机盖下面的仿形调节螺栓即可。

③插植部驱动链的张紧调整。启动机器后,如听到中间的机体支架组合内有"咔嗒咔嗒"的响声,说明插植部驱动链条松了,应及时调紧。可以稍微拧开固定螺栓,将张紧板向下调整到没有响声为止。

6.4.5　手扶插秧机的维护保养

不管是哪种农业机械，日常的维护保养都非常重要，对于手扶插秧机来说，我们要及时更换发动机机油，为驱动链轮箱加注齿轮油，还要在每天作业完成后清洗插秧机，在插秧工作结束以后，还要进行入库前的维修保养。所有这些工作不仅能提高插秧机的作业效率，减少故障发生，还可以延长插秧机的使用寿命。

（1）手扶插秧机的日常维护

①发动机机油的更换。打开前机盖旋开机油支，松开放油螺栓，在热机状态下将机油排放干净，排放完毕后，上紧放油螺栓，加注新机油，机油加注到机油支上下刻度中间位置，每天必须检查发动机机油油量。

②齿轮箱油的更换。更换齿轮箱油时，必须运转热机一下才能放油。旋开注油塞，松开放油螺栓放出齿轮油（图6.15），排放干净后，拧紧放油螺栓，把机器放平后，再在注油口加入干净的齿轮油，直到螺栓口处出油为止，一次加油大约3.5 L，齿轮油可每个作业期更换一次。

③驱动链轮箱的加油。抬高机体前端，松开侧浮板支架取出油封，注入300 mL齿轮油（图6.16），装好油封，正确固定好侧浮板支架。

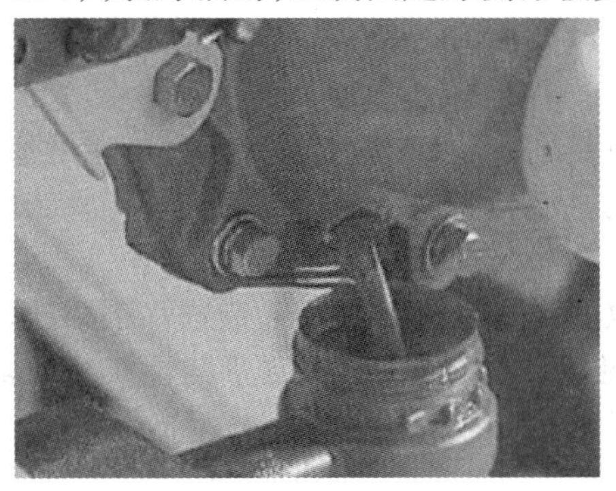

图6.15　更换齿轮箱油

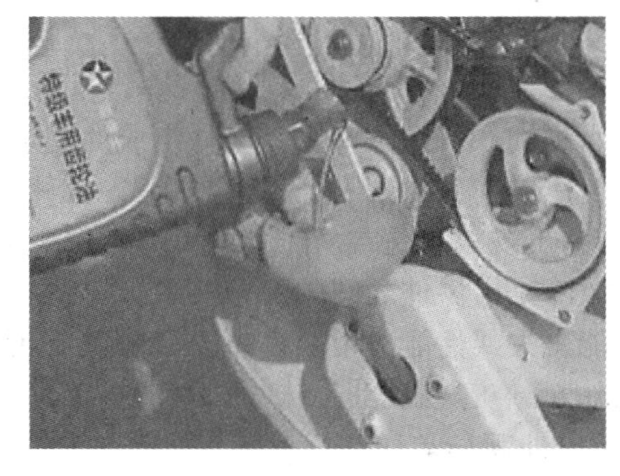

图6.16　加注链轮箱机油

④插植部传动箱的加油。打开3个注油塞，每个注油口加注1：1混合的黄油和机油约0.2 L，每3~5 d加入一次。

⑤侧支架和每个插植臂同样也要加入0.2 L 1：1混合的黄油和机油，每天加入一次。

⑥摇动曲柄销注入黄油，四个摇动曲柄销的加油方法一致。

⑦新机器在导轨滑块处、棘轮处、上导轨处、油压阀臂运转部、主浮板支架连接处及油压仿形处、各黄色标志处都要涂上黄油。

⑧每天作业结束后应将插秧机用水清洗干净，以利于第二天作业。

⑨每天应该检查是否有螺栓松动或丢掉的，如有应当及时补充，防止影响其他部件的使用。

（2）手扶插秧机的入库维修保养

如果机器长期不用，除了按照日常保养操作外，还应该进行以下的入库维修保养。

①发动机在中速运转状态下用水清洗，完全清除污物，清洗后不要立即停止运转，而要继续运转2~3 min。

②打开前机盖,关闭燃油滤清器,松开油管放油,排放完毕后安装好油管,松开汽化器的放油螺栓,应完全放出汽化器内的汽油,以免汽化器内氧化生锈和堵塞。

③为防止汽缸内壁和气门生锈,需打开火花塞,往火花塞孔注入新机油 20 mL 左右后,检查火花塞如有积碳用砂纸清除,将电极间隙调整到 0.6~0.7 mm 即可,安装好火花塞,将启动器拉到 10 转左右,安装好前机罩。

④连接主离合器,缓慢地拉动反冲式启动器,并在有压缩感觉的位置停下来。

⑤为了延长插植臂内压弹簧的寿命,插植叉应放在最下面的位置(压出苗的状态时)保管。

⑥主离合器手柄和插植离合器手柄为“断开”,油压手柄“下降”、信号灯开关为“停止”状态下保管。

⑦清洗干净的插秧机应罩上机罩,并存放在灰尘、潮气少,无直射阳光的场所,防止风吹雨淋、阳光暴晒。

6.5 水稻插秧机常见故障及排除

6.5.1 水稻插秧机故障表现的一般征象

水稻插秧机是由许多零部件组成的复杂系统,或受到自然环境、土壤等多种因素的影响,或在使用中受到物理、化学、电、机械等各种力的作用,或受到驾驶人员、维修人员等人为因素的制约,出现故障是在所难免的。

故障是指零件之间的配合关系破坏,相对位置改变,工作协调性破坏,造成水稻插秧机出现功能丧失或性能失常等现象。一般具有可听、可见、可嗅、可触摸、可测量的性质。通常表现在外观、声音、温度、气味、作用、消耗等方面发生异常。

(1)外观异常

即水稻插秧机工作时凭肉眼可观察到的各种异常现象。例如,冒黑烟、白烟、蓝烟,漏气、漏水、漏油,零件松脱、丢失、错位、变形、破损等。

(2)声音异常

声音是由物体振动发出的。因此,水稻插秧机工作时发出的有规律的响声是一种正常现象,但当水稻插秧机发出各种异常响声时,即说明声音异常。

(3)温度异常

水稻插秧机正常工作时,发动机的冷却水、机油,变速器的润滑油,液压系统的液压油等温度均应保持在规定范围内。当温度超过一定限度而引起过热时,即说明温度异常。

(4)气味异常

发动机燃烧不完全、摩擦片过热或电线短路时,会发出刺鼻的烟味或烧焦味,此时即表明气味异常。

(5)作用异常

水稻插秧机的各个系统分别起着不同的作用,当某系统工作能力下降或丧失,导致水稻插秧机不能正常工作时,即说明该系统作用异常。例如,启动机不转、机油压力过低、离合器打滑、发动机功率不足、变速箱挂挡或脱挡困难、液压升降失灵、漏插、漂秧等。

(6)**消耗异常**

水稻插秧机的主燃油、润滑油、冷却水和电解液等过量的消耗,或油面、液面高度反常变化,均称为消耗异常。

以上几种异常现象,常常相互联系,作为某种故障的征象,或先后或同时出现。只要稍稍留心,一般都是易于察觉的,但小异常又往往是重大故障的先兆,所以遇到上述情况时,要及时处理。

6.5.2　水稻插秧机故障形成的主要原因

水稻插秧机在使用过程中由于技术状态恶化而发生故障,一方面是必然的自然现象,经过主观努力可以减轻,但不能完全防止;另一方面则是由于使用维护不当而造成的。因此,只有深入地了解水稻插秧机故障形成的原因,才能设法减少水稻插秧机故障的发生。

以下对常见故障的外部表现和产生的原因进行简单地概括:

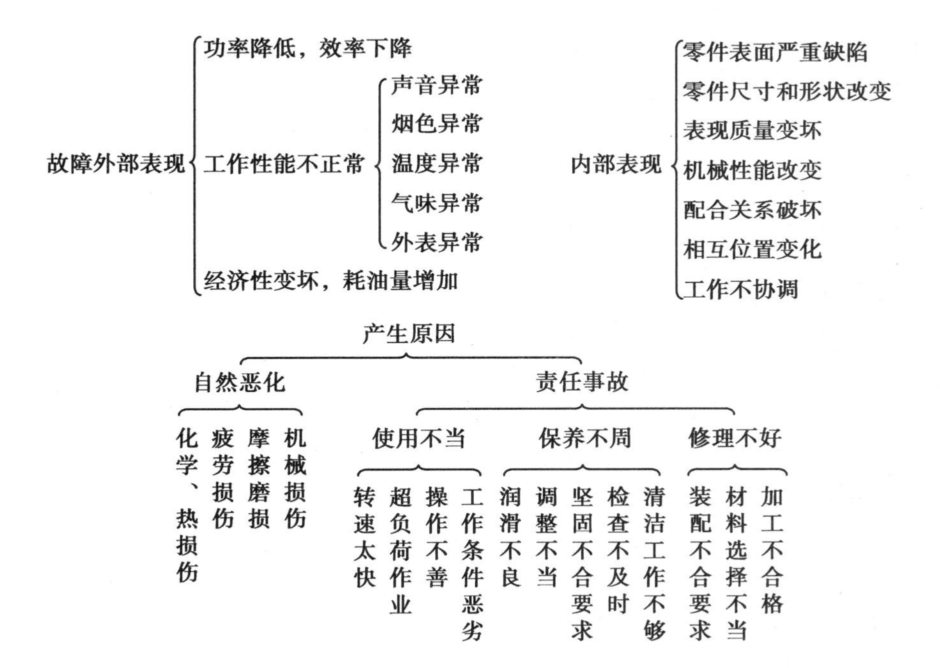

6.5.3　水稻插秧机故障诊断的基本方法

水稻插秧机故障诊断包括两个方面,即先用简便方法迅速将故障范围缩小,而后再确定故障区段内各部状态是好是坏,二者既有区别又相互联系。下面介绍几种常用的故障诊断方法。

(1)**隔离法**

部分地隔离或隔断某系统、某部件的工作,通过观察征象变化来确定故障范围的方法,称为隔离法。一般地,隔离、隔断某部位后,若故障征象立即消除,即说明故障发生在该处;若故障征象依然存在,说明故障在其他处。

（2）试探法

对故障范围内的某些部位，通过试探性的排除或调整措施，来判别其是否正常的方法，称为试探法。

（3）比较法

将怀疑有问题的零部件与正常工作的相同件对换，根据征象变化来判断其是否有故障的方法，称为比较法。

（4）经验法

主要凭操作者耳、眼、鼻、身等器官的感觉来确定各部技术状态好坏的方法，称为经验法。此方法对复杂故障诊断速度较慢，且诊断准确性受检修人员的技术水平和工作经验影响较大。常用的手段有：

①听诊。根据水稻插秧机运转时产生的声音特点来判断机器技术状态的好坏，称为听诊。

②观察。即用肉眼观察一切可见的异常现象。

③嗅闻。即通过嗅辨气味，及时发觉和判别某些部位的故障。

④触摸。即用手触摸或扳动机件，凭手的感觉来判断其工作是否正常。

（5）仪表法

采用专业的仪器、仪表，对机器进行检测，比较准确地判断水稻插秧机内部状态好坏的方法，称为仪表法。

6.5.4 水稻插秧机零件鉴定与修理的常用方法

（1）零件拆卸的基本方法

拆卸顺序一般是由表及里，由附件到主机。即先由整机拆成总成，由总成拆成部件，再由部件拆成零件，同时应首先将易损坏的零件拆下。

对于通过不拆卸检查就可确定技术状态良好的零部件或总成，不必进行拆解。

拆卸时应使用合适的工具，尽量使用专用工具。不应猛打猛敲，以免损坏零件。

对于有装配要求的零件，应根据要求在零件非工作表面做好记号。例如，不可互换的同类零件，如气门、轴瓦、平衡重；配合件相互位置有要求，如正时齿轮、曲轴；有安装方向要求的，如活塞、连杆等。

拆卸后的零件应合理存放，不应堆积，不能互换的零件应分组存放。

（2）零件清洗的基本方法

零件清洗是修理水稻插秧机的重要环节，包括零件鉴定前清洗、装配前清洗和修复前清洗。

①清除油污。油污是指油脂和尘土、铁锈等黏附物。水稻插秧机零件上的油污有植物油、动物油和矿物油。一般可用清洗液，如有机溶剂、碱性溶液、化学清洗液等。水稻插秧机零件清洗方法主要有擦洗、浸洗等，即指将零件放入装有煤油、轻柴油或化学清洗剂的容器中，用棉纱擦洗或用毛刷刷洗，以去除零件表面的油污。这种方法操作简便、设备简单，但效率低。

清洗不同材料的零件和不同润滑材料产生的油污，应采用不同的清洗剂。清洗动、植物油污，可用碱性溶液，因为它与碱性溶液起皂化作用，生成肥皂和甘油溶于水中。矿物油不溶于碱溶液,因此清洗零件表面的矿物油油垢,需加入乳化剂,使油脂形成乳浊液而脱离零件表面。为加速去除油垢的过程,可采用加热、搅拌、加压等措施。但由于碱性溶液对不同金属有不同程度的腐蚀性,尤其对铝制零件的腐蚀较强。因此清洗不同的金属零件应该采用不同的配方。

②清除水垢。水垢沉积在发动机冷却系统内,直接影响冷却水的循环和散热,造成发动机冷却不足,影响正常工作。可用烧碱(苛性钠)750 g、煤油 150 g、水 10 L 混合制成溶液;也可用碳酸钠 1 000 g、煤油 0.5 g、水 10 L 混合制成溶液。拆除节温器,将溶液加入冷却系统,保留 10~12 h。然后启动发动机,高速运转 15~20 min,放出溶液。

③清除积炭。积炭是在发动机汽缸中,燃料及润滑油不完全燃烧而生成的一种粗糙、坚硬、黏结力很强的物质。积炭牢固地黏结在缸壁、活塞环、活塞顶、气门、喷油嘴等部件上,严重时影响发动机正常工作。清除积炭有机械法和化学法两种。机械法是用钢丝刷、刮刀等工具清除,此法效率低且易刮伤零件表面;化学法是用积炭清洗剂,使积炭结构分解变软,再清洗。

(3)零件鉴定的基本方法

零件清洗后需进行鉴定,以确定其技术状态是否可继续使用,并确定其故障类型和修复的可行性。对不同的零件其鉴定内容和要求是不同的,包括零件的尺寸、几何形状(平面度、圆柱度等)、表面状态(粗糙度、损伤、剥落、裂纹、腐蚀等),以及其他特殊要求(平衡度、重量等)。鉴定零件一般有直观判断法和测量(探测)法。

①直观判断法。维修人员凭感觉直接判断出零件的技术状况。

观察法:用目测或借助放大镜来鉴定零件表面严重损伤或磨损,及零件表面材质的明显变化。

听声音判断:用小锤轻轻敲击零件被检查部位,根据发出的声音判断其内部有无裂纹,连接是否紧密。一般紧密、完好的零件发音清脆,而有缺陷的零件发音暗哑。

手感判断:用手晃动配合件,根据晃动度粗略地判断配合间隙是否超过要求。

油浸检验:将零件浸入(或涂刷)煤油,使其渗入到零件有裂纹或疏松的地方,擦净表面,立即涂上一层白粉。用小锤轻轻敲击零件,浸入缺陷中的溶液即会渗出,显示出缺陷部位。一般可检查出宽度大于 0.01 mm、深度大于 0.03 mm 的裂纹。

②测量(探测)法。对于零件的尺寸、几何形状、相对位置的偏差等,要用量具或专用探测设备进行测量鉴定。

(4)零部件修理的基本方法

零件修理就是在较短的时间内、较小的经济代价的条件下,恢复其技术性能。水稻插秧机零部件常用的修理方法主要有调整换位法、附加零件法、修理尺寸法、恢复尺寸法和更换零件法等。

①调整换位法。调整法是某些配合部位因零件磨损而间隙增大时,可以用调整螺钉或增减调整垫片等补偿办法,来恢复正常配合关系。换位法是配合件磨损后,把偏磨的零件调换位置或转动一个方向,利用未磨损部位继续工作,以恢复正常的配合关系。

②附加零件法。附加零件法是用一特制零件镶配在磨损零件的磨损部位上,以补偿磨损零件的磨损量,恢复其配合关系。

③修理尺寸法。修理尺寸法是对于磨损后影响正常工作的配合件,将其中一个零件进行

机加工,使其达到规定尺寸、几何形状和表面精度,而将与其配合的零件更换,以恢复正确的配合关系。

④恢复尺寸法。恢复尺寸法是采用某种恢复工艺来恢复磨损零件的原始尺寸、形状或使用性能的方法。

⑤更换零件法。更换零件法是用新零件或修复的零件(总成),代替出现故障的零件(总成)的方法。

(5)**零件装配的注意事项**

将各种零件按一定技术要求装配在一起,是水稻插秧机修理过程的最后阶段,装配质量直接影响到维修质量。

①装配前对所有零件进行仔细清洗,装配过程中应严格保持清洁。否则会在以后生产中引起零件的急剧磨损。

②在装配前和装配过程中,随时检查零件的质量,避免有缺陷零件再次被装入水稻插秧机。检查并确保配合件的配合质量满足要求;有记号的要认清记号,切忌装错。

③装配时要按顺序进行,一般与拆卸时顺序相反,即由里向外逐级装配;并遵循先由零件装成部件,再由部件装成总成,最后装成整机。

6.5.5 水稻插秧机常见的故障及排除方法

水稻插秧机常见的故障及排除方法见表6.10。

表6.10 水稻插秧机的常见故障及排除方法

故障名称	产生原因	排除方法
立秧差或发生浮苗	秧苗苗床水分过多或过少	除采取对应措施外,可减慢插秧速度,非乘坐式插秧机还可往下压手把
	插秧深度调节不当	
	水田表土过硬或过软	
	秧爪磨损	
穴株数偏多	苗床上水分过大	采取对应措施予以解决
	取秧量调节不当	
插过秧后秧苗散乱	推秧器推出行程小	除采取相对措施外,可降低插秧速度、更换秧爪、清理或更换导秧槽
	苗床过干或水分过大	
	苗片与苗片接头间贴合不紧	
	水田表土过硬或过软	
漏穴超标	苗田播种不均匀	更换密度不均匀秧苗
	秧苗拱起或秧苗卡秧门	重新装秧苗
	取秧口有夹杂物	清除秧苗杂物
	秧苗盘超宽造成纵向送秧困难	将秧苗切割为标准宽度

续表

故障名称	产生原因	排除方法
各行秧苗不匀	苗床土含水量不一致	除采取对应的措施予以解决外，对有的插秧机可逐个调节送秧轮，使每次纵向送秧行程均为 11～12 mm
	各行秧针调节不一致	
	纵向送秧张紧度不一致	
秧门处积秧	秧爪磨损，不能充分取苗	更换新秧爪
	秧爪两尖端不齐	校正秧爪的间隔距离
	秧爪间隔过窄或过宽	
取秧量忽多忽少	取秧量调整螺栓松动	重新调整取秧量并紧固调整螺栓
	摆杆下孔与连杆轴磨损	更换摆杆及连杆轴
夹苗	分离针上翘	校正分离针
	分离针尖端磨损	更换磨损零件
	压板槽、推秧器磨损	
	导套、拨叉与凸轮磨损	
	推秧弹簧折断	
各行间深浅不一致	各栽植臂的拨叉、拨叉轴、推秧凸轮等磨损不一致	更换磨损零件
	各个链箱不在同一水平面上	各个链箱校正于同一水平面上
插深调节失灵	升降杆磨损或升降螺母滑扣	更换升降杆、螺母或销轴
	固定销孔磨大	
	矩形管固定销轴座折断	焊接固定销轴座
分离针碰秧门	秧门错位	将秧门复位并固定
	栽植臂安装不当	将栽植臂调至正确位置
	栽植臂曲柄内孔磨损	更换磨损的曲柄或链轴
	分离针上翘	校正或更换分离针
	取秧量调整过大	调小取秧量
	摆杆轴晃动或下孔磨损	更换摆杆或摆杆轴及轴承
某组栽植臂不工作	链箱传动轴折断	更换传动轴
	链条脱销或折断	接上链条

续表

故障名称	产生原因	排除方法
秧箱跳槽	滑块或滑槽磨损	更换滑块或滑槽
	秧门两端固定螺栓松动	校正秧门固定螺钉
	抬把过高	用起子撬起抬把前端装上新缓冲块
	秧门变形	若秧门固定处磨损,可加一长方形垫片
	送秧滚轮锈蚀	除锈或更换
	送秧滚轮螺钉变形	更换螺钉
秧箱不工作	指销或螺旋轴磨损	更换指销或螺旋轴
	滑套固定螺栓漏装	重新装上
送秧抬把后端过高	橡胶缓冲块漏装或损坏	装上新缓冲块
送秧齿轴不转	送秧棘轮钢丝销脱落	先看棘轮、棘爪及扭簧是否完好,若损坏或脱落,应予更换;再拨动送秧螺钉,若棘轮转动而送秧轴不转,说明钢丝销脱落,将钢丝销装复
	棘轮槽口磨损	
	棘爪或扭簧脱落	
	送秧齿轴轴向窜动	
送秧轴工作转角小	桃形轮与送秧凸轮严重磨损	打开工作传动箱盖,更换新件
送秧轴不工作	桃形轮定位键损坏或漏装	若两轮相卡,则是送秧与桃形轮磨损所致,可卸下送秧凸轮或桃形轮,用锉刀将工作面锉成平滑的弧面,严重磨损的应更换;若键或销损坏应换新件
	桃形轮与送秧凸轮卡住	
	送秧凸轮钢丝销折断或漏装	
送秧轴间歇工作	桃形轮回位弹簧或送秧凸轮回位弹簧弹力弱,使桃形轮或送秧凸轮不能回位	打开工作传动箱盖,卸下两个回位弹簧,更换新的回位弹簧
定位离合器手柄卡滞	分离凸轮磨损后,与调节螺母卡滞	卸下分离凸轮,用砂轮或锉刀将凸轮工作面磨成平滑的弧面
主离合器分离不彻底	摩擦片与皮带轮黏结	分开黏结部分,用砂纸将摩擦片锯面打磨干净
	定位螺钉松动,致使离合器拨销脱落	拧紧定位螺钉
	离合拨销严重磨损	更换离合拨销

续表

故障名称	产生原因	排除方法
定位离合器分离不彻底	调节螺母调整不当	将调节螺母调至正确位置
	分离销与调节螺母滑扣	分离销或调节螺母滑扣应更换
	离合牙嵌上的定位凸沿磨损	若定位凸沿磨损，可将分离牙嵌啮合面磨去约0.5 mm；严重磨损应更换
	拉簧折断	更换拉簧
发动机旋转无规律	燃油混入了水	将水抽出或更换燃料
	燃油过滤网堵塞	清洗或更换过滤网
	空气滤清器的网眼被堵塞	排除堵塞或更换新的滤清器

第 7 章

旱地移栽机械的类型及使用

20 世纪 30 年代，国外发达国家就出现了手工喂苗的栽植机具，50 年代研制出多种不同结构形式的半自动移栽机和简易制钵机。到 80 年代，半自动移栽机已在生产中广泛使用。目前，一些发达国家已实现甜菜、玉米、蔬菜和烟草等旱地作物的育苗工厂化和移栽机械化。我国的旱地栽植机械的研究开始于 20 世纪 60 年代，但农机和农艺明显脱节，忽略了综合经济效益，更没有科学地分析育苗移栽机械化过程的种种技术难题，从而使这一技术搁浅。近年来，随着旱地育苗移栽技术的研究和推广，栽植机械已成为科研和生产部门关注的问题之一，从而出现了多种新型栽植机械。

7.1 旱地栽植机械的工作原理

7.1.1 旱地栽植机械的类型及特点

目前，移栽机按栽植器形式可分为链夹式、吊杯式、导苗管式及挠性圆盘式移栽机。

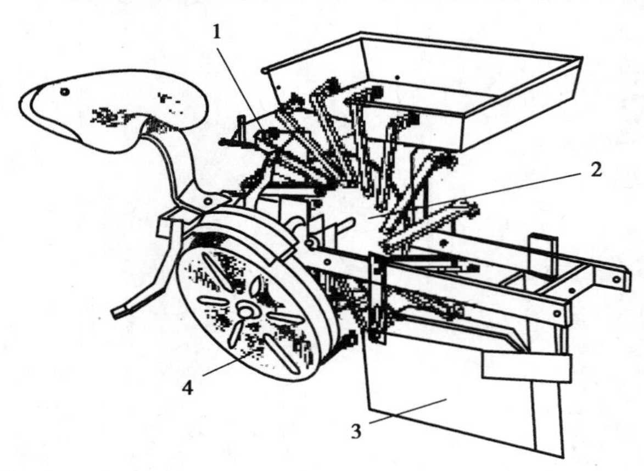

图 7.1 钳夹式移栽机

1—钳夹；2—钳夹座；3—开沟器；4—覆土镇压轮

钳夹式移栽机（图 7.1）主要由钳夹式栽植部件、开沟器、覆土镇压轮、传动机构及机架等部分组成。工作时，人工将秧苗放置在转动的苗夹上，秧苗被夹持随苗盘转动，当苗夹到达苗沟时，秧苗下落，随后覆土，完成栽植过程。钳夹式移栽机的主要优点是结构简单，株距和栽植深度稳定，适合栽植裸根苗和钵苗。缺点是栽植速度慢，株距调整困难，钳夹容易伤苗，栽植频率低，一般为 30 株/min。

链夹式移栽机（图 7.2）主要由链夹式栽植器 4、开沟器 6、镇压覆土轮

5、传动仿形轮 7、传动装置 8 和机架 9 组成。工作时，秧夹 3 在由地轮驱动的链条 2 的带动下运动，放在张开的秧夹上的秧苗随秧夹由上往下进入滑道 1，在滑道的作用下夹紧秧苗并回转。秧夹转到与地面垂直时脱离滑道的控制而自动打开，秧苗则脱离秧夹垂直落入已开好的沟中。在秧苗接触沟底的同时，由镇压覆土轮 5 覆土并压实，秧苗被栽植。链夹式栽机结构简单、成本低、植株距准确、秧苗直立度较好、喂苗送苗稳定可靠；但效率低，适合裸苗移栽、移栽频率一般为 30~45 株/min，栽植速度偏高时，易出现漏苗、缺苗等影响栽植质量的问题。

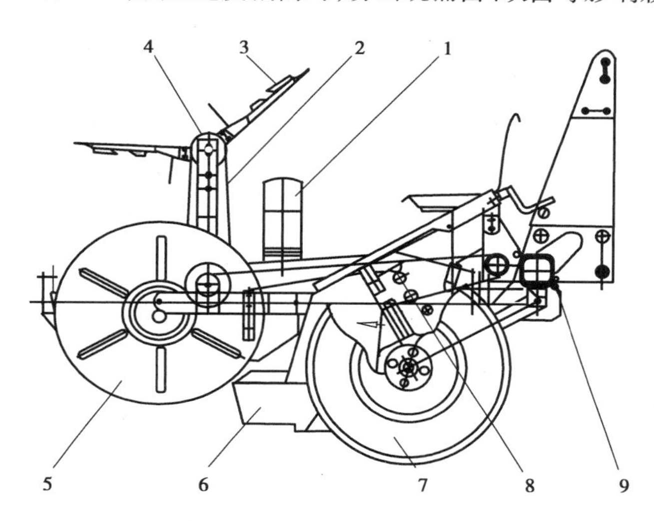

图 7.2　钳夹式移栽机

1—滑道；2—链条；3—秧夹；4—链夹式栽植器；5—镇压覆土轮；
6—开沟器；7—传动仿形轮；8—传动装置；9—机架

吊杯式移栽机（图 7.3）主要适合于栽植钵苗，由偏心圆环、吊杯、导轨等工作部件构成。工作时，吊筒在偏心圆盘作用下始终垂直于地面。当吊筒运行到上部位置时，栽植手将秧苗

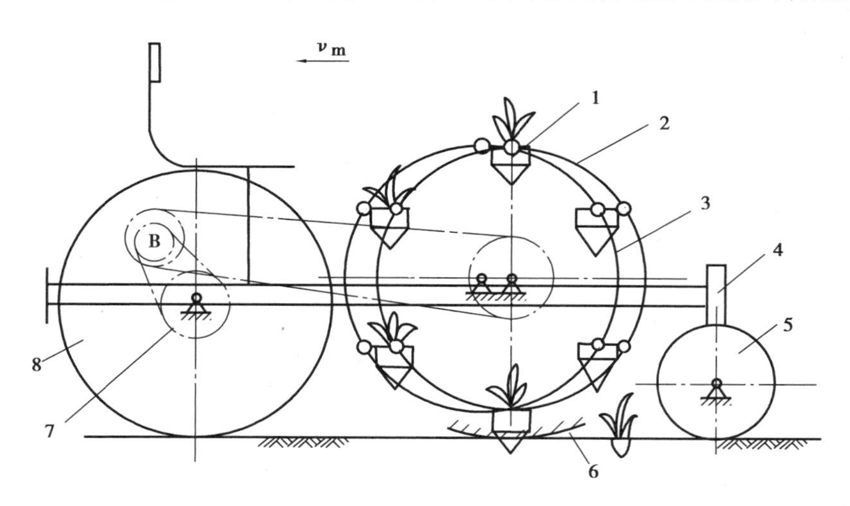

图 7.3　吊筒式钵苗栽植机

1—吊筒栽植器；2—栽植圆盘；3—偏心圆盘；4—机架；
5—压密轮；6—导轨；7—传动装置；8—仿形传动轮

放入吊筒，当吊筒运行到最低位置时，吊筒的底部尖嘴对开式开穴器在导轨作用下被压开，钵苗落入穴中，部分土壤流至体苗周围，压密轮随之将其扶正压实。栽植圆盘继续转动，脱离导轨的开穴器在弹簧作用下合拢，进行下一个循环。

吊篮式移栽机的吊篮既是接纳秧苗的容器，也是打孔成穴的栽植器，具有双重功能，尤其适合于地膜覆盖后的打孔栽植。在栽植过程中秧苗不受任何冲击，不易伤苗，但结构复杂、喂苗速度低，生产率和栽植质量受人工投苗速度和精度的影响严重。

导苗管式移栽机主要由喂入器、导苗管、扶苗器、开沟器和覆土压轮等工作部件组成（图 7.4）。导苗管式移栽机采用单组传动。工作时，由人工分苗后，将秧苗投入到喂入器 2 的喂入筒内，当喂入筒转到导苗管的上方时，喂入筒下面的活门打开，秧苗靠重力下落到导苗管 8 内，通过倾斜的导苗管将秧苗引入到开沟器 5 开出的苗沟内，在栅条式扶苗器 6 的扶持下，秧苗呈直立状态，然后在开沟器 5 和覆土镇压轮 7 之间所形成的覆土流的作用下，进行覆土、镇压，完成栽植过程。导苗管式移栽机可以克服回转式栽植器的共同缺点，秧苗在导苗管中的运动是自由的，且不伤苗；在适当的导苗管倾角和增加扶苗机构装置的情况下，栽植秧苗的穴行距和栽植深度均匀一致，保证较好的直立度，且作业速度较高，移栽的频率可达 60 株/min，栽植频率由喂入频率确定，不易伤苗，但调整比较复杂，受拖拉机前进速度影响明显。

挠性圆盘式移栽机（图 7.5）主要由机架、供秧输送带、开沟器、栽植器、镇压轮、秧箱以及传动系统组成。工作时由两片可以变形的挠性圆盘来夹持秧苗，输送带将人工喂入的秧苗喂入到栽植器中，然后随圆盘转动，当达到垂直状态时进行栽植，由于不受秧苗数量的制约，它

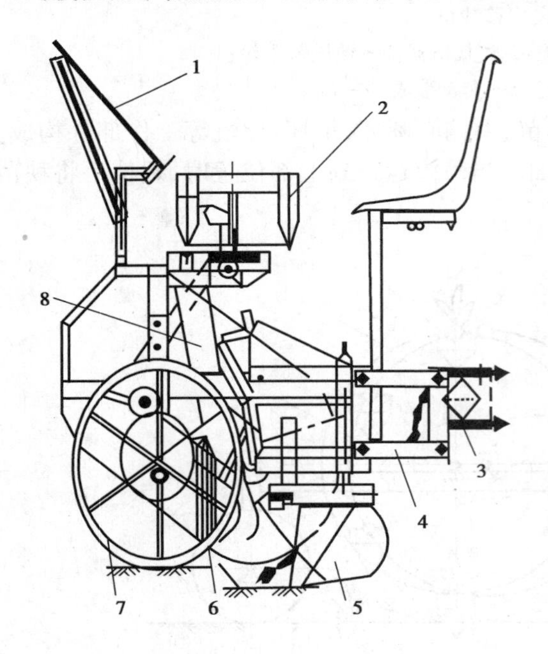

图 7.4　导苗管式移栽机

1—苗架；2—喂入器；3—主机架；
4—四杆仿形机构；5—开沟器；6—扶苗器；
7—覆土镇压轮；8—导苗管

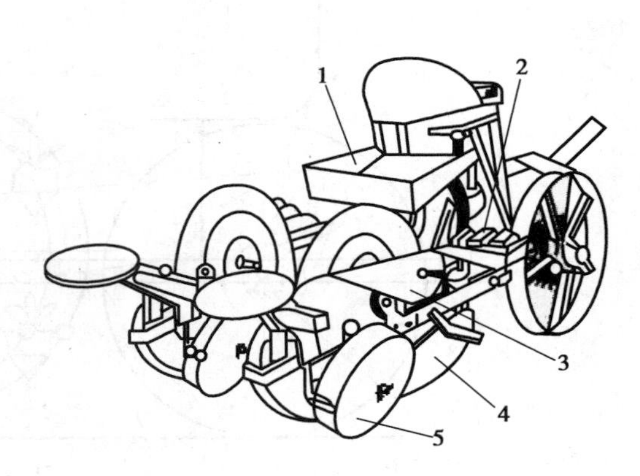

图 7.5　盘式栽植机

1—秧箱；2—供秧传送带；3—挠性盘；
4—开沟器；5—镇压轮

对株距的适应性较好。在小株距移栽方面具有良好的推广前景。挠性圆盘一般由橡胶或薄钢板制造，结构简单，成本低，但栽植深度不稳定，并且圆盘的寿命较短。

7.1.2　2ZQ 型秧苗移栽机结构原理及适用范围

(1)基本结构

图7.6为2ZQ型秧苗移栽机的基本结构，该机主要由牵引机架总成、传动系统、栽种器总成、苗盘架及减震器等组成。其中，更换机架横梁的长短，可安装多个栽种器总成，实现多行栽种作业。

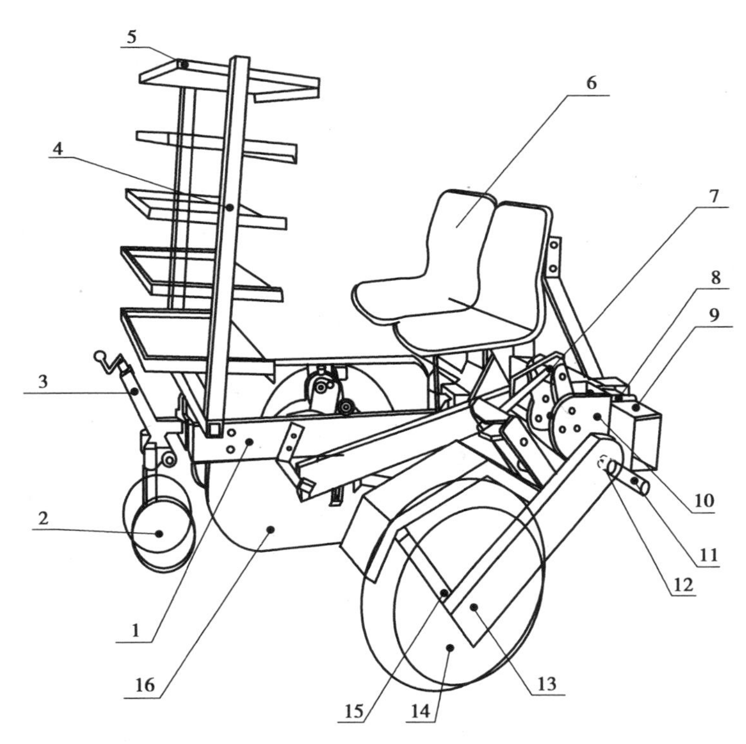

图7.6　2ZQ型秧苗移栽机

1—机架；2—覆土轮；3—覆土调整器；4—苗盘架；5—苗盘；6—座椅；
7—调整丝杠；8—U形螺栓；9—牵引架总成；10—苗深调节器；11—传动轴；
12—链轮Zb；13—链轮Za；14—主动轮；15—主动轮支架；16—栽种器总成

(2)工作原理

①由配备18.4 kW(25马力)以上的拖拉机悬挂于该产品牵引架连接带动移栽机工作。

②移栽机上的两地轮转动，通过链轮、链条和转动轴带动移苗器旋转；利用偏心轮机构、连杆机构和凸轮机构使栽苗期钳嘴完成开穴、置苗工序，随后覆土轮进行覆土镇压工作。从而完成整个栽植过程。

(3)适用范围

2ZQ型秧苗移栽机，主要适用于钵体植物苗、蔬菜苗、瓜果苗和块状种子(如土豆、芋头)等农作物的栽种，特别是对烟苗、茄子、甜菜、辣椒、西红柿、油菜、哈密瓜、菜花、莴笋、卷心菜、西兰花、黄瓜、西瓜、玉米苗、红薯苗、甜叶菊、菊花和棉花等作物的栽种作业，有良好、先进、可靠地栽种效果。既适应大面积多行农场栽种,又适和丘陵、大棚内秧苗的移栽。具有技术先进,性能可靠,操作维护简便,效率高,能耗低、寿命长等显著特点,本移栽机作业时必须在旋耕耙耙后的土壤田内使用,否则将损坏机器。

7.1.3 2ZB-2 型移栽机

移栽机主要由悬挂主梁、2 组移栽单体及 2 组地轮总成构成。栽植单体(图 7.7)。以吊篮式栽植部件为核心,以转盘式投苗装置为喂苗部件,其后部安装空心橡胶镇压轮,一次作业可完成打穴、移栽、扶苗、镇压等多项工作。移栽单体和地轮总成通过 L 形卡分别安装在悬挂主梁上,能够根据地膜宽度和所需行距进行位置调整。为了固定株距,整机动力传递采用链传动。由于传递力矩较大,因此,在地轮总成与六方轴之间采用 10A 型链传动,六方轴与栽植单体之间选用 08A 型链传动。工作时,整机在拖拉机的牵引下移动,地轮受地面摩擦力作用获取动力,并通过地轮轴端的棘轮机构(用以防止倒转时损坏单体)将单向转动 传递到六方轴,在机体中心左右两侧各有 1 个单体,分别与六方轴通过链传动获取动力。如图 7.8 所示。

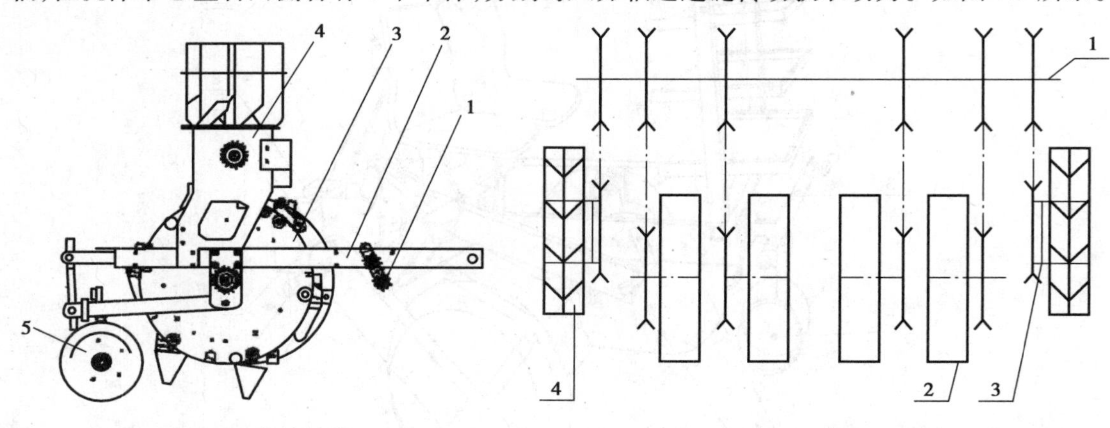

图 7.7 栽植单体
1—传动张紧装置;2—牵引臂;
3—吊篮式栽植机构;4—转盘投苗机构;
5—镇压轮

图 7.8 传动机构
1—六方轴;2—移栽单体;
3—棘轮机构;4—地轮

该机型具有以下主要特点:

①适应性好。该机由独立的栽植单组构成,具有积木式特征,可与不同功率拖拉机配套,组成 2~6 行的移栽机;与目前农村普遍使用的小四轮拖拉机配套,组成 2 行移栽机,能够移栽多种作物,如玉米、棉花、甜菜、烟叶、油菜等,裸苗 无土苗 和钵苗都能够移栽。

②价格低,农民容易接受

③栽植速度快。过去国内研制的钳夹式或链夹式移栽机,速度慢,每分钟只能够移栽 30~40 株,而且操作人员非常紧张,容易伤苗、埋苗。导苗管式移栽机采用旋转杯式喂入器,将其移栽速度提高了近一倍。

④栽植质量好。导苗管式移栽机由于采用了非强制性导苗管和栅条式扶苗器,大大提高了栽植秧苗的直立度,栽植质量的稳定性好,栽植合格率达到 93%以上,而且不伤苗。

⑤调整使用方便。株距、行距和栽植深度的调节非常方便,能够满足不同作物的移栽要求。

7.2　2ZQ 型秧苗栽植机械的使用与保养

7.2.1　2ZQ 型秧苗栽植机械的使用

(1)使用前的准备

①使用前根据秧苗移栽株距,调整安装栽苗器总成的个数和链轮 Za、Zb 齿数。具体见下表。

表 7.1　株距与栽苗器个数和链轮 Za、Zb 配置数表　单位:cm

栽苗器个数 \ Zb	14	16	18	14	15	15	15	备　注
1	92	105	118	130	140	156	166	Zb Za
2	46	53	59	65	70	78	83	
3	31	35	39	43	46	52	55	
4	23	26	29	33	35	39	41	
5	18	21	24	26	28	31	33	
Za	27	27	27	19	19	17	16	

注:以上株距不满足使用者要求时,请与厂家联系配换链轮。

②选用好链轮后,按第三项安装调整好移栽机。

(2)使用前的检查

①检查各紧固件有无松动或脱落,要求每天使用前检查一次。

②检查移苗器在入地之前是否调至最高位置,以防损坏零部件。

(3)使用前的润滑

使用前对各指定部位加入规定量的指定润滑脂,减少损磨,延长移栽机使用寿命。

(4)使用注意事项

使用前应把衣口扎好,长发应佩带帽子,将长发收起,以免卷入机器中发生事故。使用中注意身体远离转动部位。

地头转弯时,为保证投苗人员安全,投苗工作人员应先下车,待转入另一行时,重新登上工作位置。

7.2.2　常见故障及排除

常见故障的原因及排除方法见表 7.2。

表 7.2　常见故障的原因及排除方法

序号	故　　障	产生原因	排除方法
1	钳嘴闭合不严	有黏土粘到钳嘴板上	清除钳嘴上的黏土
		复位弹簧失效	更换复位弹簧
2	钳嘴开口不够大	钳嘴板上部尼龙轮磨损过大	更换钳嘴上部尼龙轮
3	主动链轮 2a 不转或转速不稳	棘爪槽内有异物	清除棘爪槽内异物
		棘爪失效	更换棘爪
		棘爪弹簧失效或脱落	更换弹簧或重新挂好弹簧

7.2.3　保养与维护

移栽机的保养与维护有如下几点。

①作业中要随时观察移栽机作业状态,转动部位润滑要良好。发现问题及时注油或停车检修。

②每天作业结束后要及时检查各部螺栓是否有松动现象,发现异常及时矫正。

③作业中应及时清理钳嘴板上的泥土,以免影响移栽质量。

④长期停放不用时,应涂上防锈蚀。

第 3 单元 田间管理机械

田间管理的概念:大田生产中,作物从播种到收获的整个栽培过程所进行的各种管理措施的总称。即为作物的生长发育创造良好条件的劳动过程。如间苗、镇压、培土、除草、压蔓、整枝、追肥、灌溉排水、防霜防冻、防治病虫害等。

常用的田间管理机械有:喷雾器、中耕机、培土机、除草机、杀虫灯、移植机以及灌溉设备等。田间管理机械主要作用是在作物生长过程中,作物需要水分、养分、肥料的供应,清除地表杂草,消灭病虫害,保证作物生长,为丰收奠定基础。

第8章 喷雾机的类型、构造、使用及维护

喷雾机是植保机械中的一种重要类型,它是将液体分散开来的一种机具,是施药机械的一种,除农用外,还有医用和其他用途。喷雾机械的动力一般有人力和机动,通常称人力驱动的为喷雾器,动力(发动机、电动机)驱动的为喷雾机。喷雾机按工作原理分液力、气力和离心式喷雾机。按携带方式分手持式、肩挎式、背负式、踏板式、担架式、推车式、自走式、车载式、悬挂式等。

8.1 喷雾机的工作原理

8.1.1 喷雾的特点及喷雾机的类型

喷雾是农作物化学防治法中的一个重要方面,它受气候的影响较小,药剂沉积量高,药液能较好地覆盖在植株上,药效较持久,具有较好的防治效果和经济效果。

根据施药液量的多少,可将喷雾机械分为高容量喷雾机、中容量喷雾机、低容量喷雾机及超低容量喷雾机等多种类型。各类喷雾机的施液量标准及雾滴直径的范围见表8.1。

表8.1 各类喷雾机的施液量和喷雾直径

名　称	符　号	雾滴直径/μm	施液量/L/ha
超超低容量	U-ULV	10~90	<0.45
超低容量	ULV	10~90	0.45~4.5
低容量	LV	100~150	4.5~45
中容量	MV	100~150	45~450
高容量	HV	150~300	>450

超低容量喷雾是近年来防治病虫害的一种新技术。它是将少量的药液(原液或加少量的水)分散成细小雾滴(50~100 μm)并大小均匀,借助风力(自然风或风机风)吹送、飘移、穿透、沉降到植株上,获得最佳覆盖密度,以达到防治目的。由于雾滴细小,飘移是一个严重问

题,它的应用仅限于基本上无毒的物质或大面积,这时飘移不会造成危害。超低量喷雾在应用中要特别小心。

低容量喷雾,这种方法的特点是所喷洒的农药浓度为常量喷雾的许多倍,雾滴直径也较小,增加了药剂在植株上的附着能力,减少了流失。既具有较好的防治效果,又提高了工效。应大力推广应用逐步取代大容量喷雾。

中容量喷雾,施液量和雾滴直径都介于上面两种方法之间,叶面上雾滴也较密集,但不致产生流失现象,可保证完全的覆盖,可与低量喷雾配合作用。

大容量喷雾又称常量喷雾,是常用的一种低农药浓度的施药方法。喷雾量大能充分地湿润叶子,经常是以湿透叶面为限并逸出,但是流失严重,污染土壤和水源。雾滴直径较粗,受风的影响较小,对操作人员较安全。用水量大,对于山区和缺水地区使用困难。

8.1.2　喷雾机的使用要求

喷雾机的使用要求如下:

①有足够的搅拌作用,应保证整个喷射时间内保持相同的浓度,不随药液箱充满的情况而变化。

②应能根据防治要求喷射符合需要的雾滴,有足够的射程和穿透力度,并能均匀地覆盖在植株受害部分。

③工作可靠,不易产生堵塞,设置合适的过滤装置(药液箱加液口、吸水管道、压水管道等处)。

④药液箱的容量,应保证喷雾机有足够的行程长度,并能与加药地点合理地配合。

⑤机器应具有较好的通过性,能适应多种作业。

⑥机器应具有可靠的防护设备及安全装置。

⑦与药液直接接触的部件应具有良好的耐腐蚀性,有些工作部件(如液泵、阀门、喷头等)还应具有好的耐磨性,以提高机器的使用寿命。

8.1.3　喷雾机的构造

(1)手动喷雾机

1)液泵式喷雾机

液泵式喷雾机(图8.1)主要由活塞泵、空气室、药液箱、胶管、喷杆、滤网、开关及喷头等组成。工作时,操作人员将喷雾机背在身后,通过手压杆带动活塞在缸筒内上、下移动,药液即经过进水阀进入空气室,再经出水阀、输液胶管、开关及喷杆由喷头喷出。这种泵的最高工作压力可达800 kPa(8 kgf/cm^2)。为了稳定药液的工作压力,在泵的出水管道上装有空气室。因其需要背负在身后工作,故又称为手动背负式喷雾机。

另有一种手动喷雾机使用的是隔膜泵,如图8.2所示,这种泵的工作原理是利用隔膜的往复运动,使泵体内的体积发生变化,在泵体内外压力差的作用下,药液被吸入泵内,再压入空气室,经喷射部件喷出。

2)气泵式喷雾机

气泵式喷雾机(图8.3)由气泵、药液桶和喷射部件等组成。它与液泵式喷雾机的差别在于需先用气泵将空气压入气密药桶的上部(药液只加到水位线,留出一部分空间),利用空气

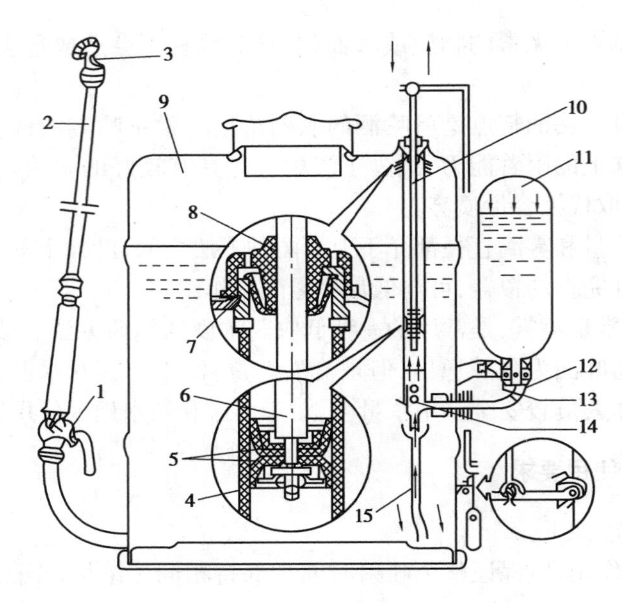

图 8.1　手动背负式喷雾器

1—开关;2—喷杆;3—喷头;4—固定螺母;5—皮碗;6—塞杆;7—毡垫;
8—泵盖;9—药液箱;10—缸筒;11—空气室;12—出水单向阀;
13—出水阀座;14—进水单向阀;15—吸水管

对液面加压,再经喷射部件把药液喷出。气泵式喷雾机需承受较大的压力(一般为 400~600 kPa),因此,药桶的制造要求较液泵式喷雾机高。

气泵式喷雾机的特点是喷药后,药箱内的压力会迅速降低,降到一定程度时,操作者停下来再充一次气(每次约打气 30~40 下),即可喷完一桶(约 5 L)药液,操作者可以在这期间专心对准目标喷药。然而液泵式喷雾机工作时,操作人员一只手需不断地揿动手压杆,另一只手操作喷洒部件喷雾。

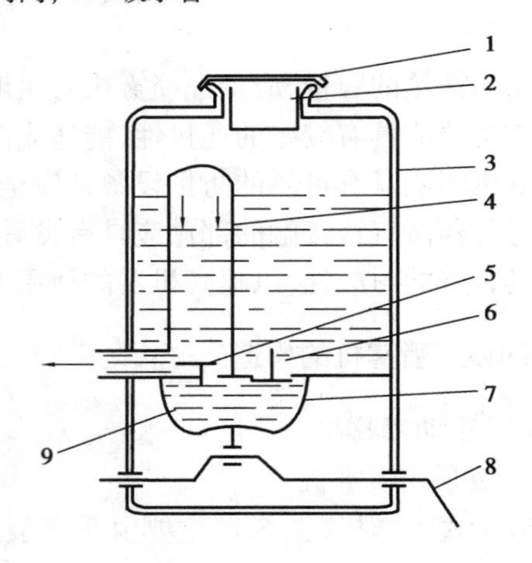

图 8.2　手动隔膜式喷雾器

1—药箱盖;2—滤网;3—药液箱;4—空气室;
5—排液阀门;6—进液阀门;7—隔膜;
8—手柄;9—药液

(2)机动喷雾机

1)手持电动离心喷雾机

利用干电池(或蓄电池)驱动 12 V 微型电动机,带动离心转盘旋转。由电源、微型电机、流量开关、喷头、药液瓶、手把等组成,如图 8.4 所示。

喷头由喷头座、喷嘴及转盘等组成。转盘包括前齿盘、后齿盘及护罩等部分。工作时,转盘由微型直流电动机带动高速旋转,同时药液在重力作用下,由贮药瓶经过滤网、输液管、流量开关及喷嘴流入转盘的前后齿盘的缝隙里,在受到齿盘高速回转离心力的作用下,形成均匀的细小雾粒,随自然风飘移到植株上。在 2~3 级风的条件下,喷幅为 3~5 m。按需可改变转盘转速获得不同的雾滴直径。

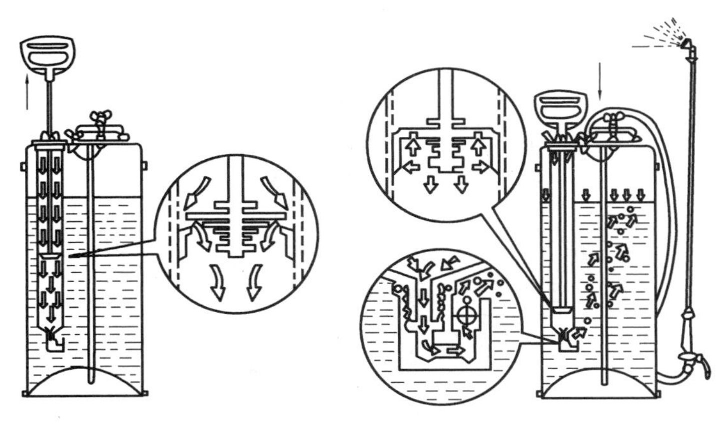

图 8.3　气泵式喷雾器

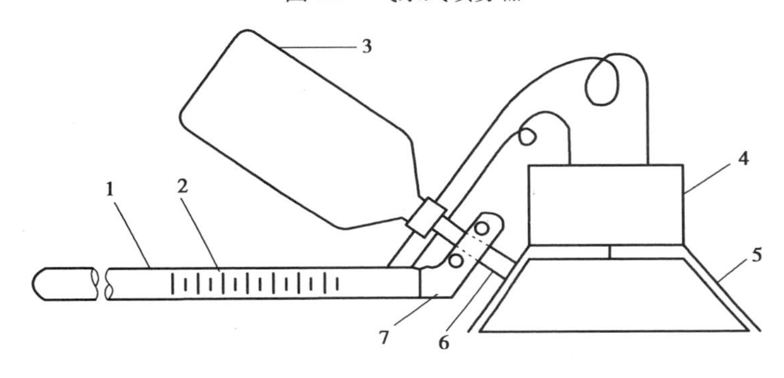

图 8.4　手持电动离心喷雾机

1—手柄；2—电池；3—药液瓶；4—电机；5—叶轮；6—进液管；7—支架

2）三缸活（柱）塞泵喷雾机（或隔膜泵喷雾机）

这是一种由汽油机或柴油机带动工作的喷雾机，把泵和动力装置安装在不同的固定架上，可组成担架式、畜车式等不同的形式。

三缸活塞泵（图 8.5）由泵体、曲轴、连杆、缸筒、活塞杆、活塞、进水阀组、出水阀及调压阀等组成。泵的常用压力为 1 500～2 500 kPa，最高压力可达 3 000 kPa。国产三缸泵的排液量有 30、36、40、60 L/min 等数种规格，其中 30 L/min 和 40 L/min 两种规格为系列产品。由于泵的压力较高，因此射程较远、雾点细、工作效率较高，可用于农田，也可用于果园等处的病虫害防治。

三缸活塞泵喷雾机的工作过程：发动机的动力通过三角皮带带动泵的曲轴旋转，通过曲柄连杆带动活塞杆和活塞作往复运动。活塞杆向左运动时，进水阀组上的平阀压紧在活塞碗托上，进水阀片的孔道被关闭，使活塞后部形成局部真空，药液便经滤网进入活塞后部的缸筒内；活塞向右运动时，平阀开启，后部缸筒内的药液，经过进水阀片上的孔，流入活塞前的缸筒内。当活塞再次向左运动时，缸筒后部仍进水，而其前部的水则受压顶开出水阀进入空气室。由于活塞不断地往复运动，进入空气室的水使空气压缩产生压力，高压水便经截止阀及软管从喷射部件喷出。

在空气室的旁边装有调节阀和压力表。调节阀的作用是调节泵的工作压力，并起到安全阀的作用，压力表的作用是指示泵的工作压力。

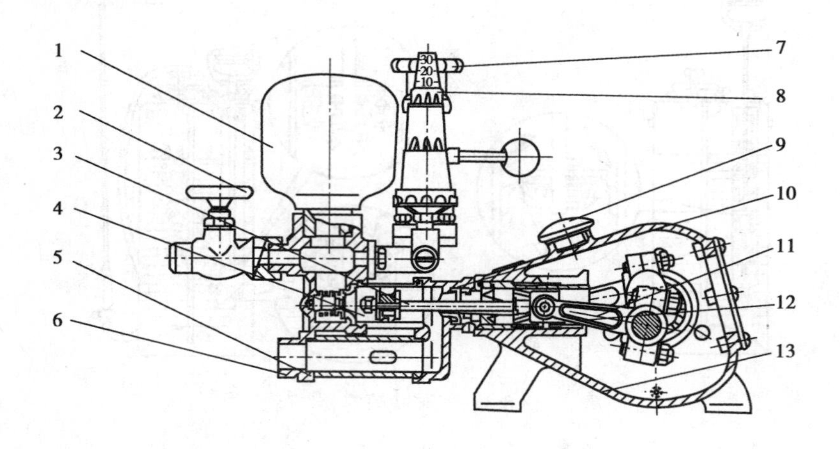

图 8.5　活塞泵的工作过程

1—空气室;2—出水开关;3—活塞杆;4—缸筒;5—密封圈;6—进水管接头;
7—调压阀;8—压力表;9—加油塞;10—水封;11—连杆;12—油封;13—泵体

在水源充足的南方水田地区,活塞泵的吸水头可直接放到稻田里吸水,浓度较大的药液由装在截止阀外端的射流式混药器吸入药液,与高压水自动混合后经喷射部件喷出。药液不进入缸筒,可减少泵的腐蚀和磨损,从而提高其使用寿命。

3)拖拉机悬挂喷雾机

拖拉机悬挂喷雾机是一种悬挂在中型拖拉机上的喷杆式喷雾机,主要用于水稻、小麦、大豆以及甘蔗、玉米苗期的大面积的化学除草、灭虫、治病的喷雾作业。拖拉机悬挂喷雾机主要由药液箱、射流式搅拌器、分配阀、过滤器、液泵、变速箱、折叠喷杆桁架和防滴喷头等组成。

该机主机组悬挂安装在拖拉机上,药液箱左右分置在前后轮两侧挡泥板上部。利用拖拉机输出的动力,通过万向节轴传动,经变速箱增速后,直接驱动液泵,由液泵输出的一定压力的液流,经过滤器到分配阀,再经喷雾胶管至喷头进行作业。另两股分别输送到左右药液箱,经射流式搅拌器喷出,以搅拌药液。

液泵为单级自吸离心泵,转速为 5 000 r/min 时流量为 300 L/min,也可以利用该泵向药液箱加水。该机可根据作物不同高度进行调节,可进行高度调节 50~100 cm,喷幅为 12 m。

8.2　喷雾机主要工作部件

8.2.1　喷头

(1)雾滴形成的基本原理

药液以雾滴方式覆盖植株防治病虫害或除草,在多种场合下是能够满足农业要求的。使药液产生雾滴的方法很多,基本上可归纳为以下三种:

1)机械的方法

即利用机械的过程产生雾滴。其方法有:

①利用空气动力使药液产生雾滴；

②利用离心力使药液产生雾滴；

③利用液力使药液产生雾滴。

2)加热冷凝法

将油质燃料加药剂混合物进行加热使之汽化，再用高速气流喷出，悬浮在空气中，冷凝后变成细小雾滴附着在植株上的方法叫加热冷凝法，也称烟雾法。

3)发射剂汽化法

将药液与容易液化的气体(即发射剂，如二氯二氟甲烷)压缩贮备在耐压容器里。当打开容器针阀时，在发射剂蒸发压力下，发射剂药液便由输液管经喷孔喷出。由于发射剂很快汽化膨胀，药液便冷凝成细小雾滴。

机械的方法造雾在农业上应用比较普遍，不论是水溶液、油溶液、乳液或悬浮液都可用这种方法产生雾滴。加热冷凝法虽然能形成较小的雾滴，并具有一定的工作幅宽与生产率，但这种方法也存在一些缺点，有些药剂不耐高温，且使用的药剂一定是油溶性药剂时，在使用上有一定的局限性。油剂的烟雾具有高的杀虫效率和残余毒效，附着性也好，使用比较方便，但所选用的发射剂必须能和药液互相溶解，在常温和常压下能自行沸腾汽化，而且需用耐高压的钢罐，成本较高，因此多用于室内消灭蚊蝇的少量喷洒。

(2)喷头的类型和影响性能因素

喷雾机最终通过喷头将药分布在喷施作物上，喷头的性能直接影响到防治效果和机具的使用性。按照药液雾化原理的不同，可分为液力式、气力式、离心式等多种类型。

1)液力式喷头

液力式喷头主要是利用高压泵对液体施加一定压力，通过喷头进行雾化药液成为雾滴，是目前植保机械中应用最广泛的一种雾化装置。又分为单孔喷头、冲击式喷头、旋涡式喷头、扇形喷头等。

①单孔喷头。这种喷头是利用液体压力使药液通过喷头产生高速液流与静止空气撞击形成雾滴，工作压力通常一般不高于 3 MPa。单孔喷头的特点是喷量大、射程远、雾滴粗，雾滴直径在 300 μm 以上，又称作雨雾。通常装在远程喷枪上，多用于果林的药剂喷射。

还有一种是单孔喷头和窄缝喷头构成的组合喷头(图 8.6)，这种喷头可提高喷洒分布均匀性。

②撞击式喷头。如图 8.7 所示，撞击式喷头具有工作压力低，雾滴较粗，喷雾量大等特点。撞击式喷头是在单孔式喷头喷孔处安装扩散片，使药液与扩散片撞击形成雾滴，同时进行近距离喷射，喷嘴制成锥形腔孔，出口孔径一般为 3~5 mm。一些稻田用喷雾机采用这种喷头。

③旋涡式喷头。旋涡式喷头是喷雾机械中应用最多的一种，按其结构可分为切向进液喷头、旋水芯喷头、旋水片喷头及扇形喷头等。

a.切向进液喷头。由喷头帽、喷孔片和喷头体等组成，如图 8.8 所示。喷头体除两体连接螺纹外，内部有锥体芯与旋水室、进液斜孔构成。喷孔片的中央有一喷孔，用喷头帽将喷孔片固定在喷头体上。其雾化原理是：当高压药液进入喷头的切向进液管孔后、药液以高速流入涡流室绕锥体芯作高速的旋转运动。由于斜孔与涡流室圆柱面相切，与圆周面母线成一斜角，因此，液体作旋转形旋转运动，即药液一方面做旋转运动，同时又向喷孔移动。由于旋转运动产生的离心力与喷孔内外压力差的联合作用，药液通过喷孔喷出后向四周飞散，形成一

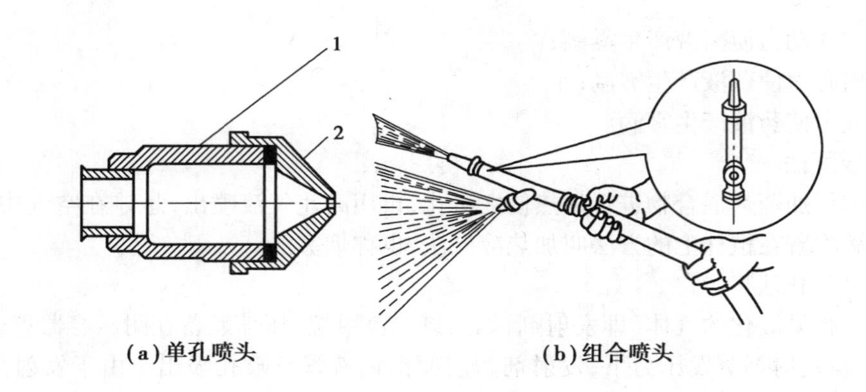

图 8.6　单孔式喷头
1—喷头座;2—喷头帽

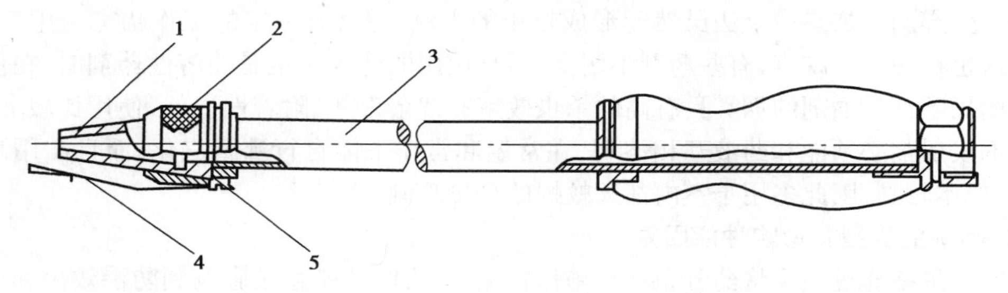

图 8.7　撞击式喷头
1—喷嘴;2—喷头帽;3—喷杆;4—扩散片;5—锁紧帽

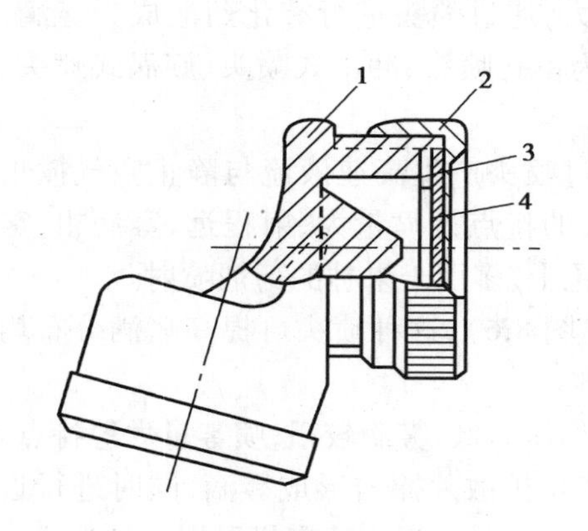

图 8.8　切向进液喷头
1—喷头体;2—喷头帽;
3—密封圈;4—喷头片

个旋转液流薄膜空心锥体,即空心锥雾离喷孔越远,液膜被撕裂得越薄,破裂成丝状,与相对静止的空气撞击,并在液体表面张力作用下形成细小雾滴,雾滴在惯性作用下,喷洒在农作物上。

特点:当压力增大时,喷雾量变大,喷雾角也增大,同时雾滴变细。但压力增大到一定数值后这种现象就不显著。反之,当压力降低时,情况正好相反,下降到一定数值时喷头就起不到雾化的作用了。

在压力不变的情况下,利用喷孔直径增大,能增大喷雾量,从而增大雾锥角,但喷孔直径增大到一定数值时,雾锥角的增大就不明显了。这时雾滴会变粗,射程反而增大。反之,喷孔直径的减小,可减小喷雾量,缩小雾锥角,雾滴变小射程缩短。

b.旋水芯喷头。如图 8.9 所示,由喷头体、旋水芯和喷头帽等组成。喷头帽上的喷孔,旋水芯上有截面为矩形的螺旋槽,其端部与喷头帽之间有一定间隙,称涡流室。

雾滴的形成是喷出的液膜首先破裂成雾状,再进一步破裂成雾滴的过程。它是当高压药液进入喷头并经过带有矩形螺旋槽的涡流芯时,作高速旋转运动,进入涡流室后,便牵着涡流槽方向作切线运动。在离心力的作用下,药液以高速从喷孔喷出,并与相对静止的空气撞击而雾化成空心圆锥雾。当压力和喷孔直径不同,所形成的雾滴的粗细、射程远近、雾锥角的大小等也有所不同,其他都与切向进液喷头相同,当调节涡流室的深度使其加深时,雾滴就会变粗,雾锥角变小,而射程却变远。

c.旋水片喷头。又称实心涡流片喷头,它由喷头帽、喷头片、旋水片和喷头体等组成,如图 8.10 所示。它的构造和雾化原理基本上与旋水芯喷头相似。只要更换喷头就可以改变喷孔的大小。旋水片与喷片间即为涡流室,在两片之间有垫圈,改变垫圈的厚度或增减垫圈的数量,就可以调节涡流室的深浅。旋水片上一般有两个对称的螺旋槽斜孔,当药液在一定的压力下流入喷头内,然后通过两流片上的两个螺旋斜槽孔时,即产生旋转涡流运动,再由喷孔喷出,形成实心圆锥雾。

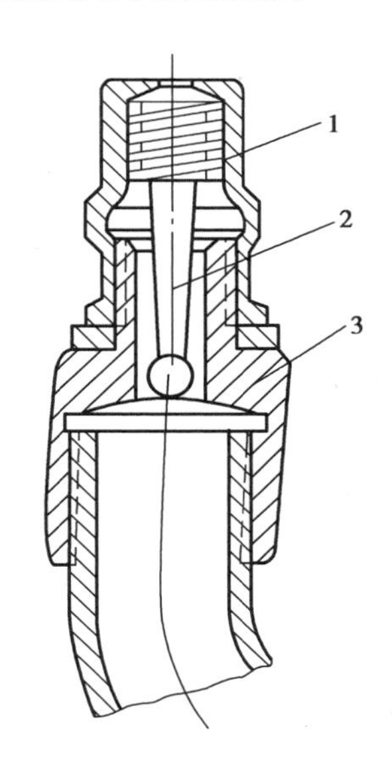

图 8.9　旋水芯喷头
1—喷头帽;2—旋水芯;3—喷头体

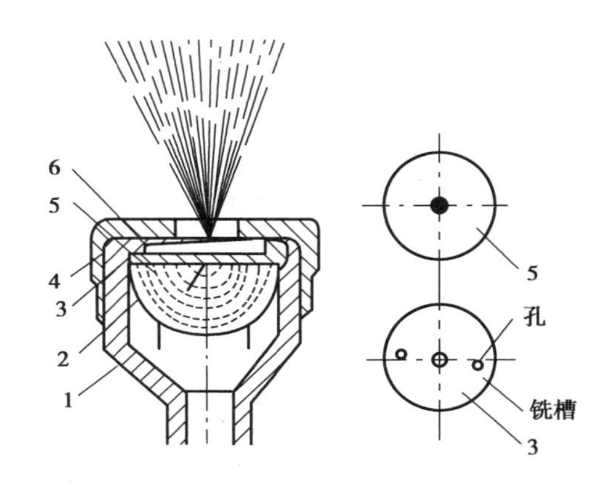

图 8.10　旋水片喷头
1—喷头帽;2—滤网;3—旋水片;
4—垫圈;5—喷孔片;6—喷空罩

还有一种旋水芯位置可调节的喷头(图 8.11),例如园圃型喷头,涡流室的深浅可通过手柄调节,当转动手柄使涡流室变浅时,则喷出的雾滴较细,喷雾角变大,射程较近。反之,则喷出的雾滴粗,喷雾角变小,射程较远,这种喷头多用于果园中的病虫害的防治。

d.扇形喷头。如图 8.12 所示,扇形雾喷头的喷嘴上用形成一夹角的两切槽面相切与喷孔相交而成,药液通过该喷头产生扇形雾流。具有压力的液流经喷孔喷出,形成扩散射流的同时,又受两切槽面的挤压,向两边延展形成了具有一定厚度的液体薄膜,液膜在压力下表面产生不稳定的波纹,其振幅逐渐增大,开始分裂成条带,然后粉碎形成具有一定喷雾角的平面雾粒。扇形雾喷头广泛用于宽幅横喷杆机具进行全面喷洒防治病虫害和化学除草,安装在喷杆上喷孔偏转与喷杆成 5°~10°角,使两相邻喷头喷出的喷雾图形重叠,而雾液互不相撞。还有一种均匀扇形雾喷头为长方形喷雾图形,雾液均匀分布,用于喷洒除草剂,常与播种或栽种作业同时进行。

e.撞击式扇形雾喷头(图 8.13),药液从收缩型圆锥孔喷出,沿着与喷口中心近于垂直的扇形面延展,形成扇形液面。该类型喷头喷雾量较大,雾滴较粗,漂移量较少,一般在低压下

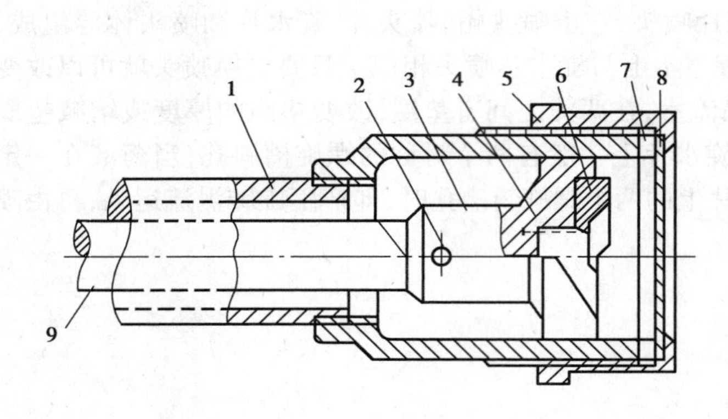

图 8.11　园圃型喷头

1—喷杆;2—固定销;3—旋水芯;4—固定螺钉;5—喷头盖;6—衬垫;7—垫片;8—喷孔片;9—调节杆

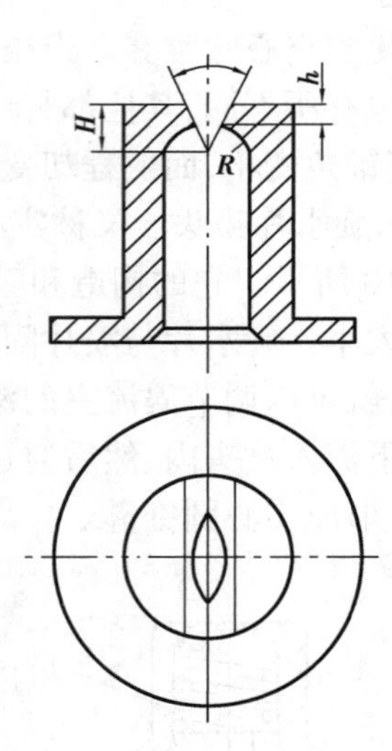

图 8.12　扇形雾喷头

工作。因它可减少易飘移的小雾滴数目,所以被广泛用于喷洒除草剂。它也用于橘树园喷洒杀虫剂、除草剂和内吸性杀虫剂。

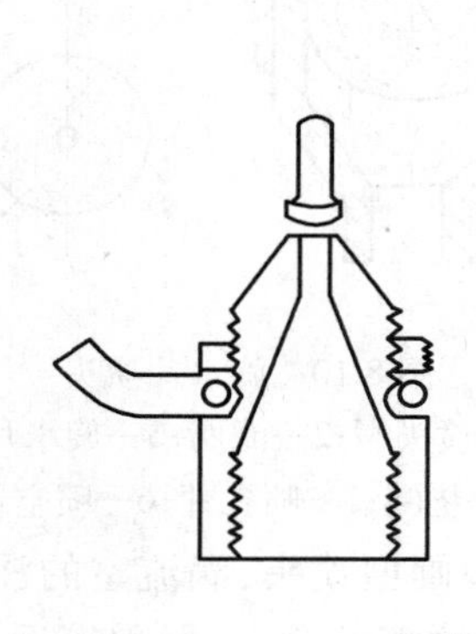

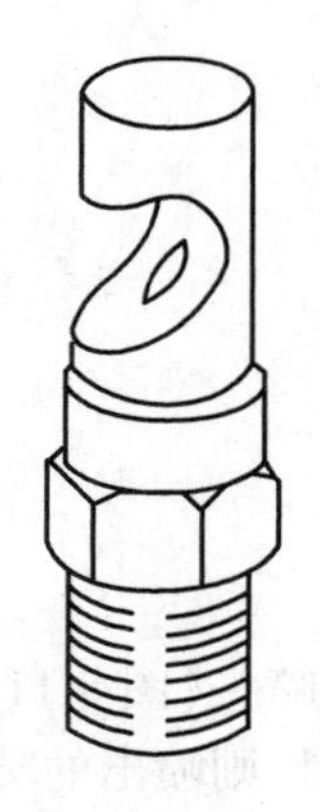

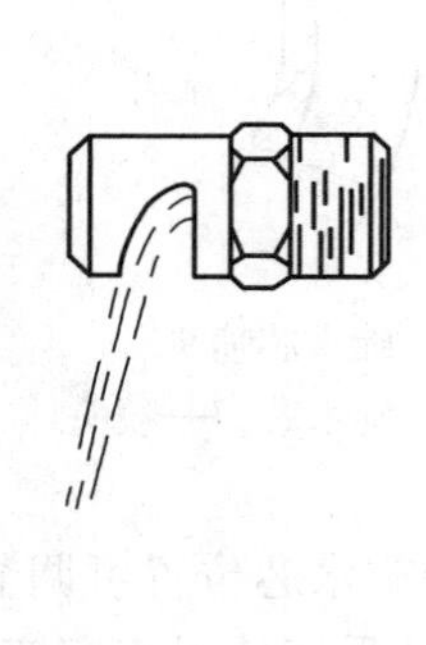

图 8.13　撞击式扇形雾喷头

影响液力喷头雾化性能的主要因素有喷头几何尺寸、工作压力及药液物理性质等。

喷头性能的主要指标是雾滴尺寸、雾化均匀度、射程、喷幅和喷量等。

2)气力式喷头

气力式喷头(图 8.14),在机动背负喷雾喷粉机上应用的比较多。

气力式喷头是利用高速气流和液流相互作用而使液流粉碎。在开始阶段,液流表面引起小的扰动,产生

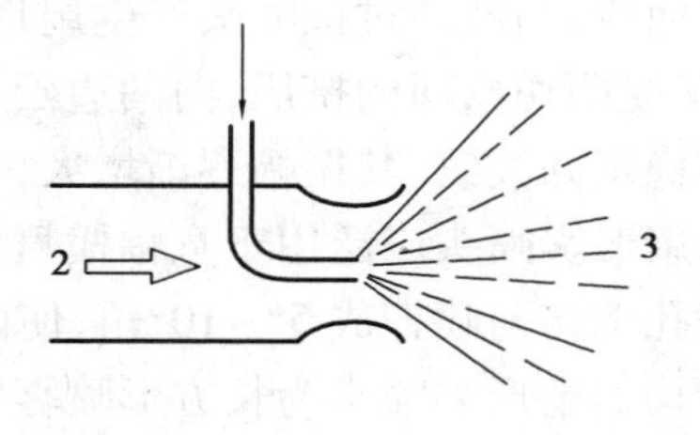

图 8.14　气力式喷头

1—药液;2—高速气流;3—雾滴

许多凸点和凹点,空气动力继续使这些点产生变形,把它们从主液流中拉出来而形成细线;细线进一步崩溃就形成雾滴。当气流速度增大到某一值时,细线一经形成便会立即形成雾滴。

液流喷头在气流喷管中的位置,液流流出相对于气流的方向都将影响气力喷头的喷雾性能。当液流方向与气流方向一致时,产生雾滴最粗;而液流方向逆着气流方向喷出,产生雾滴最细;液流垂直气流方向喷出雾滴直径介于上述两种方式之间。

3)离心喷头

离心喷头有转盘式离心喷头和转笼式离心喷头两大类,如图 8.15 所示,转盘式离心喷头在前面手持电动离心喷雾机已叙述了它的工作过程。转笼式离心喷头工作过程是药液通过喷头的药液入口进入,经过过滤器、节流板(控制流量)到空心轴,压缩滚珠、弹簧再通过偏转板,药液喷射到旋周抛出。金属纱网是由风翼带动旋转,改变风翼的角度就可调节金属纱网的旋转速度。当提高转盘或转笼转速,并适当控制流量时,若雾滴的体积中径在 80~120 μm 范围内,可运用这类喷头进行超低量喷雾。将液体注入转盘中央,液体受离心力作用,由转盘的边缘抛出并粉碎形成雾滴。

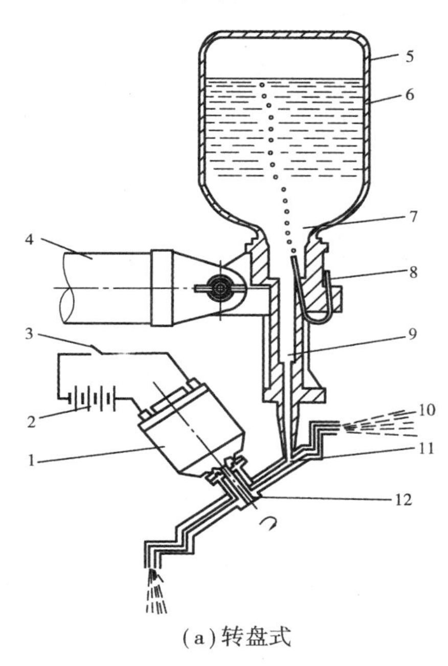

(a)转盘式

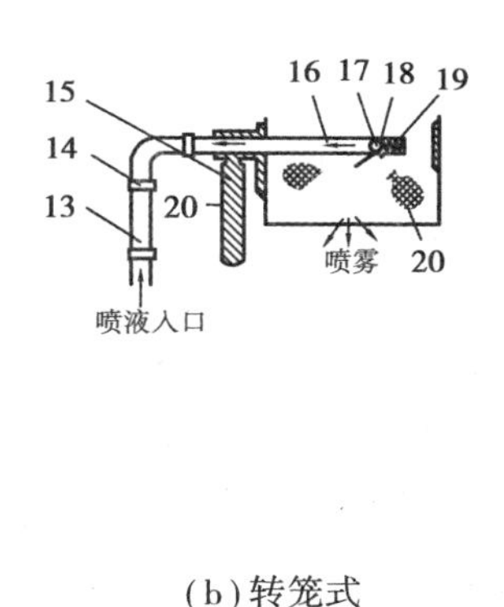

(b)转笼式

图 8.15　离心喷头

1—电动机;2—电池组;3—开关;4—把手;5—药液瓶;6—药液;7—空气泡;8—进气管;9—流量器;10—雾滴;11—药液入口;12—旋转盘;13—过滤器;14—节流板;15—风翼;16—空心轴;17—滚珠;18—偏转板;19—弹簧;20—金属纱网

8.2.2　喷洒装置

喷洒装置(图 8.16)由喷头、喷杆及喷杆架等组成。喷洒装置大多做成折叠式的,减小运输状态的幅宽。喷杆上可采用多种液力喷头。喷嘴的选择主要取决于喷洒的药液、需要的施药量、施药目标、喷雾图形、喷雾角以及雾滴大小。圆锥形雾喷头推荐用于杀虫剂和杀菌剂的叶丛喷雾,而扇形喷头适于土壤的表面处理。为了减少飘移,喷洒除草剂时压力较低,并且需要有一个防护器来保护作物。每一个喷头上都应装有防滴装置。

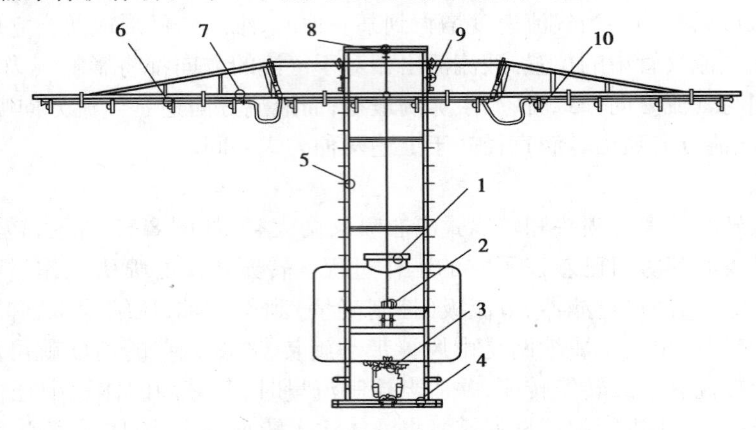

图 8.16 喷洒装置

1—机架;2—液泵;3—蜗轮蜗杆;4—药箱;5—升降装置;

6—喷杆桁架;7—旋转支架;8—滑轮组;9—安全销;10—喷头

大多数拖拉机悬挂喷雾机的喷杆采用水平喷杆,在喷杆上等距地安装着由上向下喷的喷头,如图 8.17 所示。为了某些作物叶子背面获得覆盖或对高植株作物中下部喷洒采用吊挂喷杆,如图 8.18 所示,药液可从侧面或向上喷洒。

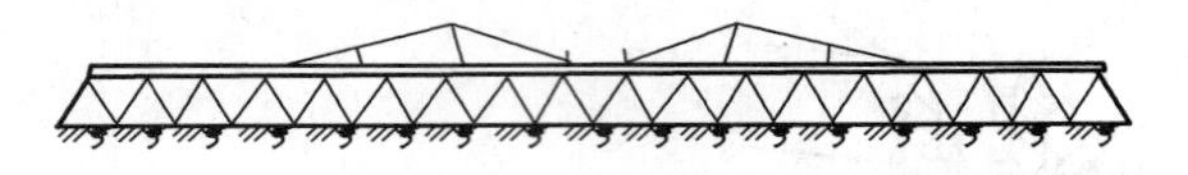

图 8.17 全面喷洒的水平喷杆

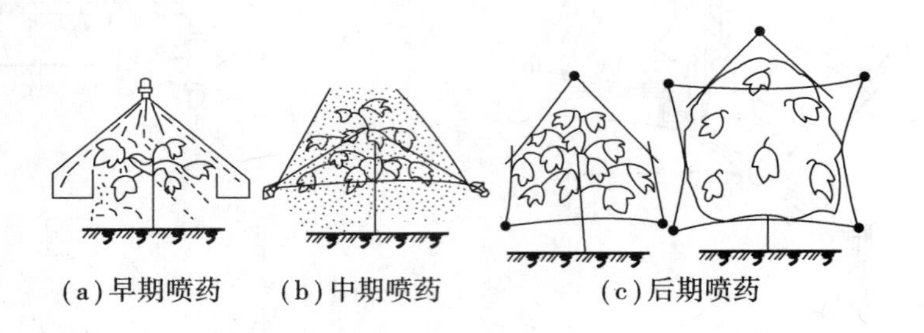

(a)早期喷药 (b)中期喷药 (c)后期喷药

图 8.18 对中耕作物喷雾

利用水平喷杆在行间喷洒除草剂时,使雾液尽量少地接触作物叶子,又要全面均匀喷洒到地面上,喷头配置如图 8.19 所示。

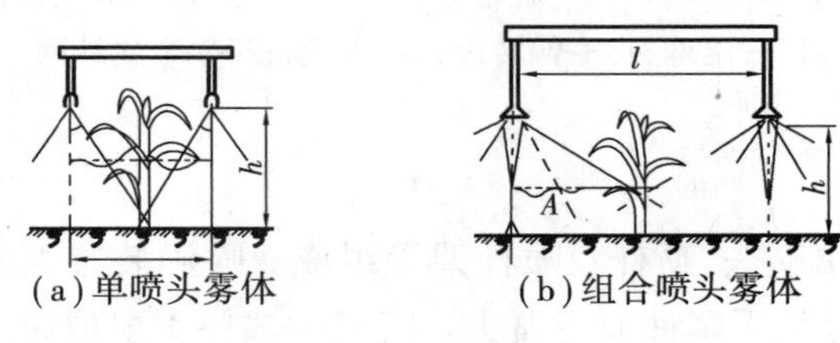

(a)单喷头雾体 (b)组合喷头雾体

图 8.19 行间喷除草剂

8.2.3　液泵

液泵是喷雾机的重要组成部分,其作用是将药液转换为高压药液,从而使高压药液克服管道阻力,通过喷头雾化而喷洒到农作物上。喷雾机常用的液泵有往复式和旋转式两大类。前者主要包括活塞泵、柱塞泵和隔膜泵,后者主要包括离心泵、滚子泵和齿轮泵等。其中往复泵应用最广。

对于一台喷雾机而言最好的泵是在经济的使用工作幅宽和需要的工作压力下,能提供希望喷雾量的泵。选择液泵的依据是所需液体的总流量(包括喷头和液力搅拌)、压力和药液的种类,尤其是后者影响泵的结构材料的选用。

(1)往复泵

往复泵有活塞泵和隔膜泵等几种类型。

1)活塞泵

活塞泵是喷雾机中使用较多的一种,工作原理是通过活塞的移动,利用缸筒容积的变化完成吸液和排液。有单缸、双缸和三缸等形式(图 8.20)。单缸活塞泵,如皮碗式活塞泵(图 8.21)和皮碗式气泵多用于手动喷雾机上。双缸和三缸泵多用于机动喷雾机。活塞泵具有较高的喷雾压力,要求活塞与缸筒之间的密封可靠,并且需要高效率的阀门来控制液体的流动。利用旁通阀(安全调压阀)来调节压力,并在液流切断时保护机器免受破坏。适合于高压作业,并可设计成泵送磨蚀性物质而不致过快磨损。容积效率高(大于 90%),转速可达 700~800 r/min。

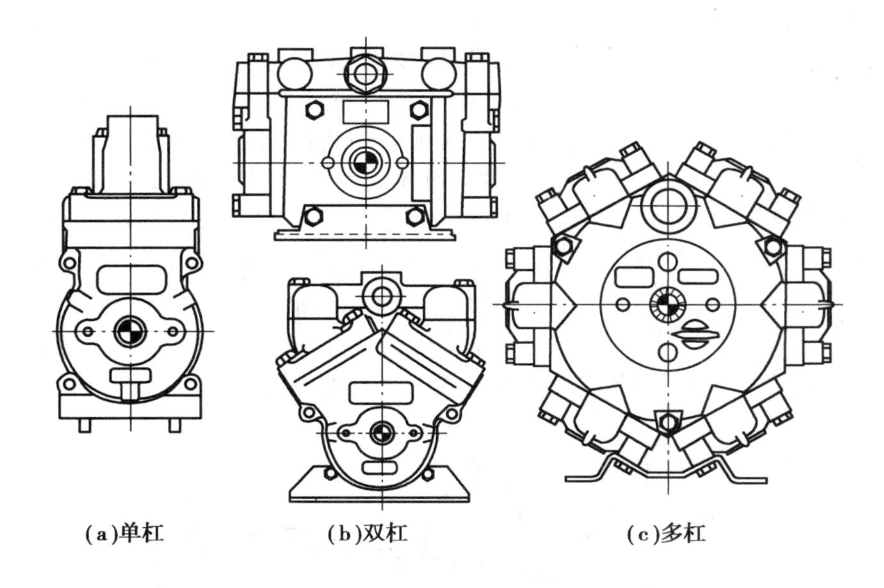

图 8.20　活塞泵的布置

活塞泵中的液体随曲柄回转一周,单缸泵便产生一次吸液和排液,流量是不均匀的,双缸和三缸泵比单缸好些,但需在喷雾管路上安装空气室,以减少压力的波动。

平均理论流量 Q(l/min)按下式计算:

$$Q = iFSn \times 10^{-6}$$

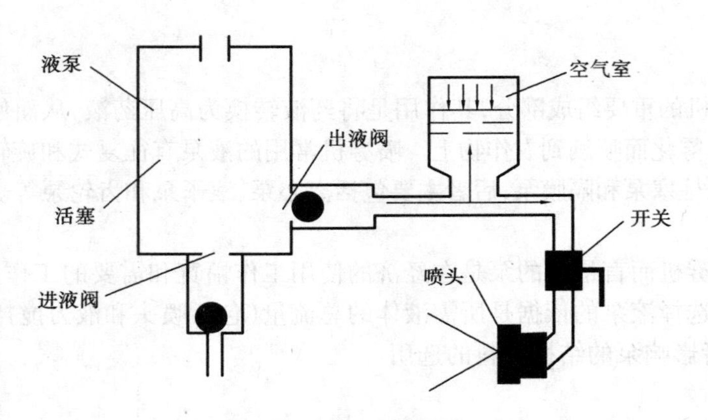

图 8.21　皮碗式活塞泵的应用

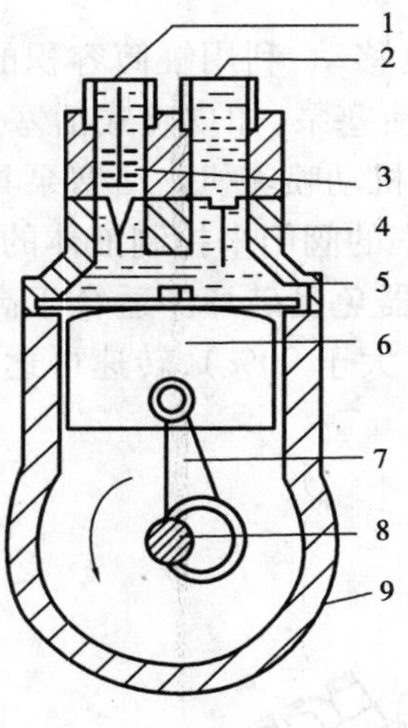

式中　F——对活塞泵而言为缸筒截面积(柱塞泵为柱塞截面积),mm^2;

i——缸数;

S——行程,mm;

n——泵的额定转速,r/min。

柱塞泵与活塞泵工作原理基本一致,只有结构上有些差别。柱塞不与缸筒内壁接触,仅在泵缸端部有一固定密封。

2)隔膜泵

隔膜泵由泵体、偏心轴、连杆、活塞、隔膜和进、出水阀组成,如图 8.22 所示。利用膜片往复运动达到吸液和排液作用。这种泵和药液接触的部件比活(柱)塞泵要少(运动件只有膜片和进、出水阀组),从而延长了机具的寿命。因此在机动喷雾机上得到广泛应用。该泵按结构可分为活塞隔膜泵和连杆强制隔膜泵(图 8.23)两类。

图 8.22　隔膜泵的结构

1—出口;2—进口;3—出水阀;4—进水阀;5—隔膜;6—活塞;7—连杆;8—偏心轴;9—泵体

隔膜泵有单缸、双缸和多缸,隔膜围绕着一个旋转的凸轮呈星形排列。当凸轮转动一圈时,凸轮就驱动每一个隔膜依次地作一个短行程的运动,从而产生一个较平稳的液流。

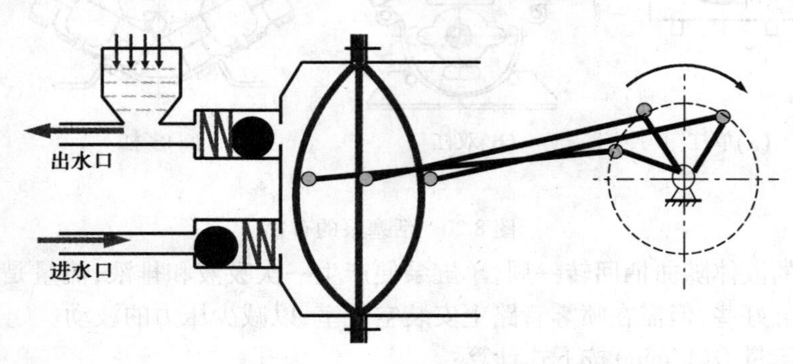

图 8.23　连杆强制隔膜泵

3)往复泵的空气室

在喷头之前都安装有空气室,是因为往复泵的工作过程只有吸液和排液过程,吸液时将液体排出,故其排液量是脉动的,和空气室配合使用可获得均匀的排液量。其工作原理是活塞在排液过程中,高压药液进入空气室,使空气室顶部的空气受到压缩,药液存起来,不至对喷头有过大的冲击压力。如图 8.24 所示,当活塞在吸液过程中,高压药液的压力显著下降时,空气室内的压缩空气膨胀,使药液从空气室内排出,对低压药液增压。因此,空气室具有稳定压力的作用,以保持喷雾机能够正常工作。

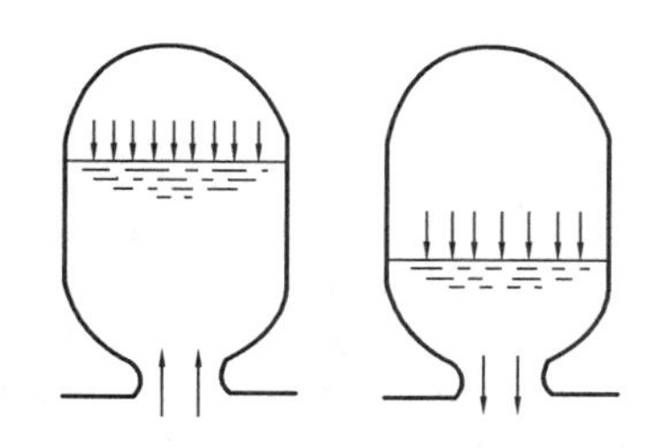

(a)活塞排液行程　(b)活塞吸液行程

图 8.24　空气室稳压示意图

(2)**旋转泵**

1)滚子泵

滚子泵由泵体、转子、滚子等组成(图 8.25)。在偏心泵体内,装有径向开槽的转子,每个槽内有一个滚子能径向移进移出。当转子高速旋转时,滚子在离心力的作用下,紧贴在泵体内壁上,形成密封的工作室。该室容积大小随转子转角不同而变化,当容积由小变大,药液被吸入,工作室容积由大变小,就会将药液压出。

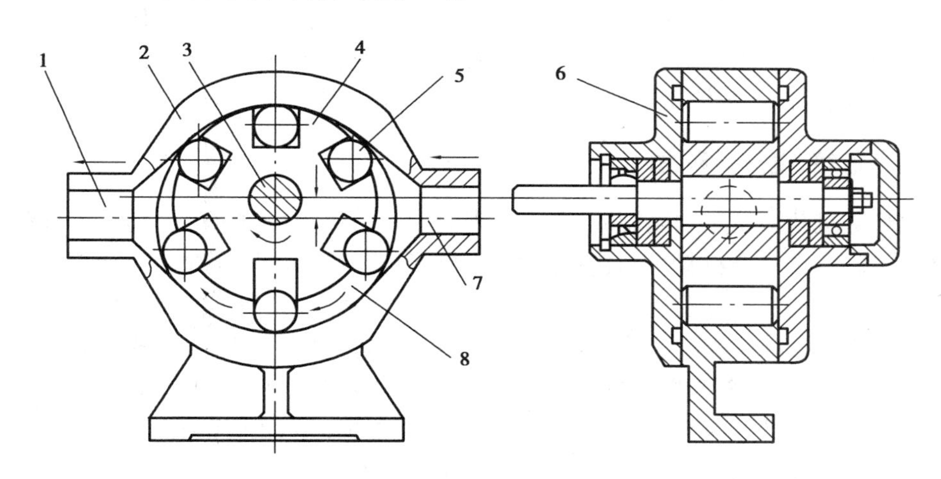

图 8.25　滚子泵

1—出液口;2—泵体;3—传动轴;4—转子;5—滚子;

6—端盖;7—进液口;8—工作室

滚子泵具有体积小,结构简单,价格低,使用维修方便等优点。泵体通常用铸铁或高镍铸铁制造,滚子用尼龙或聚四氟乙烯制成。滚子泵的排量在转速稳定时是均匀的,随着压力的提高,泄漏量增加,泵的排液量及效率相应减小。一旦端盖表面磨损,滚子与端盖表面之间间隙增大,压力和排量迅速下降。当压力在 1 000 kPa 以下,转速在 400~1 800 r/min 范围内,液泵就能够在较高的效率下工作。

2)离心泵

离心泵工作时,发动机经泵轴带动叶轮 1 旋转,蜗壳内的液体受到叶轮上许多弯曲的叶片作用而随之旋转,在离心力的作用下,液体沿叶片间流道,由叶轮中心甩向边缘再通过螺形泵壳(简称蜗壳)流向排出管。如图 8.26 所示。

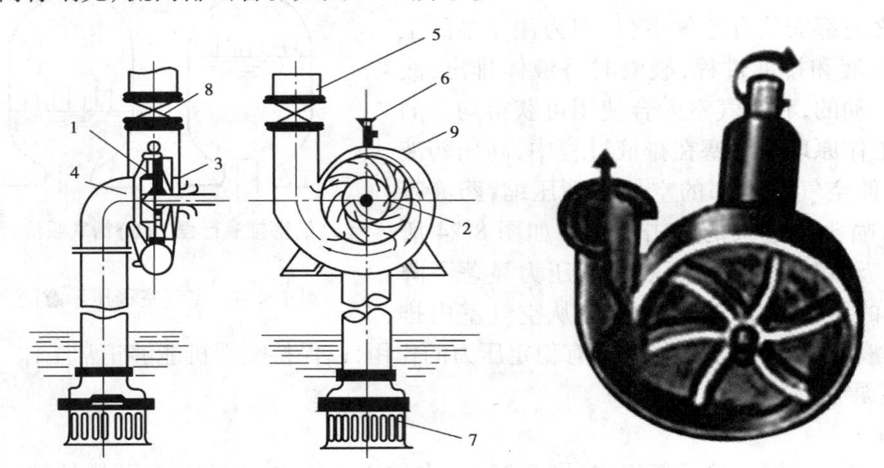

图 8.26 离心泵

1—叶轮;2—叶片;3、9—蜗壳;4—吸入口;5—排出管;6—漏斗;7—滤网和底阀;8—排出阀门

离心泵结构简单,容易制造。但其排量大,压力低,用于工作压力要求不高的场合,如喷灌机和喷施液肥等具有大喷量的喷头植保机具上,这种泵一般只在大型植保机具中作液力搅拌或向药液箱灌水用。由于离心泵不能自吸,所以将它安装在药液箱的下面或采用废气引水装置。离心泵在低压下,能输送带磨蚀性物质液体,工作可靠。

8.2.4 药液箱、搅拌器和滤网

大多数喷雾机药液箱用铁箱制成,在它的表面涂一层防腐蚀材料。目前的发展趋势是采用各种类型的高分子复合材料来制造药液箱,以提高药液箱的使用寿命。药液箱的容量可根据工作条件、喷洒幅宽、机器前进速度及配套动力等因素确定,其最小容量应保证机具不在田块中间添加药液。目前各类小型手动喷雾机药液箱容量为 0.5~1 L;背负式为 8~16 L;拖拉机悬挂式为 200~800 L;牵引式为 600~4 000 L。药箱上应当备有一个大的加液器,便于清洗和加液。在药液箱最低处应有一个放水孔和一个液位指标器。在底部有一个搅拌器,防止溶解性较差或完全不溶解的药液沉到箱底,或不使乳化剂中的油点悬浮到药液表面上来,保证喷洒的药液具有相同的浓度。

搅拌器有机械式、气力式和液力式三种。目前大多采用液力搅拌。

液力搅拌,可在喷管上开些小孔,药液从小孔中流出,在药液箱内形成循环,这种形式液流速度小。喷射式液流速度较高,但耗能量大,一些大型机具上可安装多个喷射头。

为了防止喷头在喷雾时被堵塞,对喷雾液进行过滤是必要的。在药液箱加液口设置一个可拆卸的 12~16 目的粗滤网,在药液箱和泵之间设置一个 16 目的大表面积过滤器,在泵和喷头的管道内安装一个 20 目的较小尺寸的过滤器。喷雾机上采用黄铜丝编织的或由黄铜皮冲压成的滤网,防腐蚀和锈蚀。

8.2.5 喷头防滴漏装置

现代喷雾机必须考虑的问题是防止药液滴漏。防滴漏装置的作用是当喷雾机停止喷雾

时,即可迅速切断雾流,并且不使药液从喷嘴中滴漏下来,这对于喷施浓度较高的杀虫剂及化学除草剂避免引起药害及环境污染非常重要。

目前应用较多的防滴漏装置有阀式与文丘里管式两种。具体结构如图 8.27 所示。

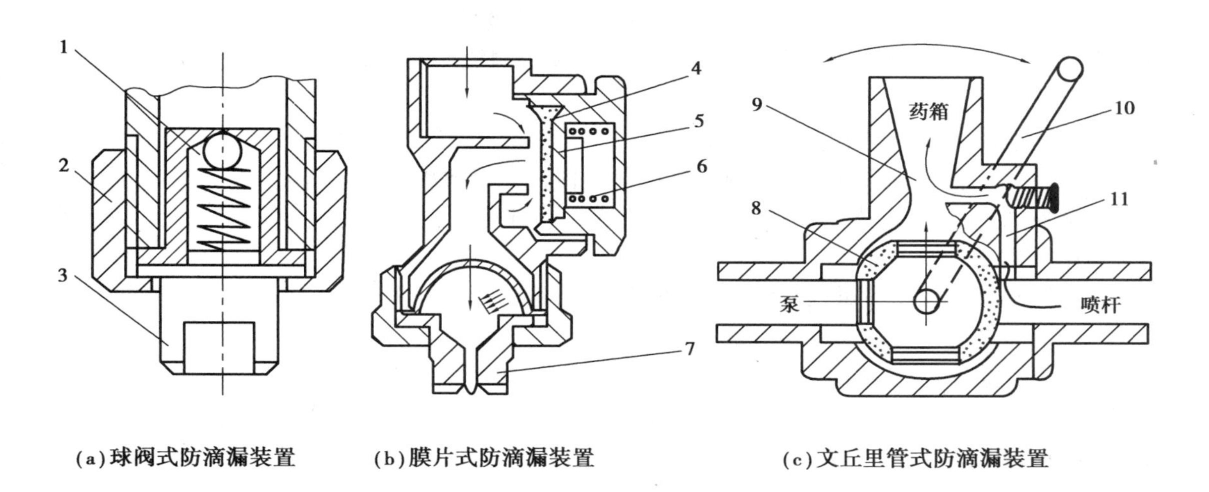

(a)球阀式防滴漏装置　(b)膜片式防滴漏装置　(c)文丘里管式防滴漏装置

图 8.27　喷头防滴漏装置

1—球阀;2—喷嘴帽;3,7—喷嘴;4—橡胶膜片;5—阀片;6—弹簧;8—三通阀;9—文丘里管;10—阀柄;11—回吸管

8.3　机动喷雾机的使用与保养

8.3.1　机动喷雾机的正确使用

机动喷雾机的正确使用包括以下方面:

①按说明书正确安装机动喷雾机零部件,安装完成后,需先用清水试喷,检查是否有滴漏和跑气现象。

②在使用时,要先加三分之一的水,再倒药剂,再加水达到药液浓度要求,加液时注意不要过急过满,液面不能超过安全水位线以免从过滤网出气口处溢进风机壳内;所加药液必须干净,以免喷嘴堵塞;加药液后药液箱盖一定要盖紧,加药液可以不停车,但发动机要处于低速运转状态。

③初次装药液时,由于喷杆内含有清水,在试喷雾 2~3 min 后,正式开始使用。

④新机磨合要达 24 h 以后方可负荷工作。

⑤工作完毕,应及时倒出桶内残留的药液,然后用清水清洗干净。

⑥机油的正确使用:目前常用的机动喷雾机均使用混合油,机油最好使用二冲程专用机油,混合此例为 15:1~20:1,也可以用一般汽车用机油代替,夏季采用 12 号机油,冬季采用 6 号机油,严禁使用拖拉机油底壳中的油。

⑦加油时必须停机,注意防火。

⑧启动后和停机前必须空载低速运转 3~5 min,严禁空载大油门高速运转和突然停机。

⑨机器背上背后,调整手油门开关使发动机稳定在额定转速(可以听发动机工作声音,发出呜呜的声音时,一般此时转速就基本达到额定转速了)。然后开启手把药液开关,使转芯手把朝着喷头方向,以预定的速度和路线进行作业。

⑩若短期内不使用机动喷雾机,应将燃油及润滑油倒净,并及时清洗油路,同时将机具外部擦干装好,置于阴凉干燥处存放。若长期不用,应先润滑活动部件,防止生锈,并及时对其进行封存。

⑪喷药液时应注意以下几点:

一是开关开启后,随即用手摆动喷管,严禁停留在一处喷洒,以防引起药害;

二是喷洒过程中,左右摆动喷管,以增加喷幅,前进速度与摆动速度应适当配合,以防漏喷影响作业质量;

三是控制单位面积喷量,除用行进速度调节外,移动药液开关转芯角度,改变通道截面积也可以调节喷量大小;

四是喷洒灌木丛时(如茶树),可将弯管口朝下,以防药液向上飞扬;

五是由于喷雾雾粒极细,不易观察喷洒情况,一般情况下,只要叶片被喷管风速吹动,证明雾点就达到了。

8.3.2 机动喷雾机的安全作业

机动喷雾机的安全作业包括:

①夏季晴天中午前后,有较大的上升气流,不能进行喷药。

②下雨或作物上有露水时不能进行喷药,以免影响防治效果。

③剧毒农药不能用于喷雾,以防操作人员中毒,发现农药对作物有药害时,应立即停止喷药。

④作业中发现机器运转不正常或其他故障现象时,应立即停机检查,待正常后继续工作。

⑤在喷药过程中,不准吸烟、进食。

⑥喷药结束后必须用肥皂洗净手、脸,并及时更换衣服。

8.3.3 机动喷雾机的常见故障及排除方法

故障一:机动喷雾机不能启动或启动困难

①如果油箱内无燃油,加注燃油即可。

②如果油路不畅通,应及时清理油道。

③如燃油太脏,油中有水等杂质时,要更换燃油。

④如果发生气缸内进油过多现象,应拆下火花塞空转数圈并将火花塞擦干即可。

⑤火花塞不跳火,积炭过多或绝缘体被击穿,应及时清除积炭或更新绝缘体。

⑥火花塞、白金间隙调整不当,也会产生不能启动现象,应重新调整。白金上有油污或烧坏,清除油污或打磨烧坏部位即可。

⑦电容器击穿,高压导线破损或脱解,高压线圈击穿等,要修复更新,更换高压导线时要注意用电安全。

⑧火花塞未拧紧、曲轴箱体漏气、缸垫烧坏等,应紧固有关部件或更新缸垫。

⑨曲轴箱两端自紧油封磨损严重,应更换。

⑩不要忽视主风阀未打开这些常见问题,若未打开,打开即可排除故障。

故障二:机动喷雾机工作时功率不足

①加速即熄火或转速下降,一般是因为主量孔堵塞,供油不足造成的。疏通主量孔、清洗油路后可排除故障。

②加不起油,排烟很淡,汽化器倒喷严重,一般是由消音器积炭或混合汽油过稀造成的,需清除消音器积炭或调整油针。

③高压线脱落也会导致工作时功率不足,重新接好并固定高压线即可排除故障。

故障三:机动喷雾机运转不平稳

①爆燃有敲击声,是发动机发热造成的,需停机待发动机冷却后再运行,应避免长期高速运转。

②发动机断火,一般是因为浮子室有水和沉积机油造成的,需清洗浮子室;燃油中混有水也可能造成发动机断火,如果遇到这种问题应及时更换燃油。

故障四:机动喷雾机运转中突然熄火

①燃油用尽,要及时加油。

②火花塞积炭短路不能跳火导致发动机熄火,清除火花塞积炭,可避免机动喷雾机运转中突然熄火。

8.3.4　机动喷雾机的保养

(1)日常保养

每次工作完毕后的保养:

①药液箱内不得残存剩余粉剂或药液。

②及时清理机器表面油污和灰尘。

③用清水洗刷药液箱,尤其是橡胶件。切勿用水冲刷汽油机。

④检查各连接处是否有漏水、滑油现象,并在发现问题后及时排除。

⑤检查各部螺丝是否有松动、丢失现象,如有松动、丢失现象,必须及时旋紧和补齐。

⑥喷施粉剂时,要每天清洗汽化器、空气滤清器。

⑦保养后的机器应放在干燥通风处,切勿靠近火源,应避免日晒。

⑧长薄膜塑料管内不得存粉,拆卸之前应使喷雾机空机运转 1~2 min,借助喷管之风力将长管内残粉吹尽。

(2)长期保养

机动喷雾机器农闲长期存放时,要做好以下保养措施:

①药箱内残留的药液、药粉,会对药箱、进气塞和挡风板部件产生腐蚀,缩短其寿命,因此要认真清洗干净。

②汽化器沉淀杯中不能残留汽油,以免油针、卡簧等部件遭到腐蚀。

③务必放尽油箱内的汽油,以避免不慎起火,同时也防止了汽油挥发污染空气。

④用木片刮火花塞、气缸盖、活塞等部件和积炭。刮除后用润滑剂涂抹,以免锈蚀,同时检查有关部位,应修理的一同修理。

⑤清除机体外部尘土及油污,脱漆部位要涂黄油防锈或重新油漆。

⑥存放地点要干燥通风,远离火源,以免橡胶件、塑料件过热变质。但温度也不得低于 0 ℃,避免橡胶件和塑料因温度过低而变硬或老化加速。

8.4 背负式喷雾机的使用与维护

8.4.1 背负式喷雾机的使用与维护

背负式喷雾机的使用与维护包括：

①正确安装喷雾机零部件，检查各连接处是否有漏气现象，使用时，先加装清水试喷，然后再装药剂。

②正式使用时，要先加药剂后加水，药液的液面不能超过安全水位线。喷药前，先扳动摇杆10余次，使桶内气压上升到工作压力。扳动摇杆时不能过分用力，以防气室爆炸。

③初次装药液时，由于气室及喷杆内含有清水，在喷雾起初的2~3 min内所喷出的药液浓度较低，所以应注意补喷，以免影响病虫害的防治效果。

④工作完毕，应及时倒出桶内残留的药液，并用清水洗净倒干，同时，检查气室内有无积水，如有积水，要拆下水接头放出积水。

⑤若短期内不使用喷雾机，应将主要零部件清洗干净，擦干装好，置于阴凉干燥处存放。若长期不用，则要将各个金属零部件涂上黄油，防止金属零部件锈蚀。

8.4.2 背负式喷雾机在使用中常出现的故障及排除方法

故障一：喷雾压力不足，雾化不良

若因进水球阀被污物搁起，可拆下进水阀，用布清除污物；若因皮碗破损，可更换新皮碗；若因连接部位未装密封圈，或因密封圈损坏而漏气，可加装或更换密封圈。

故障二：喷不成雾

若因喷头体的斜孔被污物堵塞，可疏通斜孔；若因喷孔堵塞可拆开清洗喷孔，但不可使用铁丝或铜针等硬物捅喷孔，防止孔眼扩大，使喷雾质量变差；若因套管内滤网堵塞或过水阀小球搁起，应清洗滤网及搁起小球上的污物。

故障三：开关漏水或拧不动

若因开关帽未拧紧，应旋紧开关帽；若因开关芯上的垫圈磨损，应更换垫圈；开关拧不动，原因是放置较久，或使用过久，开关芯因药剂的侵蚀而黏结住，应拆下零件后将其置于煤油或柴油中清洗，拆下有困难时，可在煤油中浸泡一段时间，再拆卸即可拆下，切勿用硬物敲打。

故障四：各连接部位漏水

若因接头松动，应旋紧螺母；若因垫圈未放平或破损，应将垫圈放平，或更换垫圈；若因垫圈干缩硬化，可在动物油中浸软后再使用。

8.5 电动喷雾机的使用与保养

电动喷雾机由贮液桶经滤网、连接头、抽吸器（小型电动泵）、连接管、喷管、喷头依次连接连通构成，抽吸器是一个小型电动泵，它通过开关与电池电连接，电池盒装于贮液桶底部，贮液桶可制成带有沉下的装电池的凹槽,电动喷雾机的优点是取消了抽吸式吸筒,从而有效地消除了农药外滤伤害操作者的弊病,且电动泵压力比手动吸筒压力大,增大了喷洒距离和范围。雾化效果好,省时、省力、省药。

8.5.1 电动喷雾机的正确使用

电动喷机的正确使用包括以下几点:

①充电:购机后立即充电,将电瓶充满电。因为电瓶出厂前只有部分电量,待电量完全充满后方可使用。一般充电时间为 5~8 h。充电器具有过充电保护功能充满后自动断电。充电时,必须使用专用的充电器,与 220 V 电源连接。充电器红灯亮时,表示正在充电。当充电器变为绿灯亮时,表示充电基本完成,但此时电量未完全充满,需要再充 1~2 h 才能真正充满。

②每次使用完后立即充电,有利于延长电瓶的寿命。

③农闲时喷雾机长时间不用,一般 2~3 月充一次电,保证电瓶不亏电,以延长电瓶的寿命。

④配有单喷头、双喷头的电动喷雾机,使用时根据作物的不同,选用不同的喷头。例如:高 1.2 m 的棉花,一次可以喷 4~6 行;小麦、水稻一次可以喷 6~8 m;喷果树,也可以利用大水罐放在地上,配 20~30 m 的长水管喷药,本身喷的水雾可以高达 7~8 m,把喷杆加长后,可以喷到十几米以上。

⑤有些机器的底座,安装有活门。如果喷施面积较大,可以另备一只电瓶或选用更大容量的电瓶,需要更换电瓶时,打开活门就可以完成更换。

⑥必须使用清洁水,添加药液时必须使用本机配有的专用过滤网滤掉杂质以免堵塞喷头。

8.5.2 电动喷雾机的保养

为延长电动喷雾机的使用年限,更好地使农药发挥作用,提高防治效率喷雾机,保养好电动是很必要的。保养需要注意以下几点:

①充电,经常充电,要保证蓄电池留有一定的电量,不然就会亏电。经常是电瓶有电,即一到两月充一次电可使电瓶生命达五年而不减。

②加水,加水并不简单,加干净水会使喷雾机使用长久,减少维修。但要记得加水要慢慢加,以免水没电路而影响工作。

③清洗,加清水接通电动喷雾机将清水喷出去,可减少农药对水泵的腐蚀。

第 9 章 喷粉机的类型、构造、使用及维护

喷粉技术是低浓度的农药粉剂被机械产生的风力吹散,在空中飘扬,再沉积到作物和防治对象上的施药方法。喷粉法是一种比较简单的农药使用技术,曾经是农药使用的主要方法。

喷粉法的主要优点是操作简单、使用方便,工效可以达到喷雾法的 10 倍以上;能在短期内迅速地控制病虫害的发生和蔓延;粉粒在作物上沉积分布比较均匀;不需用水,在干旱、缺水的地区更具有应用价值。

喷粉法的主要缺点是喷粉时漂移的粉粒容易造成环境污染,因此在更加注重环境保护的今天,喷粉法的使用范围受到了限制,尤其是粉粒飘移最为严重的飞机喷粉技术更是受到了严格限制。

目前在封闭的温室、大棚,郁闭度高的果园、森林、高秆作物、生长后期的水稻田和棉田,喷粉法仍然是较好的施药方法。在大面积水生植物(如芦苇)、辽阔的草原、滋生蝗虫的荒滩等区域较多地使用飞机喷粉。

9.1 喷粉法的技术原理

9.1.1 粉剂的粉粒结构与运动特性

(1)粉剂的粉粒结构

粉剂的粉粒是不规则的固体颗粒,固态农药有效成分和粉剂加工所用的惰性物质(或载体),有结晶状的多菌灵、杀虫单、百菌清等,有无定型的蒙脱石、硅藻土等,也有片状的滑石粉等。但经过机械粉碎加工后,都变成不规则的微小颗粒。

(2)粉剂的粉粒运动特性

粉粒的运动与液态药剂的球形雾滴的运动有很大的差别,雾滴运动时由于液滴球形表面的流线型特征使它受空气的阻力相对较小,所以不规则表面的粉粒与同样大小的雾滴相比,受空气阻力较大,沉降非常缓慢。

同时,粉粒在空气中运动时由于不规则表面受力不均匀,在空气中发生飘翔效应和粉粒

翻转现象，在空气中飘悬时间较长，使其沉降时间远远超过同等大小的雾滴，这是喷粉法的最基本特征。

9.1.2 喷粉技术的工作原理

(1)絮结现象

包装状态下的粉剂，粉粒之间有一种絮结现象，粉粒越细，絮结现象越严重。

絮结程度与粉粒的理化性质有关，例如粉粒表面的构造、吸附能力和静电现象等。惰性载体硅藻土的絮结程度比较小，只有2~3个粉粒，滑石粉为3~4个粉粒，高岭土约有60个粉粒，蒙脱土则高达200个左右的粉粒。

载体与农药混合以后，絮结度一般都会有显著提高。这也同农药的种类有关，黏结性比较强和容易产生电离现象的农药粉剂絮结度比较高。另外，粉剂的含水量也是影响絮结度的重要因素，含水量越高絮结情况越严重。絮结度还和药粉剂的加工方法相关，包覆粉剂(即农药包覆在载体颗粒的表面上)的絮结度比较高，机械混合粉剂的絮结度比较低。

粉粒絮结现象不利于粉粒分散分布，影响粉剂的沉积分布均匀性，因此，在喷撒粉剂时必须设法消除或减轻絮结现象。

(2)喷粉的技术原理

喷粉时有效的方法就是利用一定强度的气流把絮结的粉剂团粒吹散，所以各种喷粉器械都必须有气流发生装置。以手动喷粉器为例，喷粉口的风速要求在12 m/s左右，才能有效地吹散粉粒，该气流是通过一组齿轮传动来提高叶轮的转速实现的。

(3)粉粒沉积的特点

粉粒的沉积分布比较均匀，因为粉粒沉降比较缓慢，粉粒的飘翔效应使粉粒在空中能够比较均匀地分散开，因此，粉粒在空中形成了比较均匀的“固/气”分散体系，沉降到目标物表面上也就比较均匀。喷粉时必须避免进行近距离针对性喷撒，如果直接对准作物喷撒，由于粉粒尚未分散开便随高速气流喷向靶标，很难沉积均匀，容易发生药粉在靶标上局部堆积的不均匀沉积现象。

(4)粉粒细度要求

喷粉法喷出的药粉，沉积到靶标(作物、虫体或菌体等)上，需要粉粒在靶标表面形成一层均匀地分布覆盖，才有利于发挥作用。直接影响粉粒分布均匀度的因素主要是粉粒的细度，相同重量的粉粒，粒子越细数量就越多，在靶标表面覆盖的面积就会越大并且容易覆盖均匀。

粉粒对叶片或病虫体的附着力强，一般说5~10 μm的粉粒对害虫的附着力较好，大于15 μm的粉粒附着力显著下降，粗大的粉粒几乎不能在叶面上停留、容易脱落。

一般害虫的咽喉直径只有数十微米，细小的粉粒更容易被害虫取食，吃进消化道也易于溶解吸收而发生毒效作用。试验表明，大于37 μm的粉粒几乎没有防病效果，平均粒径18 μm粉粒的防效比27 μm粉粒的防效高4倍。

但是喷粉用的粉剂太细，在喷撒过程中容易受气流的影响而在空中飘浮，飞机喷粉时粉粒飘移现象尤为严重。所以露地作物喷粉和保护与温室大棚内喷粉的操作要求是有差别的。保护地棚室内喷粉，不存在粉粒飘移问题，粉粒细度越小越好，通常选择细度在10 μm以下的粉剂；而对于露地环境喷粉，粉剂的细度则要求适中，一般为10~20 μm。

9.2　喷粉机的类型及工作原理

喷粉机按动力不同分为手动、动力、拖拉机牵引和悬挂喷粉装置,其中,手动式又称“喷粉器”,机动式又称“喷粉机”。

按照喷粉时药粉是否通过风机,又分为射流式喷粉机和离心式喷粉机,其中射流式喷粉机药粉不通过风机,离心式喷粉机药粉通过风机。射流式喷粉机有担架式、悬挂式和迷雾喷粉机;离心式喷粉机有拖拉机悬挂式和背负手摇式等。

9.2.1　手动喷粉器

手动喷粉器是一种由人力驱动的风机产生气流来喷撒粉剂的机具,它结构简单、操作方便,功效比手动喷雾器高。在20世纪80年代以前,手动喷粉器曾经是我国使用最多的施药器械,当时手动喷粉器的年产量高达800多万架,六六六粉剂当时是我国农药中产量最大的品种,其产量一度占全国农药总产量的80%左右。

手动喷粉器根据操作者的携带方式有胸挂式和背负式两类。按风机的操作方式分为横摇式、立摇式和揿压式。其基本型号有:丰收-5型胸挂式手动喷粉器、LY-4型胸挂式立摇手动喷粉器和3FL-12型背负式揿压喷粉器。

(1)丰收-5型胸挂式手动喷粉器的构造与工作原理

丰收-5型胸挂式手动喷粉器采用卧式圆桶形结构,由药粉桶、搅拌器、齿轮箱、风机及喷撒部件等组成。作业时手柄绕水平轴旋转。桶身内由左至右依次设置着搅拌器、松粉盘、开关盘、风机和齿轮箱,如图9.1所示。搅拌器用来松动和推送桶内的粉剂。松粉盘作用是使粉剂松动。搅拌器和松粉盘与手柄固定在同一根轴上,转速和手柄相同。开关盘固定在桶身内,盘上有一个可以滑转的开关片,盘和片上各有六个圆孔,扳动开关片上的蝶形螺母就可以改变出粉孔的大小,调节出粉量。风机为离心式,风机壳与桶身合一,由齿轮带动。风机产生高速气流,吹送粉剂。齿轮箱中共有三对圆柱齿轮,增速比为49.2。

工作原理:当手柄以额定转速36 r/min转动并经过齿轮箱增速后,叶轮会连续地以1 780 r/min旋转,产生高速气流,同时搅拌器把药粉向松粉盘推送,从松粉盘边缘的缺口到达开关盘处,经开关盘上的出粉孔吸入风机内并随高速气流一起经喷粉头喷向作物。

(2)LY-4型胸挂式立摇手动喷粉器

立摇式喷粉器的特点是筒身竖直,手柄在筒身上方,绕垂直轴转动,在对较高作物(如棉花、油菜等)喷粉时,手柄不会缠绕、损伤植株。

喷粉器筒身的上部装有齿轮箱,下部安装风机。粉箱与筒身的中部成一体,粉箱底部成倒圆锥形,以便于粉剂流动。风机转动轴从粉箱中央穿过,同时起到疏松粉剂、防止药粉架空的作用。输粉器装在风机转动轴上,与粉箱底部保持一定间隙,粉门开关安装在粉箱底部,移动开关手柄,可以改变出粉口的大小,调节喷粉量,如图9.2所示。

喷粉器筒身中部8个风机进风孔,筒身上部和下部安装有上、下支撑架和背带扣。风机形式和丰收-5型相似,叶轮上有9个直叶片,整体注塑而成。齿轮箱有四级传动齿轮,增速比为47.14。

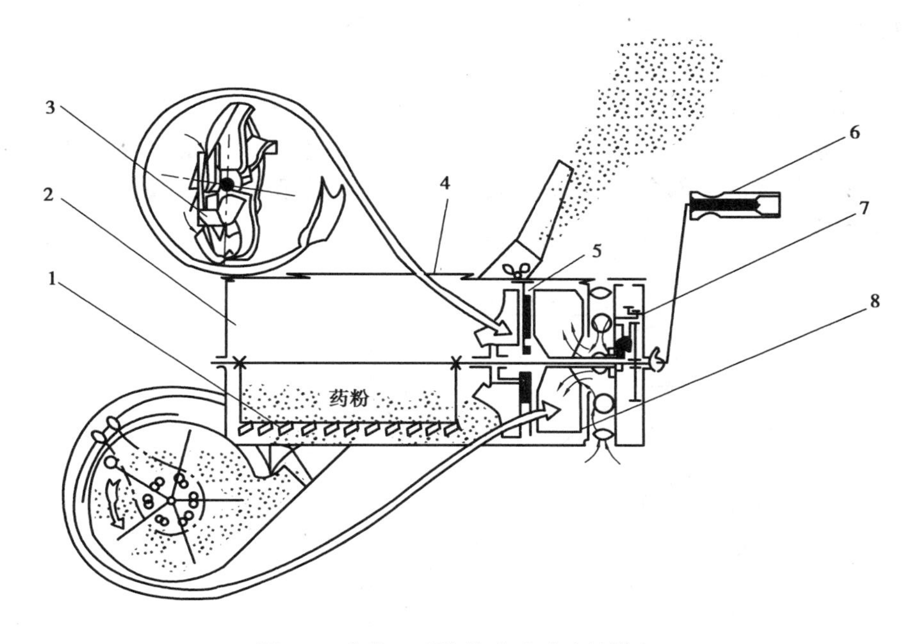

图 9.1　丰收-5 型胸挂式手动喷粉器

1—搅拌器;2—药粉桶;3—松粉盘;4—桶盖;5—开关盘;6—手柄;7—齿轮箱;8—风机

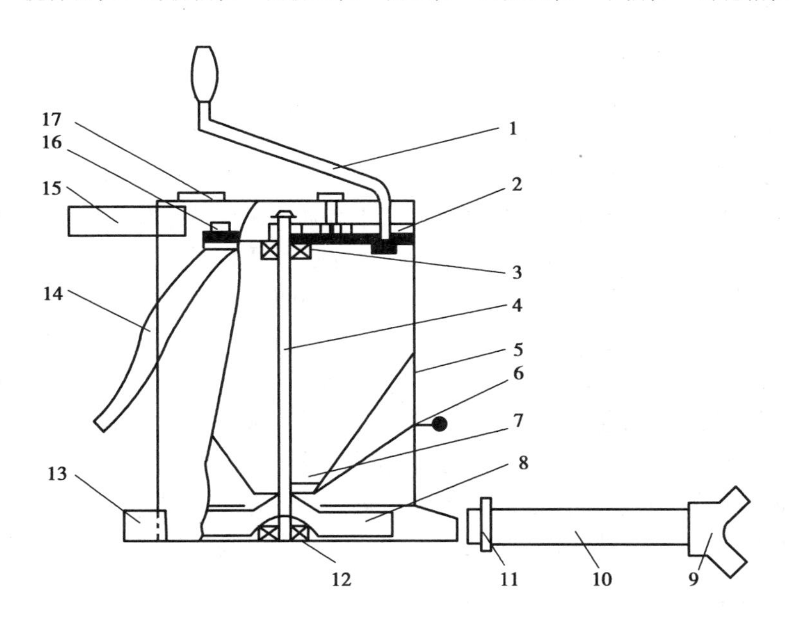

图 9.2　LY-4 型胸挂式立摇手动喷粉器

1—手柄;2—齿轮;3—上轴承;4—风机转动轴;5—筒身;6 粉门开关;
7—输粉器;8—风机叶轮;9—V 形喷粉头;10—喷粉管;11—卡簧;12—下轴承;
13—下支撑;14—背带;15—上支撑;16—背带扣;17—加粉盖

工作原理:工作时顺时针转动手柄,通过四级齿轮增速,带动风机叶轮高速转动,当手柄以 35 r/rain 转动时,叶轮转速达 1 650 r/min,风机出口将产生 12 m/s 的高速气流,打开粉门开关,药粉经出粉孔被吸入风机内并随高速气流一起经喷粉头喷向作物。

(3)3FL-12 型背负式揿压喷粉器

3FL-12 型背负式揿压喷粉器,如图 9.3 所示,是立式圆桶形,桶身的上方设置底部成倒圆锥形的粉箱。粉箱内有搅拌杆,由手柄通过连杆带动它在粉箱内部前后摆动,使药粉下落,防止架空。风机叶轮轴的上部穿过粉箱底部的中心孔进入粉箱,轴端安装着输粉器。粉箱底部出粉口的下面安装有粉门开关,用来调节喷粉量。

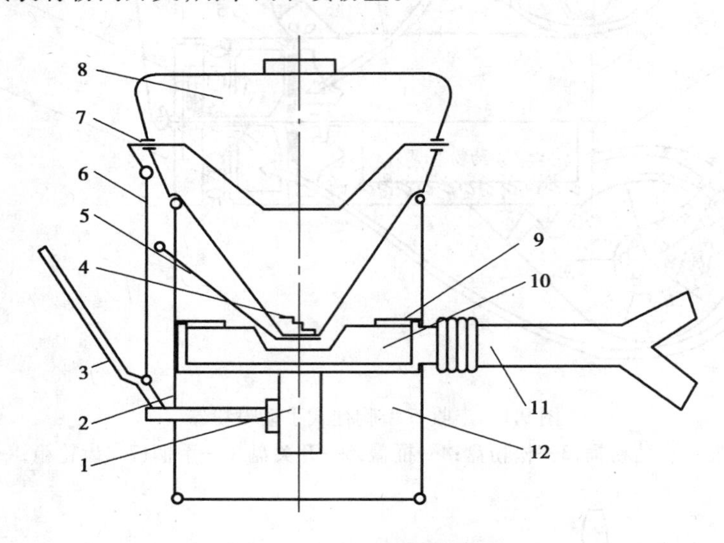

图 9.3 3FL-12 型背负式揿压喷粉器

1—齿轮箱;2—固定套;3—手柄;4—输粉器;5—粉门开关;6—连杆;
7—搅拌杆;8—粉箱;9—风机上盖板;10—风机叶轮;11—喷洒部件;12—筒身

风机在桶身的中部,由叶轮和上、下盖板组成,下盖板与桶身做成一体,风机本身不带风机壳,由桶身作为风机蜗壳,在风机蜗壳起始端处设一隔舌,用以减少风压损失。齿轮箱由一对斜齿轮、一对直齿轮、齿轮箱壳、齿轮箱盖和叶轮轴等组成。齿轮箱的特点是:小斜齿轮滑套在叶轮轴上,齿轮的下端面上有斜面,可与叶轮轴上的销钉接合或分离,带动叶轮转动或在叶轮轴上空转。当手柄以 45 次/min 的速度工作时,叶轮空载转速可达 2 745 r/min。

工作原理:当下压手柄时,通过两级齿轮增速,由最后一级小斜齿轮通过叶轮轴上销钉带动叶轮轴和叶轮一起转动;当向上抬起手柄时,齿轮的旋转方向改变,小斜齿轮与叶轮轴上的销钉脱开,叶轮轴和叶轮一起靠惯性继续原方向旋转,而小斜齿轮则在轴上空转。再次下压手柄时,又带动叶轮转动,于是叶轮能以高速连续地旋转,产生高速气流,喷洒药粉。

9.2.2 机动式喷粉机

机动式喷粉机进行喷粉作业时,需拆下输液管,换上出粉管,并将吹粉管装在药箱内的进气胶塞上,再将喷嘴拆掉。

(1)弥雾喷粉机

弥雾喷粉机(图 9.4)由汽油机带动风机叶轮旋转, 大部分高速气流经风机出口流经喷管 6 吹出,而少量气流经出风筒 3 进入吹粉管 4,然后由吹粉管上的小孔吹出,使粉箱中的药粉松散,以粉气混合状态吹向粉门体。由于弯头 9 下粉口处有负压,将粉剂吸到弯头内。这时粉剂被从风机出来的高速气流，通过喷管 6 吹向远方，如图 9.4 所示。粉箱内吹粉管上部的粉剂由于汽油机的振动，不断落下被吹粉管出来的气流吹向粉门。

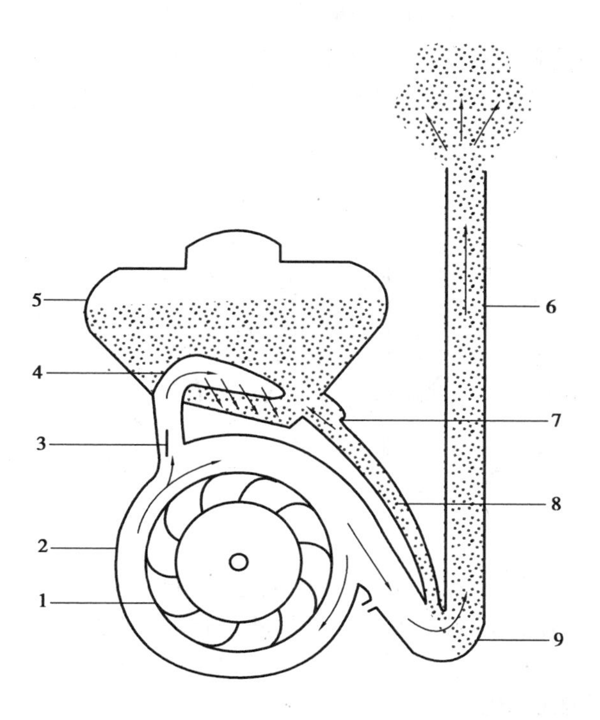

图 9.4　背负式弥雾喷粉机

1—叶轮组件；2—风机壳；3—出风筒；4—吹粉管；5 粉箱；6—喷管；7—粉门体；8—输粉管；9—弯头

(2)**担架式射流喷粉机**

担架式喷粉机是一种由小动力带动的喷粉机，其结构如图 9.5 所示。采用离心式风机，其

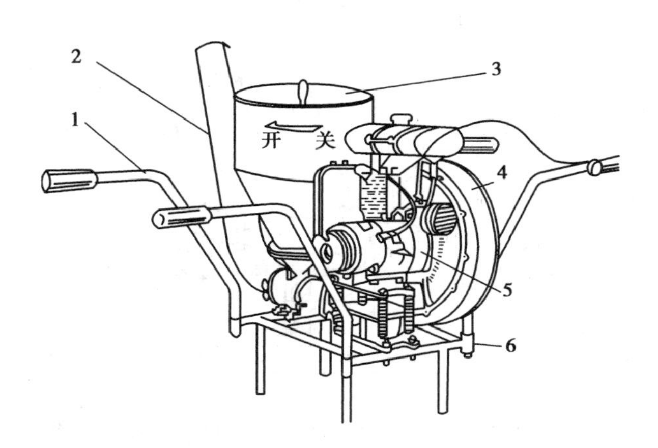

图 9.5　担架式喷粉机外形图

1—把手；2—喷管；3—粉箱；4—风机；5—发动机；6—机架

叶轮直接与发动机连接，在发动机带动下作高速旋转。粉箱位于排气管道的上方，箱内有与发动机相连的振动器，它由振动杆和振动筛组成，当发动机工作时，机体的振动通过振动杆传给振动筛迫使药粉振动，这样可防止药粉结块架空，保证排粉均匀。粉箱的排粉口正位于出风管道的喉管处，由于该处截面变小，气流速度增加，产生低压，由振动筛筛落的药粉便被吸入出风管道而被高速气流带走，由喷射部件喷出，整个工作过程如图 9.6 所示。

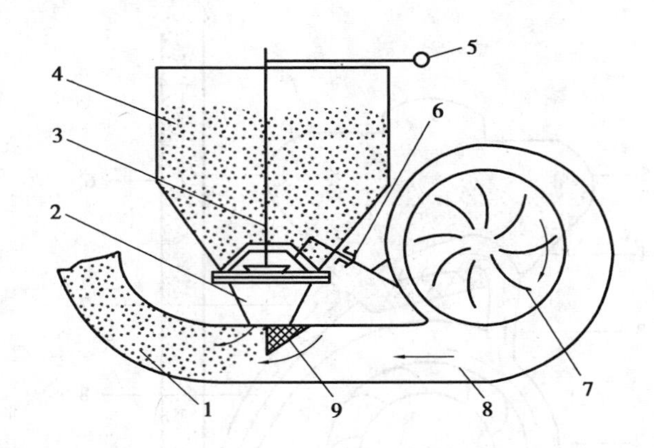

图 9.6 担架式喷粉机工作过程

1—弯喷管；2—粉箱座；3—开关轴；4—粉箱；5—开关手柄；
6—振动杆；7—风机叶轮；8—直喷管；9—风角

(3)拖拉机牵引和悬挂喷粉装置

悬挂式喷粉机一般与中耕拖拉机配套使用，适用于低矮作物和玉米、高粱等高秆作物的喷粉。利用这种机器的高射喷粉装置还能进行果树、林带的病虫害防治。

悬挂式喷粉机的主要部件有贮粉箱、搅拌器、排粉装置、鼓风机和喷粉头等，这些机体通过机架固定在一起，悬挂在拖拉机上，其结构如图 9.7 所示。

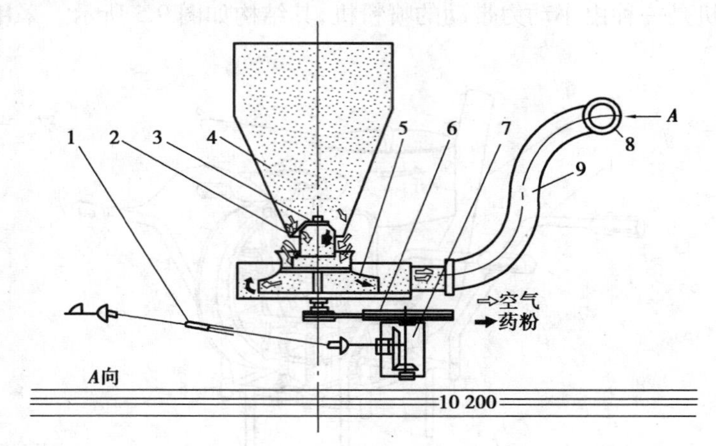

图 9.7 3FX120 型悬挂式喷粉机大田喷粉作业示意图

1—万向联轴器；2—排粉门；3—搅粉轮；4—粉箱；5—鼓风机；
6—皮带轮；7—齿轮箱；8—塑料喷粉管；9—输粉管

工作时，拖拉机动力输出轴通过齿轮加速箱、皮带轮，由三角皮带驱动鼓风机及排粉机构。风机叶轮及搅粉轮以 3 000 r/min 速度旋转，使风机进风口处产生很大的吸力，同时，搅粉轮将箱内药粉上抛使之疏松，当粉门打开后，在吸力的作用下，疏松的药粉通过粉门被吸入到鼓风机内部，再经喷粉管高速喷出。粉箱内设有隔板，可以使用两种不同的农药。

大田喷粉时，由可折叠的三角桁架分成左、中、右三段喷粉管，长塑料喷粉管上每隔 100 mm开有一个孔径为 10 mm 的喷孔。长塑料喷粉管连同三角桁架可以调节离地的高度，调节的范围为 0.5~1.8 m。

高射喷粉时通常采用锥形喷嘴、支架和万向调节机构等组件，工作室，调节机构使喷头沿调节杆上下移动，以达到需要的喷射角度。

9.3　喷粉机主要部件

喷粉机主要由风机、粉箱、喷粉头、输粉器和搅拌器等部件组成。

9.3.1　风机

风机是一种依靠输入机械能，提高气体压力并排送气体的机械。常见的风机有离心式和轴流式两种。其结构和原理如图 9.8 所示。

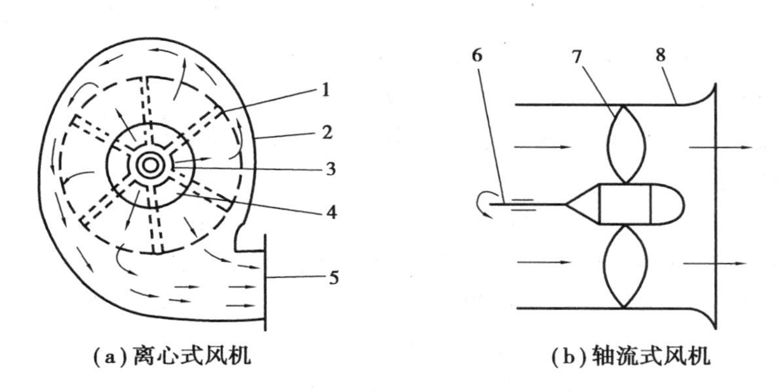

(a) 离心式风机　　(b) 轴流式风机

图 9.8　风机

1—叶轮；2—外壳；3—叶轮轴；4—进风口；5—出风口；6—叶轮轴；7—叶轮；8—风机壳

(1) 离心式风机

电动机带动风机的叶轮转动，空气在叶轮旋转时产生离心力作用下从叶轮中甩出，甩出的空气汇集在机壳中，由于速度快，压力高，空气便从通风机出口排出流入管道。当叶轮中的空气被排出后，就形成了负压，吸气口外面的空气在大气压作用下被压入叶轮中。因此，叶轮不断旋转，空气也就在风机的作用下，不断地被送入管道。

(2) 轴流式风机

在离心风机中，气流在叶轮内的流动是径向的，而在轴流风机中，气流在叶轮内是沿轴向流动的。工作时气流从集风器进入，通过叶轮使气流获得能量，然后流入导叶，使气流转为轴向；最后，气流通过扩散筒，将部分轴向气流的动能转变为静压能。气流从扩散筒流出后，输入管路中。

9.3.2 喷粉头

喷粉头是喷粉机的核心部件,本节主要介绍常用喷粉头的结构特点和应用范围。

(1)喷粉头的选择

喷粉头的几何形状直接影响粉流的喷射方向、射程、喷幅、穿透性和分布均匀性,因此根据使用条件选用。常用的喷粉头形式如图9.9所示。

1)宽幅喷粉头

宽幅喷粉头有铲形和扁锥形等(图9.9(a)),喷出粉流射程不远,粉流宽而短。常用于喷农田和园艺作物。

2)远射程喷粉头

有圆筒形和渐缩圆筒形(图9.9(b)),喷粉流量集中,射程远,穿透性好。适用于果园和森林高射喷粉。

3)长塑料薄膜喷粉管

长塑料薄膜喷粉管(图9.9(c))的长度可以达到10~20 m,喷粉孔沿长度方向等距离开设,药粉从小孔喷出,粉流沿着喷洒宽度分布,农作物的上下层受药均匀,粉剂飘逸损失小,适用于干旱水田喷粉作业。

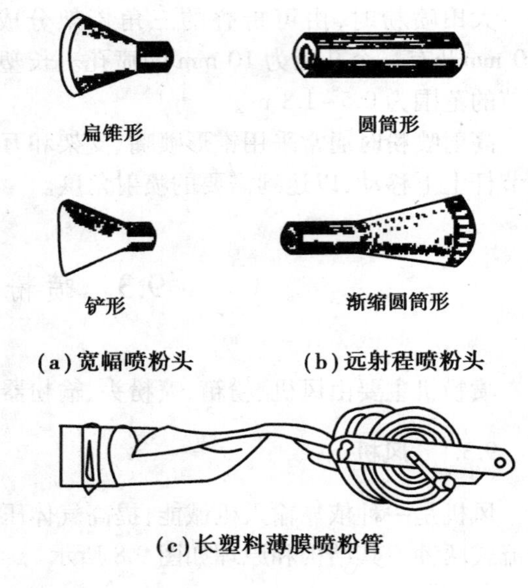

(a)宽幅喷粉头　(b)远射程喷粉头

(c)长塑料薄膜喷粉管

图9.9　喷粉头

(2)喷粉头的配置

喷粉头的喷射应根据喷射对象、行距大小、生长情况,所要求的部位等条件决定。对苗期作物,矮小作物或灭杂草作业,可将喷粉头等距离安装在上侧,向下全面喷撒,对中耕作物可进行集中喷撒,对果树、林木可进行侧面喷撒,要求射流包围整个树冠侧面高度。因此,喷粉头除应离开树行一定距离,喷粉头应有向上仰角,其角度大小可根据树冠高度、射流喷射角等因素决定。在稻田喷粉时,可采用长塑料薄膜管作业,需要一个人操作喷粉机,另一个人拿着喷管,分别沿着地块两头田埂前进,机器和人员都不进入田中,可以减少对作物的损害和对人体的药害。

9.4　背负式迷雾喷粉机的使用与维护

背负式机动弥雾喷粉机是一种多用途、高效益的植保机械,可进行喷粉、弥雾、撒颗粒、喷火、喷烟、超低容量喷雾等作业。适应农林作物的病虫害防治、消灭仓储害虫、卫生防疫、除草、喷撒颗粒肥料及小粒种子喷撒播种等。具有结构紧凑、体积小、重量轻、一机多用、射程高、操作方便、喷撒均匀等特点。

9.4.1 背负式迷雾喷粉机的正确使用

背负式迷雾喷粉机的使用要注意以下几点：

①使用前，检查机器各零部件是否齐全、安装是否可靠。对于新机或刚刚启封的机具，应将缸体内的机油排除干净，并检查压缩比和火花塞跳火是否正常。

②在正式作业前，先用清水试喷一次，检查机器各处有无溢漏现象。

③确保机具处于喷粉作业状态。

④关好粉门后加粉。粉剂要求干燥，不得含有杂草、杂物或结块。加粉后将药箱盖旋紧。

⑤启动汽油机，怠速运转 3~5 min，观察汽油机是否正常运转。

⑥背起机具后，调整油门开关使汽油机稳定在额定转速左右，然后调整粉门操纵手柄进行喷粉作业。

⑦停止作业时，应先关闭粉门或药液开关，然后再关闭汽油机。

⑧使用薄膜喷粉管进行喷粉时，应先将喷粉管从摇把绞车上放出，再加大油门，使薄膜喷粉管吹起来，然后调整粉门喷洒。

⑨前进中要随时抖动喷管，以避免喷管末端存粉。

9.4.2 维修保养

(1) 粉门调整

当粉门操纵手柄处于最低位置，粉门关不严，有漏粉现象时，按以下方法调整粉门：

①拔出粉门轴与粉门拉杆连接的开口销，使拉杆与粉门轴脱离。

②用手扳动粉门轴摇臂，迫使粉门挡粉板与粉门体内壁贴实。

③粉门操纵杆置于调量壳的下限，调节拉杆长度(顺时针转动拉杆，拉杆即缩短；反之，拉杆伸长)，使拉杆顶端横轴插入粉门轴摇臂上的孔中，用开口销锁住。

(2) 日常保养

①洗刷药箱，清理药箱内残存的粉剂。

②检查各连接处是否有漏水、漏油现象，并及时排除。

③检查各连接螺栓紧固情况。

④清除机器表面油污和灰尘。

⑤喷粉作业时，每天都应清洗空气滤清器。

⑥保养后应将机器放在干燥通风处，切勿靠近火源。

(3) 长期存放

①将机器全部拆开，仔细清洗各零部件上的灰尘和油污。

②清洗药箱、风机和输油管。

③将风机壳清洗干净，晾干后涂一层防锈黄油予以保护。

④各种塑料件应避免长期曝晒，不能磕碰、挤压。

⑤所有零部件用塑料罩盖好，置于通风干燥处。

9.5 植保机械安全作业规范

在使用植保机械防治病虫害的过程中,如操作不当会使有毒物质通过口腔、皮肤或呼吸道进入体内,对人体造成毒害,因此在植保机械使用中一定要注意安全。

(1)常见的中毒原因

①不懂农药的毒性。例如用舌舔农药或口尝农药造成中毒。

②施药时间不对。在中午阳光强烈时打药,农药易挥发,同时操作人员流汗较多,农药易通过毛孔渗入人体。

③施药方向不对。逆风打药,农药雾滴容易吹到操作人员身上。

④机器使用状况不佳。例如有渗漏药液流到操作者身上被皮肤吸收而引发中毒。

⑤缺乏必要的防护措施。打药时不穿防护服,不戴手套、口罩等,这样农药容易与皮肤直接接触而引发中毒。

⑥打药间隙或打完药后,不用肥皂和清水洗手、洗脸,也不换下工作服,就直接喝水、吃饭、抽烟。

⑦打药持续时间太长,吸收药液太多,有不良反应时没有及时停止作业。

⑧药液箱农药装得太满,作业时溢出溅到身上。

⑨配药器具不专用,施药后又盛放其他东西。

⑩没有用完的农药随意乱放,造成误食。

⑪不遵守规定,随便使用剧毒农药。

⑫刚打过药的蔬菜、果品不经认真消毒就食用而引起中毒。

⑬不懂中毒后的症状和急救措施,误了时间造成中毒死亡。

⑭作业中,只有一人,中毒后无人救护造成死亡。

在植保机械的使用过程中,如果不懂得必要的安全常识很可能引起中毒,甚至引起死亡,所以作为植保人员必须深入了解器械安全使用常识。

(2)全作业规范

①施药人员必须熟悉和了解农药的性能,如果有几种农药可供选用时,要首先选用毒性最小、残毒最低的品种,不要使用禁用的剧毒农药。

②配药人员应熟悉所用的植保器械,按照安全操作规程操作,工作时植保器械应具有良好的技术状态,不得有渗漏农药的地方,作业前一定要试喷。

③配药和喷药工作人员都应穿戴专用的工作服、鞋袜、口罩、手套和风镜等防护用具,尽量避免皮肤与农药接触,穿着的衣物在施药后应及时清洗。

④作业时应携带毛巾、肥皂和足够的清水,以便在工作中万一皮肤接触农药时能及时清洗。

⑤在配置和喷施农药时应禁止抽烟、喝水、吃东西,如确有必要时,一定先用肥皂、清水将手、脸洗干净。

⑥配置和喷施农药时,不能由一个人单独进行,但不得让非工作人员进入配药现场。

⑦混合药液和把药液倒入药箱时要小心,不要溅出来,背负式喷雾器的药箱不应装得过

满，以免弯腰时药液从药箱口溢出，溅到施药人员身上。

⑧喷施农药时，工作人员应在上风位置，随时注意风向变化，及时改变作业的行走方式，尽量顺风施药。

⑨喷施农药时，工作人员应换班操作机械，连续作业时间不要过长；同时尽量选择在早晨或傍晚喷药，不要在炎热的中午工作。

⑩喷雾机械在田间发生故障时，应先卸除管道及空气室压力，然后再进行拆卸。使用中不允许超过规定的压力，如果喷头或管道阻塞，可用打气筒清除，严禁用嘴吹。

⑪在田间放置的农药一定要有人看管，不用的农药必须送回库中或专放，不能存放在喷药的机具上，也不能将农药随意倒入其他容器。

⑫配药容器应专用，尤其要注意防止儿童玩耍或误食农药。装农药的容器和包装袋使用后应送回库中，不可乱扔，并应及时进行处理。

⑬施药人员在作业中如感到有头痛、头晕、恶心、呕吐等中毒症状时，必须立即停止作业，离开工作地点，脱去被污染的衣服，洗净手、脸和被污染的皮肤部位，并及时到医疗单位诊治。

⑭喷过药的区域严禁放牧；刚喷过药的水果、蔬菜不要食用、如要食用，应彻底清洗干净。

⑮身上有伤口未愈、哺乳或怀孕的妇女以及少年儿童都不得参加配制和喷施农药作业。

第10章 排灌机的类型、构造、使用及维护

排灌，即排水和灌溉，当自然降水与植物生长的需要不相适应时，就需要对农田进行排灌。用以排灌的动力机械、农用泵、管路、闸阀及有关配套机电产品等通称为排灌机械设备。发展机电排灌机械，是实现农业机械化的重要方面，是发展社会主义现代化农业的重要措施之一。它对改变农业生产的自然条件，抵御自然灾害，确保农作物的高产、稳产具有十分重要的作用。

农田灌溉的方式有很多，沟灌、畦灌和淹灌我国沿用已久，其优点是简便易行、耗能少、投资小，主要缺点为用水浪费大、田间水利用率只有50%左右，地面工程量大、只改变土壤湿度、不改变田间小气候、生产率低等。目前推广使用喷、滴灌等先进的灌溉方法具有省水、省工、省地、保土、保肥，适应性强及便于实现灌溉机械化、自动化等优点。与地面灌溉相比，一般可以省水30%~50%，作物可增产10%~30%，工效可提高20~30倍，节省沟渠占地7%~13%等，是农田灌溉的发展趋向。

10.1 喷灌系统的组成和分类

10.1.1 喷灌系统的组成

喷灌系统通常由水源、水泵、动力机、管道系统、喷头和田间工程等部分组成，如图10.1所示。

(1)水源

包括河流、湖泊、池塘和井泉等都可作为喷灌的水源，需要修建相应的泵站及附属设施、水量调蓄池和沉淀池等。

(2)水泵及配套动力机

水泵的作用是将灌溉水从水源点吸提、增压、输送到管道系统。喷灌系统常用的水泵有离心泵、自吸式离心泵、长轴井泵、深井潜水泵等。在有电力供应的地方常用电动机作为水泵的动力机；在用电困难的地方可用柴油机、手扶拖拉机或拖拉机等作为动力机与水泵配套。

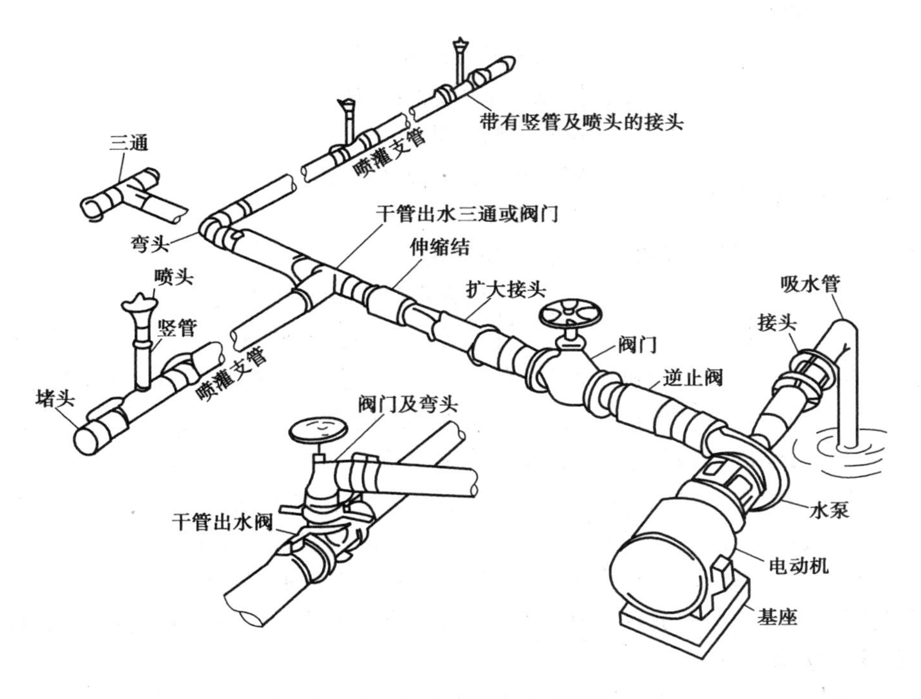

图 10.1　喷灌系统组成示意图

动力机功率的大小根据水泵的配套要求而定。

(3)**管道系统**

管道系统的作用是将压力输送并分配到田间。通常管道系统有干管和支管两级，在支管上装有用于安装喷头的竖管。在管道系统上装有各种连接和控制的附属配件，包括弯头、三通、接头、闸阀等。为了在灌水的同时施肥，在干管或支管上端还装有肥料注入装置。

(4)**喷头**

喷头是喷灌系统的专用部件，喷头安装在竖管上，或直接安装于支管上。喷头的作用是将压力通过喷嘴，喷射到空中，在空气的阻力作用下，形成水滴状，洒落在土壤表面。

(5)**田间工程**

移动喷灌机组在田间作业，需要在田间修建引水渠和调节池及相应的建筑物，将灌溉水从水源引到田间，以满足喷灌的需要。

10.1.2　喷灌系统的分类

喷灌机的种类很多，按运行方式可分为定喷式和行喷式两类。在每一类中，由于系统组装形式、喷洒控制面积大小和喷洒特征的不同又有不同的机型。现将各种主要机型划分如下：

- 手推(抬)式喷灌机
- 机组式喷灌系统
  - 定喷式机组
    - 拖拉机悬挂式喷灌机
    - 拖拉机牵引式喷灌机
    - 滚移式喷灌机
  - 行喷式机组
    - 拖拉机双悬臂式喷灌机
    - 中心支轴式喷灌机
    - 平移式喷灌机
    - 卷盘式
      - 钢索牵引卷盘式喷灌机
      - 软管牵引卷盘式喷灌机

定喷式喷灌机组是指喷灌机工作时,在一个固定的位置进行喷洒,达到灌水定额后,按预定好的程序移动到另一个位置进行喷洒,在灌水周期内灌完计划的面积。行喷式喷灌机组是在喷灌过程中一边喷洒一边移动(或转动),在灌水周期内灌完计划的面积。

上述各种喷灌机中,手推、手抬式是小型机组,由于它具有结构简单、体积小、使用灵活、价格较低等特点,在我国发展喷灌技术中曾是使用最广的机型。随着我国集约化农业生产的发展,提高劳动效率的要求,各种大中型机组将有更为广阔的使用前景。

根据喷灌系统各组成部分可移动的程度,可分成固定式、移动式和半固定式 3 种。

(1)固定式喷灌系统

固定式喷灌系统除喷头外,所有各组成部分都是固定不动的。水泵和动力机安装在固定的泵房内。干管和支管埋在地下,竖管伸出地面。喷头固定或轮流安装在竖管上。全套设备只能在一块地上使用,所以投资较高,而且需要大量管材。竖管对机耕及其他农艺操作有一定妨碍。但使用时操作方便,生产率高,占地少,结合施肥和喷洒农药也比较方便。

(2)移动式喷灌系统

移动式喷灌系统在田间仅布置供水点,而整套喷灌设备可移动,在不同地块轮流使用。这样就节省了投资,提高了设备利用率。如果省去干管和支管,一台水泵机组只带动一个喷头工作,就构成一台整体式喷灌机。目前我国生产的小型喷灌机按照与动力机配套的形式,可分为与手扶拖拉机配套的喷灌机和与电动机配套的小型喷灌机。按其机组移动方式可分为手推车式和担架式。这些机型虽结构简单,使用灵活,设备投资少。但是移管的劳动强度较大,沟渠占地较多。

为了减少渠沟、道路占地,移动式喷灌机配有一定长度的管道,配置移动式单喷头,或一台水泵机组带动几个喷头工作。为了减轻移管的劳动强度,通常选用轻质管道和快速接头。这种机型可以提高土地利用,生产效率也较高。

目前我国联合设计定型生产的喷灌泵(自吸式离心泵)系列用来和小型移动式喷灌机配套,使用效果好,操作简便。

(3)半固定式喷灌系统

半固定式喷灌系统的动力机、水泵和干管是固定的,而喷头和支管是可以移动的。这样可减少管道投资,但是在喷灌后要在泥泞中移动支管,工作条件差,劳动强度大。解决办法在于减轻支管重量和采用自动行走装置。大型圆形和平移式喷灌机属于这一类型。它的优点是机械化、自动化程度高,喷灌控制面积大,可以大大减轻劳动强度和提高生产率。半固定式喷灌系统主要有以下两种:

①中心支轴圆形喷灌机(又称时针式喷灌系统)。在喷灌的田块中心有给水栓或水井与泵站。其支管支承在可以自走的塔架上,支管上每隔一定距离装有喷头。工作时支管就像时针一样不断围绕中心支轴旋转。常用支管长为 400~500 m,管径多为 6 in。离地面高 2~3 m,有 7~10 个自走塔架。根据轮灌需要,转一圈最快是 12 个 h,一般需要 3~4 d,甚至到 20 d,可灌溉 800~1 000 亩。机组安装后基本上不要人操作管理,即可自动运转和连续喷灌。机电控制系统控制喷角装置驱动支管伸出和缩回,主要作用是喷灌机转到方田的四角时,弥补田角漏喷的现象。

②平移式喷灌系统。平移自走式喷灌机的支管也是支承在自走塔架上,自动作平行移动。由垂直于支管的干管上的给水栓供水。当行走一定距离(等于给水栓间距)后就改由下一个给水栓供水。这样喷灌面积是矩形的,便于耕用并可充分利用耕地面积,机械化、自动化程度较高。

10.2　农用水泵的类型、构造、使用及维修

水泵是排灌机械中的重要设备,它把动力机的机械能转变为所抽送水的水力能,可以把水输送到高处或远处,它既可以单独作为提水机械,又是各种现代灌溉系统的重要组成部分,为灌溉系统从水源取水加压。农田排灌用的水泵机组包括水泵、动力机(内燃机、电动机或拖拉机等)、输水管路及管路附件。管路包括进水管路(又称吸水管路)和出水管路(又称压水管路)。管路上的附件包括滤网、底阀、弯头、变径接管、真空表、压力表、逆止阀和闸阀等,如图 10.2 所示。

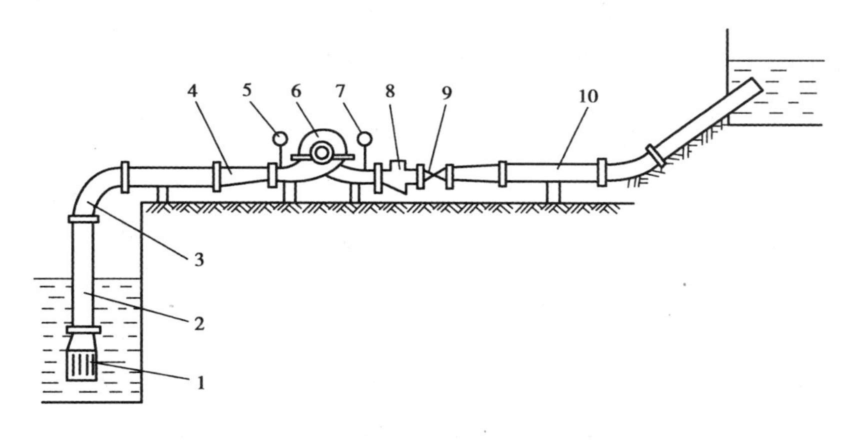

图 10.2　水泵机组

1—底阀;2—吸水管;3—弯管;4—变径接管;5—真空表;
6—水泵;7—压力表;8—逆止阀;9—闸阀;10—出水管

10.2.1　水泵的类型

目前排灌上使用最多的是离心泵、混流泵和轴流泵。在北方地区,还广泛地应用井泵、潜水泵等抽地下水来灌溉农田。在南方的丘陵山区,有着丰富的水力资源,则利用水轮泵来提

水灌溉。

喷灌系统常用的水泵类型包括离心泵、井泵（长轴井泵、深井潜水电泵）、微型泵、真空泵等。各种水泵型号标注形式及其意义见表 10.1。

表 10.1　各种泵型代表符号的意义

水泵种类				型号举例	型号中字母的意义	型号中数字的意义
离心泵	单级单吸	改进型号	BP 型	65BP-55	BP：喷灌用离心泵	65-泵吸入口径为 65 mm 55-扬程为 55 m
			BPZ 型	$50BPZ_{cz}$-45	BPZ：喷灌用自吸式离心泵 CZ：与柴油机直连	50-泵吸入口径为 50 mm 45-扬程为 45 m
		原型号	BP 型	2.5BP-55	BP：喷灌用离心泵	2.5-泵吸入口径为 2.5 in 55-扬程为 55 m
			BPZ 型	$2BPZ_{cz}$-45	BPZ：喷灌用自吸式离心泵 Z：直联	2-泵吸入口径为 2 in 5-功率为 5 马力 45-扬程为 45 m
		改进型号	IB 型 IS 型	IB 80-50-250 IS	I：国际标准第一代号 B："泵"汉语拼音第一字母 IS：国际标准	80-泵吸入口径为 80 mm 50-泵排出口径为 50 mm 250-叶轮名义直径 250 mm
		原型号	BA 型	6BA-18A	BA：单级单吸悬臂式离心泵	6-泵吸入口径为 6 in 18-比转数为 180 A-泵的叶轮外径已车小过若是 B、C 表示车小得更多
			B 型	4B-35	B：单级单吸悬臂式离心泵	4-泵吸入口径为 4 in 35-扬程为 35 m
	单级双吸	改进型号	S 型	150S-50	S：单级双吸卧式离心泵	150-泵吸入口径为 150 mm 50-扬程为 50 m
		原型号	Sh 型	10Sh-19	Sh：单级双吸卧式离心泵	10-泵吸入口径为 10 in 19-比转数为 190
	多级分段	改进型号	D 型 DA_1 型	D25-50×12 DA_1-80×2	D：分段式多级离心泵	1-第一次改进设计 25-流量为 25 m^3/h 50、80-单级扬程 50 m、80 m 2、12-泵的级数为 2 级 12 级
		原型号	DA 型	4DA-8×5	DA：分段式多级离心泵	4-泵吸入口径为 4 in 8-比转数为 80 5-泵的级数为 5 级

续表

水泵种类				型号举例	型号中字母的意义	型号中数字的意义
井泵	长轴井泵	改进型号	JC 型	100JC10×23	JC:长轴离心深井泵	100-适用最小井径 100 mm 10-流量 10 m^3/h 23-泵的级数为 23 级
		原型号	JD 型	6JD36×8	JD:深井多级泵	6-适用最小井径 6 in 36-流量 36 m^3/h 8-泵的级数为 8 级
			J 型	10J80×10	J:机井用泵	10-适用最小井径 10 in 80-流量 80 m^3/h 10-泵的级数为 10 级
	深井潜水电泵	改进型号	QJ 型	200QJ 80-55/5	QJ:井用潜水泵	200-适用最小井径 200 mm 80-流量 80 m^3/h 55-扬程为 55 m 5-泵的级数为 5 级
		原型号	NQ 型	8NQ20-125	NQ:农用潜水电泵	8-适用最小井径 8 in 20-流量 20 m^3/h 125-扬程 125 m
				250NQ 50-160/8		250-适用最小井径 250 mm 50-流量 50 m^3/h 160-扬程为 160 m 8-泵的级数为 8 级
微型泵	原型号		WB 型	WB10-10 -80 (250B)	WB:微型泵 B:电动机形式	10-泵吸入口径为 10 mm 10-泵排出口径为 10 mm 80-叶轮名义直径为 80 mm 250-电动机额定功率 250 W
真空泵	水环式真空泵	改进型号	SZB 型	SZB-4	S:水环式,Z:真空泵, B:悬臂式	4-520×0.133 kPa 时的排气量为 4 L/s
		原型号	KBH	KBH-4	K:悬臂式,B:真空泵 H:泵	4-520×0.133 kPa 时的排气量为 4 L/s
		SZZ 型		SZZ-4	S:水环式,Z:真空泵 Z:直连式	4-520×0.133 kPa 时的排气量为 4 L/s

10.2.2　离心泵的构造、使用及维护

(1)离心泵的结构

离心泵主要由泵体、泵盖、叶轮、泵轴、轴承、支架及填料等部件组成,如图 10.3 所示。

叶轮是水泵重要的工作部件。其作用是将动力机的机械能传递给水体,使被抽送的水获得能量,使具有一定的流量和扬程。因此,叶轮的形状、尺寸材料和加工工艺对水泵性能有决定性的影响。

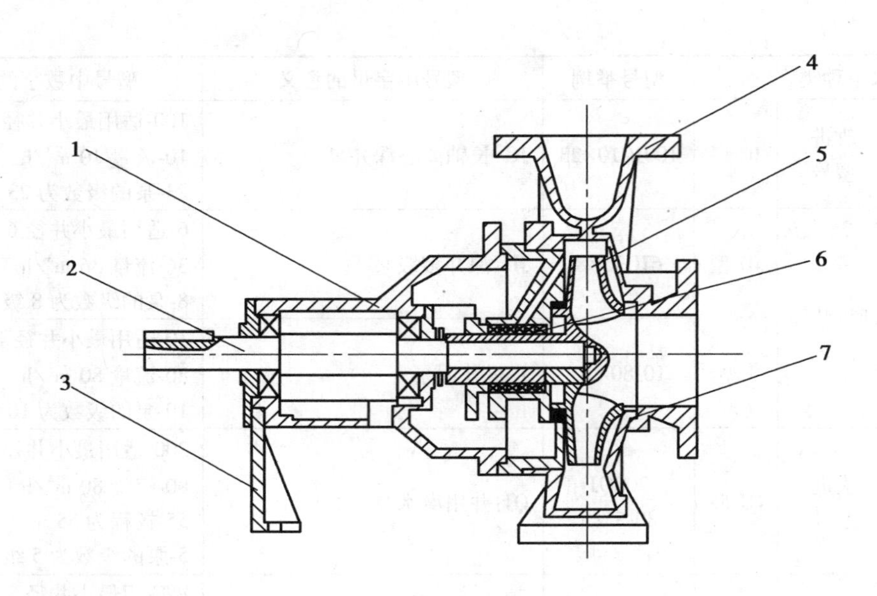

图 10.3　离心泵的构造

1—轴承体;2—水泵轴;3—支架;4—泵体;5—叶轮;6—填料;7—密封圈

离心泵的叶轮分为封闭式、半封闭式和开敞式三种,如图 10.4 所示。封闭式叶轮两侧有盖板,里面有 6~8 个叶片,构成弯曲的流道,轮盖中部有吸入口。这种叶轮适合抽送清水。半封闭式叶轮只有后盖板和叶片,叶片数量较少,叶槽较宽,这种叶轮适合抽送杂质含量较多的水。开敞式叶轮只有叶片,没有轮盖,叶片较少,叶槽开敞大,这种叶轮适用抽送浆粒体和污水。

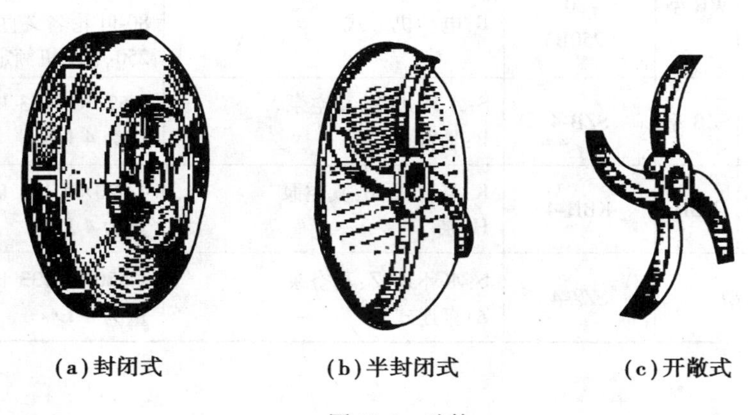

(a)封闭式　　(b)半封闭式　　(c)开敞式

图 10.4　叶轮

只有一个叶轮的离心泵,叫单级泵。具有若干个串联的叶轮称为多级泵。多级泵的扬程等于同一流量下各个叶轮所产生的扬程之和。工作时,单级离心泵的水流沿轴向单侧吸入。双吸离心泵的水流沿轴向双侧吸入,由泵壳、泵盖、叶轮、泵轴、轴承、托架、减漏环及填料函等部件组成,如图 10.5 所示。其特点是扬程较高,流量较小,结构简单,使用方便,水泵出水口方向可以根据需要作左右、上下的调整。这种水泵的体积小、重量轻,固定安装及流动使用均很方便。也可作为喷灌的工作泵。

填料函密封装置设在泵轴穿过后泵盖的轴孔处,主要作用是避免压力水流出泵外和防止空气进入泵内,起密封作用,同时还可以起到支承和冷却等作用。

填料函由填料座、填料(油浸棉纱或棉绳)、水封管、水封环、压盖和填料盒组成,如图 10.6 所示。用螺栓改变压盖位置可调整填料松紧度。通常可在试运转进行调整。

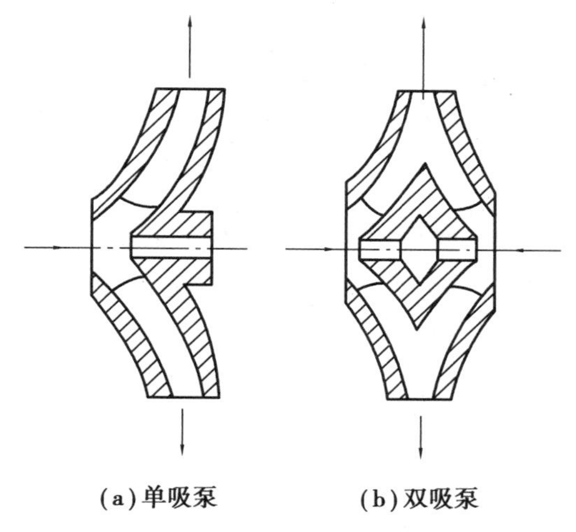

图 10.5　离心泵叶轮水流方向

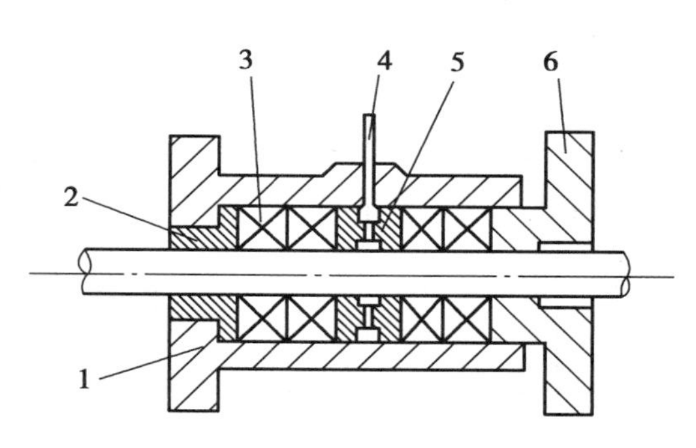

图 10.6　填料函示意图
1—填料盒;2—填料座;3—填料;
4—水封管;5—水封环;6—压盖

(2)**离心泵的工作原理**

离心泵的工作原理是离心泵借离心力的作用来抽水的。图 10.7 为单级离心泵的工作原理。当水泵叶轮在泵壳内高速旋转时,在离心力的驱使下,叶轮里的水以高速甩离叶轮,射向四周。射出的高速水流具有很大的能量,它们汇集在泵壳里,互相拥挤,速度减慢,压力增加,压向出水管。此时叶轮中心部分由于缺水而形成低压区(负压区),这时水源在大气压力的作用下,经进水管不断地进入泵内。这样,叶轮不停地转动,水就不断地被吸入泵内并压送到高处。

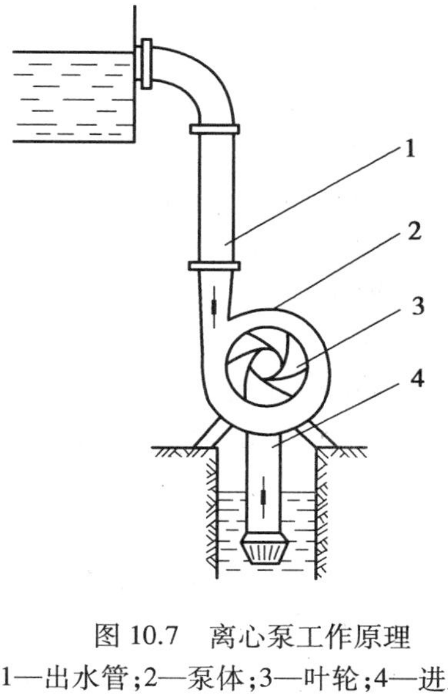

图 10.7　离心泵工作原理
1—出水管;2—泵体;3—叶轮;4—进水管

(3)**离心泵的主要性能参数**

1)流量

流量又称出水量,是指水泵出口断面在单位时间内输出多少体积(或重量)的水。用符号 Q 表示,单位用 L/s、m/h、t/h 表示。

2)扬程

扬程又称水头,是指所输送的水由水泵进口至出口每单位重量的能量增加值,即水泵能够扬水的高度。用符号 H 表示,其单位以米计。

水泵的总扬程(全扬程),以泵轴线为界,分为吸水扬程和压水扬程两部分,如图 10.8 所示。

吸水扬程是指水泵能吸上水的高度,用$H_{吸}$表示。由于水经过吸水路管受阻力和摩擦要损失部分扬程,所以吸水扬程又包括实际吸水扬程($H_{实吸}$)和吸水管路损失扬程($h_{吸损}$)两部分。

$$H_{吸} = H_{实吸} + h_{吸损}$$

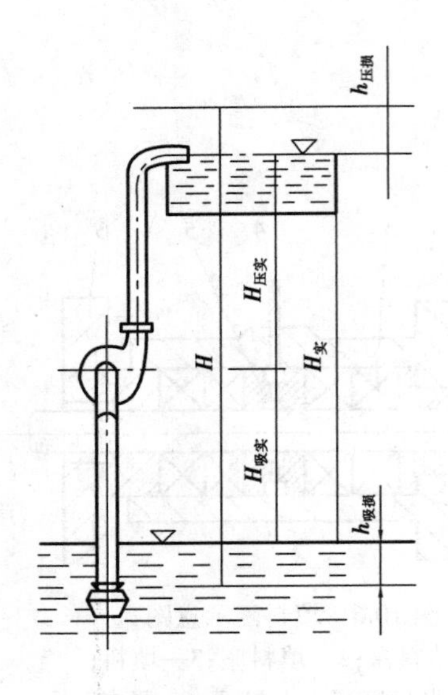

图 10.8　水泵的扬程示意图

压水扬程是指水泵能把水压出去的高度,用$H_{压}$表示。同样,水在压出后经过出水管路也要损失部分扬程,所以压水扬程包括实际压水扬程($H_{实压}$)和压水管路损失扬程($h_{压损}$)两部分。

$$H_{压} = H_{实压} + h_{压损}$$

实际吸水扬程与实际压水扬程之和为进水池水面到出水池水面的垂直高度,称为水泵的总实际扬程$H_{实}$。

$$H_{实} = H_{实吸} + H_{实压}$$

吸水管路和压水管路的损失扬程之和称为损失扬程$H_{损}$。

$$h_{损} = h_{吸损} + h_{压损}$$

所以一台水泵的总扬程H可表示为:$H=H_{实}+h_{损}$。

3)功率

功率是指水泵在单位时间内所作功的大小。水泵功有效功率($N_{效}$)指水泵中水流得到的净功率,即水泵的输出功率:

$$N_{效} = YQH/10^2 \text{ kW}$$

式中　Y——水的容重,kg/m;

Q——水泵的流量,m^3/s;

H——水泵的扬程,m。

轴功率($N_{轴}$)指动力机传给水泵轴的功率,即水泵的输入功率。通常所说的水泵功率,就是指水泵的轴功率:

$$N_{轴} = \eta N_{效} = YQH/10^2\eta$$

式中　η——水泵的效率。

配套功率($N_{配}$)指一台水泵应选配动力机的功率数值,它应大于水泵的轴功率,以防意外过载。

$$N_{配} = kN_{轴}/\eta_C$$

式中　k——功率备用系数。$N_{轴} \leq 10$ kW 时 $k=1$;$N_{轴}>10$ kW 时 $k=1 \sim 1.15$。

η_C——传动效率,%,直接传动 $\eta_C=0.98$。

在一般情况下,对于中、小型水泵与动力机直接传动时,配套功率应大于轴功率10%~20%。

4)效率

指水泵抽水效能,反映水泵对动力的利用情况。水泵的有效功率与水泵轴功率之比,称为水泵的效率,以η符号表示。一般农用泵的效率为60%~80%,有些大型轴流泵效率可达90%。

5)转速

指水泵叶轮每分钟转数,用符号 n 表示,单位为 r/min。各种水泵都有一定的设计转速(即额定转速)。

6)允许吸上真空高度(或汽蚀余量)

它反映水泵不产生汽蚀时的吸水性能,是用来确定水泵安装高度的重要数据,离心泵和混流泵用允许吸上真空高度 Hs 来反映其吸水性能,轴流泵则利用汽蚀余量 Δh 来反映其吸水性能。其单位均以米计。

7)比转数

它表示水泵特性,并用以分类的一个综合性数据,用符号 n_s 表示。它与水泵的转数是完全不同的两个概念。一个水泵的比转数是指一个假想叶轮的转数,这个假想叶轮与该水泵的叶轮完全几何相似,它的扬程为 1 m,有效功率为 0.735 kW(1 马力),而流量为 0.075 m^3/s 时所具有的转数。

比转数的大小与水泵叶轮形状和其性能曲线有密切的关系,叶轮形状和水泵性能由它决定,效率高低,水力损失随它变化。因此,比转数在水泵设计中是很重要的技术参数。

一般说来,比转数高的泵,流量大,扬程低,如轴流泵。比转数低的泵,流量小,扬程高,如离心泵。所以,比转数可以划分水泵的类型。

(4)离心泵的操作与维护

1)启动前的准备工作

①检查流程所用泵(位号)是否符合岗位要求。露天安装的泵轴承座部位与电机应加防雨罩,防止雨水漏入润滑油中和电机中出现油品品质下降和电器事故,但要注意电机风扇风道的通畅。

②检查泵周围是否清洁,不得有妨碍运行的东西存在。

③检查联轴器保护罩(FZB系列泵除外),地脚等部分螺丝是否齐全、是否紧固,有无松动现象。

④按泵的用途及工作性质选配好适当的压力表。

⑤检查电压是否在规定范围内,外观电机接线及接地是否正常。

⑥检查泵的进排出阀门的开关情况。压力表、温度计、流量表等是否灵敏,安全防护装置是否齐全。

⑦检查泵的出入口法兰垫片是否符合要求,法兰是否松动,盲板是否已拆除。

⑧开车前检查泵的出入口管线阀门,压力表接头,有无泄漏,冷却水是否畅通,地脚螺丝及其他连接处有无松动。

⑨检查泵的入口是否有杂物堵塞过滤网。

⑩检查油位视镜,按规定向轴承箱加入润滑油,油面在油标 1/2~2/3 处。

⑪盘车检查转子是否轻松灵活,泵体内是否有擦碰的声音。

⑫检查排水地漏使其畅通无阻。

⑬开泵入口阀使液体充满泵体,排尽泵体内气体。(一般先打开入口阀,然后开一下出口阀后再关闭,这样即使泵内还有一部分气,但已不会影响泵的正常启动了)。

2)离心泵的启动

①泵入口阀全开。

②启动电机,检查电机和泵的旋转方向是否一致。泵的旋转方向。如叶轮是穿轴连接反向旋转不会损坏泵,当电机旋转方向与泵的旋转方向相反时也能出液但流量与扬程达不到要求(叶轮与主轴采用螺纹连接形式的泵严禁反转)。

③启动电机,全面检查泵的运转情况。当泵达到额定转数时,检查空负荷电流是否超高。

④当泵出口压力高于操作压力时,逐渐开大出口阀,控制好泵的流量压力。(出口全关启动泵是离心泵最标准的做法,主要目的是流量为0时轴功率最低,从而降低了泵的启动电流;泵开启后,关闭出口阀的时间不能超过2~3 min。因为泵在关闭排出阀运转时,叶轮所产生的全部能量都变成热能使泵变热,时间一长有可能把泵的摩擦部位烧毁。)

⑤检查电机电流是否在额定值,超负荷时,应调节出口阀门开启大小来调整电流大小,如调节出口阀还是超出电机额定值电流时应停车检查。新调试时严禁出口全开启的情况下运行,出口阀门必须调节在不低于额定15%左右运行,否则会过载烧坏电机。

在启动完后还需要检查电机、泵是否有杂音、是否异常振动、是否有泄漏等后才能离开。

3)离心泵的维护

①泵的出入口压力、流量及电机电流维持正常操作指标,严禁泵长时间抽空。尽量控制离心泵的流量和扬程在标牌上注明的范围内,以保证离心泵在最高效率点运转,才能获得最大的节能效果。

②离心泵在运行过程中,轴承温度不能超过环境温度50 ℃,最高温度不得超过90 ℃。

③经常检查泵的密封情况,发现漏损及时报告车间进行检修。

④经常检查油箱内润滑油质量和油标,如发现变质立即更换,防止假液位。

⑤压滤机专用泵用冷却水密封形式,应保持冷却水畅通,新更换密封圈在一周内严禁中断冷却水。

⑥检查泵底座,泵、电动机是否紧固,如果松动会引起泵的振动。发现泵有异常声音应立即停车检查原因。

⑦离心泵在工作第一个月内,运行300 h更换润滑油,第二次3~6个月更换润滑油。以后6~12个月更换润滑换。

⑧检查仪表、引线的状况,检查管路是否泄漏或松动,或其他形式的损坏,如果需要维修应立即检修。

⑨检查机械密封是否滴漏,如有滴漏应及时调整动环的压紧程度,保证密封面不漏出为宜,切忌压得太紧而缩短密封的使用寿命。

⑩离心泵在寒冬季节使用时,停机后,需将泵体及管路里的液体放净,防止冻裂。

⑪离心泵长期停用,需将泵全部拆开,擦干水,将转动部位及结合处涂以油脂装好,妥善保护。

⑫对于停用机泵,每次接班前要盘车一次确保机泵处于好用状态。

⑬离心泵要停止使用时,先关闭阀门、压力表,然后切断电机电源。

4)离心泵常见故障及排除

离心泵的常见故障原因及解决方法见表10.2。

表 10.2　离心泵的常见故障原因及解决方法

序号	常见问题现象	故障原因	处理方法
1	离心泵无法把液体抽出： ①出口压力表大幅度变化，电流表读数波动； ②泵体及管线内有噼啪作响声音	泵吸入管线漏气	把机泵内的气体排净
		阀门开度太小或入口管线堵塞	疏通管线或开大入口阀
		入口压头不够	提高入口压头
		介质温度高，含水气化	降低介质温度
		介质温度低，黏度过大	适当降低介质黏度
		泵腔进出口、叶轮堵塞	打开清理
2	泵出口压力不足	旋转方向不对	纠正电机旋转方向
		转速低于规定值	调整转速至额定转速
		泵腔进出口、叶轮堵塞	打开清理
		清液泵：叶轮与泵壳口环磨损	更换叶轮、泵壳
		压滤泵：叶轮与泵盖磨损太大	更换叶轮、泵盖
3	出口流量不足	管线堵塞或阀门开度太小	疏通管线或调整阀门开度
		叶轮堵塞	打开清理堵塞物
		清液泵：叶轮与泵壳口环磨损	更换叶轮、泵壳
		压滤泵：叶轮与泵盖磨损太大	更换叶轮、泵盖
4	轴承温度过热	润滑油(脂)不足或过量	加注润滑油(脂)或调整润滑油液位至 1/2~2/3
		轴承箱进水，润滑油乳化、变质、有杂物	更换润滑油
		叶轮与固定件泵壳、泵盖之间擦碰	调整间隙 1.5~2 mm
		电机轴与泵轴不在同一直线上	校正在同一直线上
5	泵振动噪声太大	泵内或吸入管内有气体	重新灌泵，排净泵内或管线内气体
		吸入管内压力小或接近汽化压力	提高吸入压力
		联轴器缓冲垫磨损	更换联轴器六角块或弹性圈
		入口管、叶轮内、泵内有杂物	清除杂物
		轴弯曲	更换传动轴
		轴承损坏或间隙过大	更换轴承或调整间隙
		泵座与基础共振	消除共振
		泵轴与电机轴不在同一直线上	校正在同一直线上
		叶轮与固定件泵壳、泵盖之间擦碰	调整间隙至 1.5~2 mm

续表

序号	常见问题现象		故障原因	处理方法
6	密封泄漏	机械密封	机械密封损坏	修理或更换机械密封
			动环压紧度太松	调整动环的压紧度
		K形动力密封	K形密封圈磨损	更换K形密封圈

10.2.3 轴流泵的构造、使用及维护

(1)轴流泵的结构

轴流泵的结构由进水喇叭管、叶轮、导水体、出水弯管、泵轴、橡胶轴承、出水弯管、填料函等组成,如图10.9所示。

泵壳、导水叶和下轴承座是铸造而成的一个整体。叶轮装在导水叶的下方,在液面以下运转。泵轴在上下两个用水润滑的橡胶轴承内旋转。

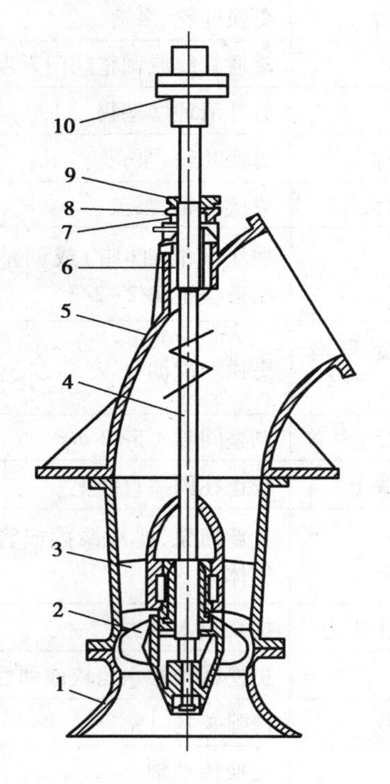

图10.9 立式轴流泵

1—喇叭管;2—叶轮;3—导水体;4—泵轴;5—出水弯管;6橡胶轴承;7—填料盒;8—填料;9—填料压盖;10—联轴器

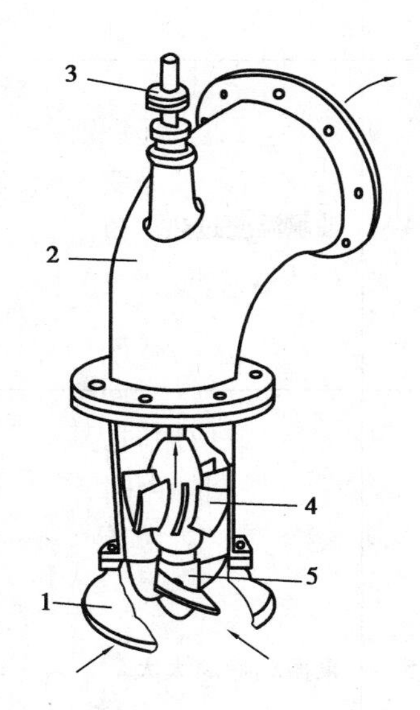

图10.10 轴流的工作原理

1—进水喇叭;2—出水弯管;3—联轴器;4—导水叶;5—叶轮

轴流泵的叶轮有固定叶片的叶轮(叶片与轮铸成一体)、半调节叶片的叶轮和全调节叶片的叶轮3种形式。大型泵叶轮的叶片安装角可以调整,从而可以改变水泵的工作性能。

轴流泵的导水叶有6~8片,呈流线型弯曲面,作用是消除离开叶轮后水流的旋转运动,把

动能转换成部分压能,并引导水流流向出水弯管。

轴流泵的壳体呈圆形,上部为弯曲的水泵管,叶轮进口前设置吸入喇叭管。轴流泵是一种低扬程,大流量的水泵,适用于平原河网地区的大面积农田灌溉和排涝。

(2)轴流泵的工作原理

轴流泵是利用叶轮旋转所产生的推升力抽水,如图10.10所示。它的叶轮浸没在水里,当叶轮旋转时,水流相对叶片产生急速的绕流。这样叶片对水就产生升力作用,不断地把水往上推送,水流得到叶轮的推力通过导水叶和出水弯管送到高处,导水叶的作用是消除水流的旋转运动,使泵内水流沿泵轴方向流动。

(3)轴流泵的使用与维护

1)轴流泵的正确使用

①轴流泵不能随便减小流量,否则,水泵将会出现不稳定的工作状态,且产生剧烈的噪声和振动,效率也会急剧下降。

②为了减少动力机启动功率,轴流泵应开阀启动,此时功率最小,对动力机最安全。

③轴流泵不宜采用变阀来调节水泵性能。轴流泵是大流量、低扬程的农用水泵,轴流泵在使用中,有时水泵性能不符合生产需要,就要调节水泵性能,使之能够满足实际需要。冬季枯水期、夏天汛期,进水池或出水池水位都发生了变化,导致实际地形扬水高度改变,轴流泵预定的扬程和流量就不再合适,效率降低,运行不经济。所以,水泵既能满足不同的要求,又能在较高的效率下工作,就需要对水泵性能进行调节,调节的方法通常有两种:一是变速调节,如果轴流泵采用汽油机或柴油机作为动力,可以改变油门大小来变速;如果轴流泵与动力机之间采用三角皮带或平带间接传动,则可以改变传动皮带轮直径来变速,更换主动轮或从动轮都可以,目的是改变传动速比,变速调节水泵性能,比较经济,适用范围较广,对所有农用水泵均能采用。二是变角调节,从构造来看,轴流泵叶轮具有巨大的轮毂,便于安装可调角度的叶片。当叶片安装角度改变后,叶片对水的升力也就改变了,从而改变水泵的作业性能,这就是轴流泵的变角调节。随着叶片安装角的增大、变小,轴流泵的流量、扬程、功率也随之而变,但是,最高效率基本保持恒定,有利于轴流泵性能调节。

④必须按铭牌上标定的数值去设置水泵的扬程,不能随意增长出水管,水泵竖立、斜放工作均可,当斜放使用时,其扬程为垂直高度。

⑤水泵长期停用时,泵身应直立放置,并注意电动机防潮。

2)轴流泵常见故障与排除

轴流泵常见故障与排除见表10.3。

表10.3 轴流泵常见故障与排除

序号	故障现象	故障原因	排除方法
1	轴流泵运行中,水泵不出水	叶轮淹没水深不够	降低水泵安装高度
		水泵旋转方向不对	调整水泵旋转方向
		水泵转速太低	改变传动比,增加水泵转速
		叶轮与叶片之间断裂或叶片固定不动	重新安装叶轮,紧固螺帽,或更换叶轮;松掉螺帽,使叶片走动
		叶片绕有大量杂物	停机回水冲掉杂物;拆泵取出杂物

续表

序号	故障现象	故障原因	排除方法
2	轴流泵运行中，出水量减少	叶片外缘磨损或叶片部分击碎	更换叶轮
		扬程过高	调整扬程，检查出水管路是否堵塞
		叶轮淹没深度不够	降低叶轮安装高度
		水泵转速过低	调换传动皮带轮，提高水泵转速
		叶片上绕有杂草杂物	停机回水反复冲洗

10.2.4 其他类型泵

(1)混流泵

混流泵是介于离心泵和轴流泵之间的一种泵型。具有离心泵较高扬程和轴流泵较大流量的特点，适合于平原河网地区和丘陵灌区使用。

混流泵叶轮在水中旋转时，它的叶片即对水产生离心力，又对水产生推升力。混流泵工作原理就是靠这两种力的作用进行抽水的。

(2)水轮泵

水轮泵是利用自然水进行抽水的农田灌溉机械。由作为动力用的水轮机和离心泵组成，如图 10.11 所示。其转轮与叶轮同装在一根轴上。当具有水头的水向下流动时，冲击水轮机的转轮，从而带动水泵叶轮旋转。水轮泵的转轮为四叶片螺旋桨式，叶片与轮毂铸在一起，在水轮机进水口处装有导流轮，导流轮上固定着 12~18 片流线型导叶，用来使水流均匀而平顺地进入转轮。在转轮下部有用混凝土浇筑的吸出管(又称尾水管)。水轮泵结构简单而紧凑，潜没在水中工作，靠水力作用运转，凡是有急流、跌水的地方都可以安装使用，最适合于山区的农田灌溉。

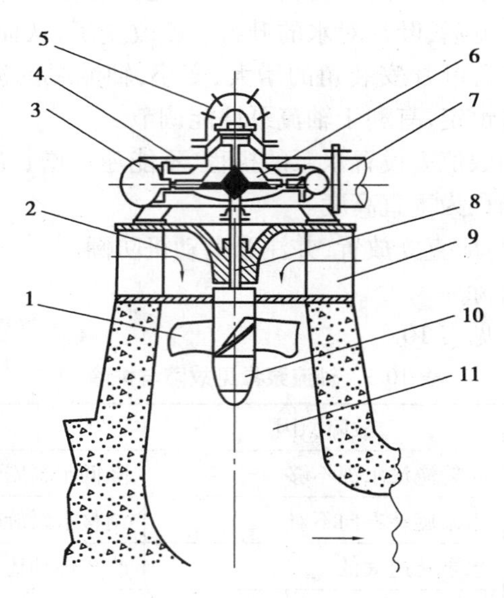

图 10.11 水轮泵

1—转轮；2—导流轮毂；3—泵壳；4—泵盖；5—滤器；6—叶轮；7—出水管；8—主轴；9—导流轮；10—轮毂；11—吸出管

(3)**井用泵**

主要用于井下抽水灌溉,能够从几十米到上百米深的井下抽水。根据井水面的深浅分为深井泵和浅井泵。井用泵多采用立式电动机驱动,如图 10.12 所示,整台机组由带有滤水器的泵体部分、输水管和传动轴部分以及泵座和电动机部分所组成前两部分(b、c)位于井下,泵体没入井水内,后一部分(a)位于水上。浅井泵的工作部分是一个单级单吸立式离心泵;深井泵是一种多级单吸立式长轴离心泵。井用泵结构紧凑、性能稳定、使用方便,适用于平原井灌地区。使用技术要求:水泵第一级叶轮必须没入水下 2~3 m;井水中不含杂质、水质中性、含砂量不大于 0.01%;深井正直。

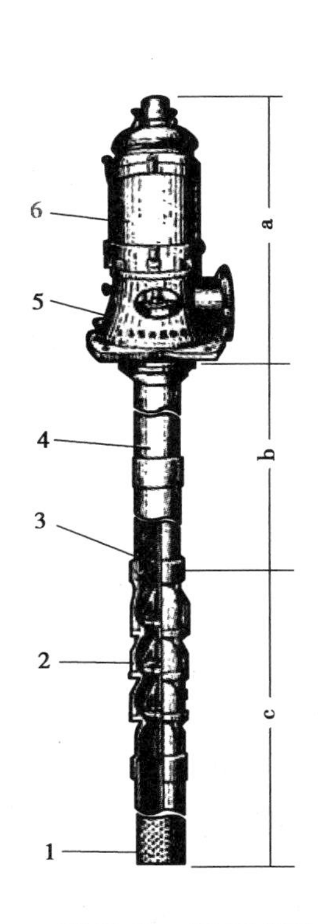

图 10.12　JD 型井泵
(a)泵座和电动机部分;
(b)输水管和传动轴部分;
(c)带有滤水管的泵体部分
1—滤水器;2—泵体;3—传动轴;
4—输水管;5—泵座;6—电动机

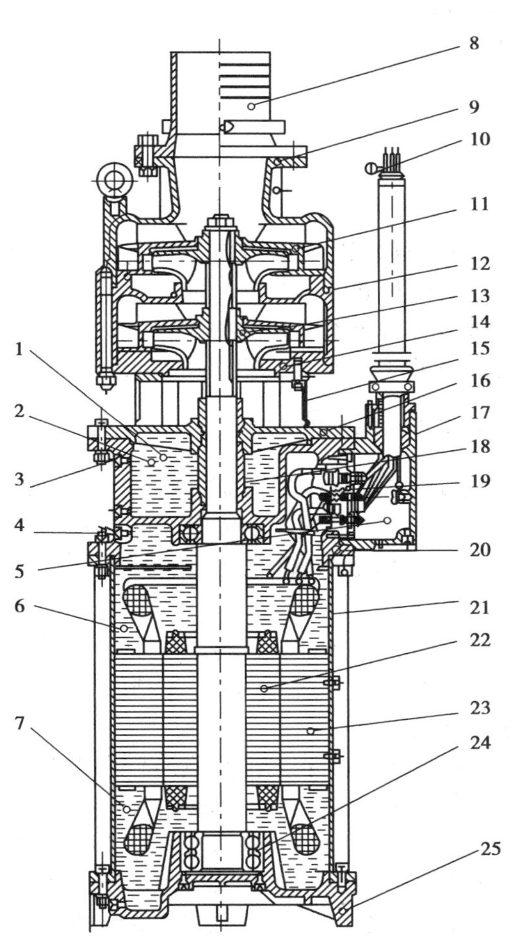

图 10.13　QY 型油浸式潜水泵
1—油室腔;2—机械油;3—油室注油孔;4—定子腔注油孔;
5—接线腔;6—电机定子腔;7—机械油;8—管接头;
9—接地线标识;10—导叶;11—中段;12—叶轮;
13—泵盖;14—格栅;15—进水节;16—接线盒;
17—机械密封;18—接线板;19—上端盖;20—机座;
21—电机转子;22—电机定子;23—轴承;24—下端盖

(4)潜水泵

潜水泵由水泵、电动机、进水部分和密封装置等四部分连成整体,如图 10.13 所示。其中水泵在上方,电动机在下方,进水部分居中。密封装置包括整体式密封盒和大小橡胶封环,分别装在电动机轴伸出端及电动机与各部件的结合处。整体式密封盒内有两对动静磨块和四个封环。磨块之间的密封面要求有很高的光洁度和平整度,装配后能达到 2 kg/cm^2 的耐压,防止水从轴的伸出端漏进电机内部。水泵叶轮有轴流式、混流式和单吸离心式三种,轴流式扬程较低,混流式和单吸离心式扬程较高。潜水泵抽水时,电动机和水泵都潜入水下。它具有结构简单,体积小,重量轻,安装使用方便,不怕雨淋水淹等特点。其使用技术要求:潜水泵供电线路应有可靠的接地措施,以保证安全;不得脱水运转;潜水深度为 0.5~3 m,最深不超过 10 m;潜水泵潜入水下时,应竖直吊起;被抽的水含砂量不超过 0.6%。

10.3 喷灌机的工作原理、使用及维护

喷灌机由喷灌水泵(自吸式)、动力机、输水管道和喷头及附件组装而成,结构简单、体积小、使用灵活、价格低等特点,是目前国内发展节水喷灌技术中使用最广、较为成熟的机型之一。喷灌机的种类很多,按运行方式可分为定喷式和行喷式两类。根据喷灌系统各组成部分可移动的程度,分成固定式、移动式和半固定式 3 种。

10.3.1 定喷式喷灌机

定喷式喷灌机组是指喷灌机工作时,在一个固定的位置进行喷洒,达到灌水定额后,按照工作计划移动到另外一个位置进行喷洒,在灌水周期内灌完计划的面积。

(1)手推(抬)式喷灌机

1)结构特点

手推(抬)式喷灌机的特点是水泵和动力机安装在一个特制的机架上。轻型的机架上装有手柄,可由两个人抬着移动,中型以上机组多数被安装在小推车上,工作时可由工作人员推动小车移动。

这种喷灌机通常采用电动机或柴油机作为动力。采用电动机时,田间需有电力网配套设施。单缸式柴油机是手推(抬)式喷灌机采用最多的动力装置,功率有 3 kW、4.5 kW、9 kW 3 种。

手推(抬)式喷灌机按喷头与喷灌泵的连接形式,又可分为直连式和管引式两种。直连式喷灌机组是指喷头直接安装在喷灌泵出水口上,也就是将喷头、水泵和动力机装配在一个机架或一辆小车上,能整体一起移动的喷灌机,如图 10.14(a)所示。

管引式喷灌机与直连式喷灌机相比,不同之处是从水泵的出水口引出一条管道伸向田间,管道的末端安装一个带支架的中、远射程喷头,有时根据需要也可沿管道安装多个小型喷头,如图 10.14(b)所示。

2)使用特点

手推(抬)式喷灌机在田间使用都要求田间有配套的田间渠道网。喷灌机工作时,一般放在渠旁路边或骑在渠道上,将水泵的吸水管放在渠水中。操作时,为保护机行道不被水淋湿,同时防止喷出的水洒到喷灌机的动力机上,应根据风向选择喷灌机的移动主向,同时将喷头设定成扇形旋转进行工作。

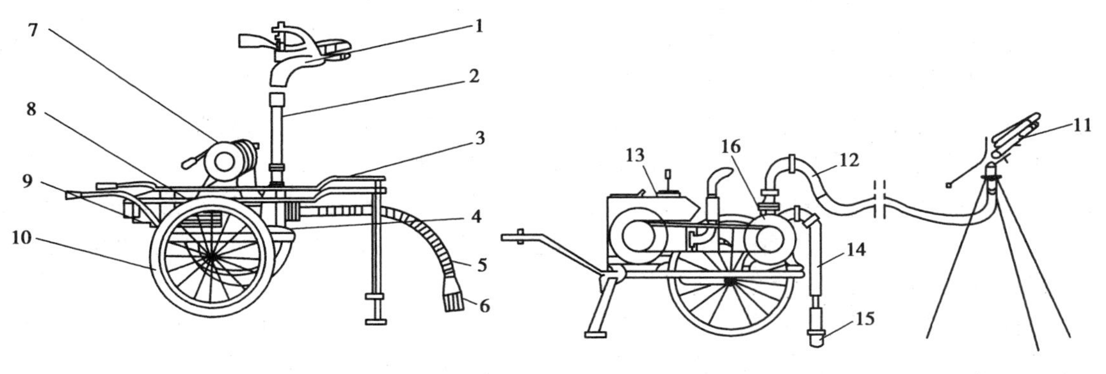

图 10.14　手推(抬)式喷灌机

1—喷头;2—竖管;3—机架;4—水泵;5—吸水管;6—底阀;7—电缆;8—电动机;
9—开关;10—车轮;11—喷头;12—出水管;13—柴油机;14—进水管;15—底阀;16—水泵

手推(抬)式喷灌机每工作一个喷点后都需移动喷灌机或喷头的位置。因此,使用此种喷灌机时,管理人员劳动强度较大。特别是水泵采用离心泵时,底阀密封不严的情况下,每当移动一次喷灌机,都需对水泵进行一次注水。为了减少这种重复性劳动,宜选择自吸泵。

(2)**拖拉机悬挂式喷灌机**

拖拉机悬挂式喷灌机是指将喷灌泵安装在拖拉机上,借助于拖拉机的动力,通过联轴器、增速箱和各种传动方式带动喷灌泵工作的一种喷灌机组。与手推(抬)式喷灌机相比,水泵进水口以前和出水口之后的结构、工作原理完全相同,图 10.15 是与手扶拖拉机配套的喷灌机。不同之处是将水泵装在拖拉机上,而不是小推车上,直接利用拖拉机本身的动力而不需另加动力源。

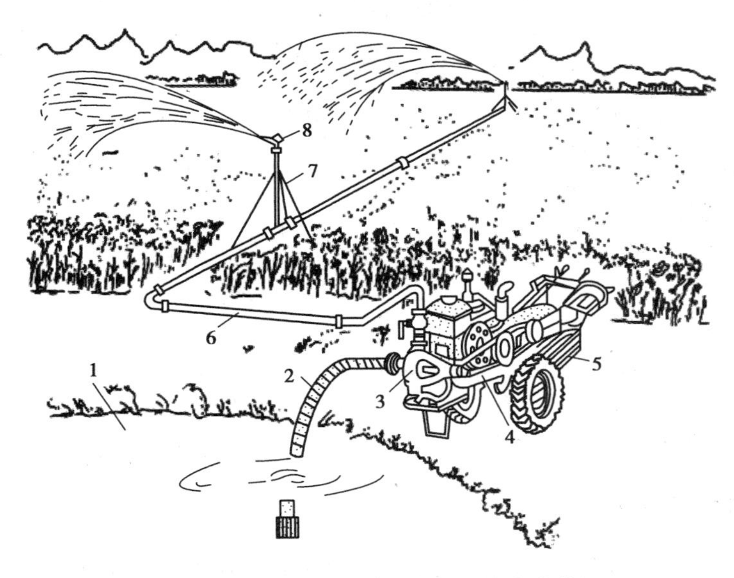

图 10.15　手扶拖拉机配套的悬挂式喷灌机

1—水源;2—吸水管;3—水泵;4—手扶拖拉机;
5—皮带传动系统;6—输水管;7—竖管及支架;8—喷头

目前,我国这种喷灌机的形式有多种,常见的有水泵后置式和水泵前置式。

水泵后置式喷灌机是将水泵安装在小四轮拖拉机的后面,利用拖拉机的动力输出轴带动水泵。但因拖拉机的后动力输出轴的转速比水泵的额定转速低,如东方红-150 型拖拉机后动力输出轴的转速才 540 r/min。因此,后置式水泵必须在水泵和柴油机之间加增速箱。

水泵前置式喷灌机在小四轮拖拉机和手扶拖拉机上都有使用,最为简单的是将水泵安装在拖拉机的前部,直接由拖拉机的柴油机通过带传动来带动水泵工作。这种形式的缺点是,只要柴油机工作,水泵就跟着一起转动,只能通过装摘传动带来控制水泵。为了克服这一缺点,在前面加一增速箱,并带有离合机构。

拖拉机悬挂式喷灌机工作时,也需要有田间渠道网的配套工程。其工作方式与手推(抬)式喷灌机近似,但拖拉机要在田间行进,在渠道边还需配有机行道。

(3)滚移式喷灌机

滚移式喷灌机的特点是结构简单,便于操作,沿着耕作方向作业,对不同水源条件都适用,爬坡能力较强。它是国内外均在使用的一种单元组装多支点结构的喷灌机,根据地块的情况,可组装成短机组和长机组来使用。

滚移式喷灌机机组管道使用的是铝合金管,具有轻便、坚固、耐腐蚀、快速连接、拆装方便、一机多用等优点。它的缺点是不能灌溉高秆作物,只能对大豆、小麦、玉米前期(株高在 75 cm 以下)、甜菜、蔬菜等矮株作物喷灌。灌溉作业的情形如图 10.16 所示。

图 10.16　滚移式喷灌机

1—水源;2—抽水机组;3—输水干管;4—给水栓;5—连接软管;
6—钢圈式轮;7—喷头;8—喷洒支管;9—驱动车

这类喷灌机适合用于大面积喷灌,要求喷灌地点附近有丰富的水源。

10.3.2　行喷式喷灌机

行喷式喷灌机组是在喷灌过程中一边喷洒一边移动(或转动),在灌水周期内灌完计划的面积。

(1)**卷盘式喷灌机**

1)特点及适用条件

卷盘式喷灌机是指用软管输水,在喷洒作业时利用喷灌压力水驱动卷盘旋转,卷盘上缠绕软管(或钢索),牵引远射程喷头,使其沿管(线)自行移动和喷洒的喷灌机械,又称为绞盘式或卷筒式喷灌机。

卷盘式喷灌机的应用很广泛,特别是近年来受到很多国家的重视。卷盘式喷灌从开始出现就有非常多的品种规格,可以归纳为两大类,即卷盘缠绕软管的管卷盘式自动喷灌机和卷盘缠绕钢索带动喷头车自走的钢索牵引卷盘式喷灌机。它们的共同特点是输水都是软管,都有 1 个卷盘,卷盘在喷灌机作业时靠自身喷灌的压力水驱动并缠绕软管或钢索,拖带远射程喷头连续移动,进行喷洒作业。

软管卷盘式喷灌机出现在钢索绞盘式喷灌机之后,在 19 世纪 70 年代首先在法国、德国等地研制出来。近年来,这类喷灌机的性能不断得以提高完善,目前已被国外公认为是最好的灌溉机械之一。

卷盘式喷灌机的优点较多,主要有以下几方面:

①结构简单、紧凑,构件结实,不易损坏。

②操作简便,易实现自动化,只需 1~2 人操作管理,转移位置时一小时之内就可安装完毕。可连续工作,工作结束后可自动停机。

③控制面积大、生产效率高。输水管长为 250~580 m,喷头射程为 25~65 m,每天只需移动 1~2 次,输灌周期为 4~10 d。

④机动性好、适应性强、灵活快捷。

⑤喷灌作业完成后即可拉回仓库保管,避免人为损坏和偷盗。

⑥喷灌质量较好,喷头车移动速度可在 10~40 m/h 的范围内调节,喷灌水量可控制在8~60 mm 水深,喷灌均匀度可达 85%以上。

⑦使用寿命长,正常情况下可用 15 年左右。所用 PE 塑料软管耐高压、耐高温、耐磨、耐拉、耐扎、耐候(环境应力开裂),寿命可达 10 年以上。

这种喷灌机较适合我国的自然、经济条件及农业管理水平,可以大面积推广。它的不足之处是管道输水压力损失较大,要有一条较宽的机行道。

2)卷盘式喷灌机的构造

软管卷盘式自动喷灌机外形如图 10.17 所示。它是由喷头车、PE 半软管及卷盘三大部分组成。运输状态时,三者成为整体;工作状态时,喷头车用 PE 管和卷盘车联系。

PE 半软管是这种喷灌机的最关键部件,它是一种以中密度的聚乙烯材料为主的半软管,在有水压和无水压情况下,卷成盘或铺伸开时其截面总能保持圆形。这种管的力学性能优良,担伸强度比一般 PE 管大得多,断裂强度可达 13.5~15.6 MPa,管子重复卷放达 1 万次左右才会出现裂纹。而且能经受地面摩擦、日晒雨淋、冷热交替、弯曲拉伸和内水压力等多种环境条件的综合应用。

卷盘喷灌机装有使喷头车自走的水力驱动机。常见的形式有旋转喷嘴式、水涡轮式、水压缸式和伸缩皮囊式四种,前两种为动水压驱动,后两种为静水压驱动。伸缩皮囊式性能较好,它结构简单,体积较小,水量消耗很少(一般只占总喷灌流量的 1%~1.5%),水力损失很小,没有机械摩擦,性能稳定,对水质要求不高,伸缩皮囊常被安装在软管卷盘式自动喷灌机

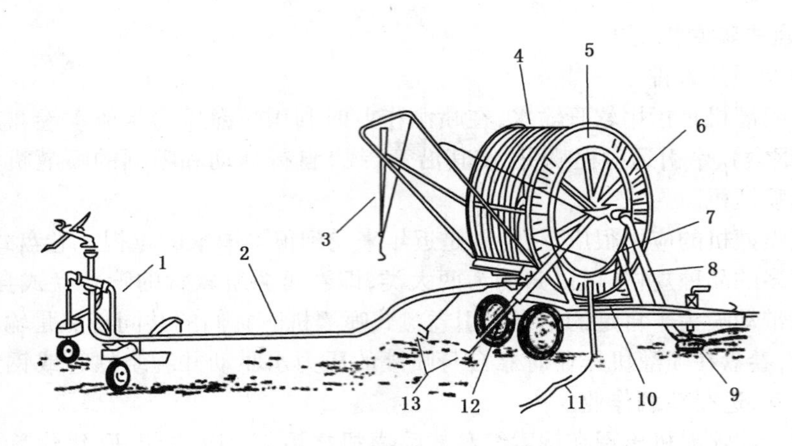

图 10.17　软管卷盘式自动喷灌机

1—喷头车;2—PE 软管;3—喷头车收取吊架;4—PE 软管;5—卷盘;
6—卷盘车;7—伸缩支囊式水动力机;8—进水管;9—可调支腿;
10—旋转底盘;11—泄水孔管;12—自动排管器;13—支腿

的中心部位。

(2)**电力驱动中心支轴式全自动喷灌机**

1)特点

电力驱动中心支轴式全自动喷灌机又称时针式或圆形喷灌机。它的喷水管(支管)是一根由一节一节的薄壁金属连接成的长管道,其上按一定要求布置有许多喷头。长管道高架在间距差不多相等的若干个塔车上,它的一端与被灌地块中央的固定中心支轴座连接,支轴处的井泵和中心控制箱供给压力水并起控制作用,以保证管道绕中心支轴按预先调好的速度保持近于直线的连续缓慢旋转喷灌。

这种喷灌机的主要优点是:自动化程度高,可昼夜工作,一个人就可管理 8~12 台喷灌机,一个灌水周期可喷灌约 600 hm^2 土地,工作效率很高;节约水量、劳力和土地;可适时适量地满足作物需水要求,增产效果显著;适应性很强,可适应地形坡度达 30°左右,几乎适宜灌溉所有的作物和土壤;能一机多用,可用来喷施化肥、农药、除草剂等。其不足之处是四个地角不易灌溉、耗能多、运行费用高等。但该机型仍是最受欢迎的先进机型之一,国内外特别是发达国家应用较多。

2)结构组成

中心支轴式喷灌机属单元组装式多支点结构,由腹架与搭车组成一个单元跨架,然后根据地块所需要的长度将单元跨架连接,并与中心支轴座组成整机。外形结构如图 10.18 所示。它的结构主要由八大部分组成:中支轴座、跨架(包括腹架与塔架)、末端悬臂以及驱动、调速、同步、安全保护、喷洒等系统。

中心支轴座是一个由型钢连接成的四棱锥架,其上设有中心主控制箱、集电环、控制环及旋转弯头等。中心主控制箱内有驱动系统主电路(380 V)的配电设备及二次控制线路电源和控制元件。主控制箱内有断路开关、正反转控制设备、调速设备、中间继电器、二次线变压电源、保护元件、启动停机操纵设备及监控仪表等。集电环装在旋转弯头上,是为了避免喷灌机做旋转运动时,将输电电缆缠绕在中心支轴上。控制环是为了限位用的,一是可使喷灌机限

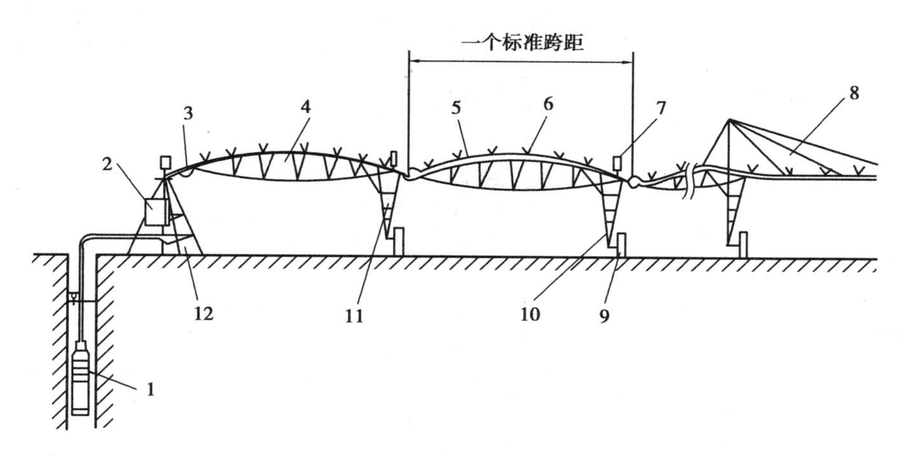

图 10.18　中心支轴喷灌机结构组成

1—井泵(或压力管道供水);2—中心主控制箱;3—柔性接头;4—腹架;
5—喷灌支架;6—喷头;7—塔车控制箱;8—末端悬臂;9—行走轮;
10—塔车驱动电机;11—塔车;12—中心支轴座

位作扇形喷洒(在一扇形喷洒面积内作正反向回转),二是为了使末端喷头自动启闭。

腹架和塔车组成一个标准跨架,腹架由输水支管、支立三脚架和拉筋组成的空间结构,起过流和承重作用。输水支管常采用直径 152、168、203 mm,壁厚 2~3 mm 等型号的热浸镀锌钢管。支立三脚架用角钢和螺栓联成,起腹杆作用,根据不同的跨长,每跨可有 4~7 个。拉筋采用 19 或 22 的圆钢筋。塔车由角钢钢管底梁、行走轮和驱动系统等组成。它是腹架的支座,也是喷灌机的驱动组件。

驱动装置包括塔车控制箱、驱动电机、减速箱、传动装置和行走轮等。塔车控制箱装有驱动电机的配电设备、同步控制机构、安全保护系统元件等。驱动电机多选用启动转矩大、允许频繁启动的三相异步电动机,功率为 0.6~1 kW,转速较低,有过流过载保护。减速器常采用 2~3 级蜗轮蜗杆式链轮,圆柱齿轮减速。行走轮多用低压高浮动式橡胶轮。喷灌机的行走轮转速一般为 1 r/min 左右。

拱形腹架的一端与塔车固定,另一端用柔性接头和另一跨架相连接。两个塔车的距离称为跨距,一般分标准跨和长跨,标准跨长为 32~56 m。长跨组成的喷灌机主要用于耕地面积大,地势较平坦的情况。

3)工作原理

电力驱动中心支轴式喷灌机的工作原理是由其任务决定的,即要均匀喷洒和安全自走,而后者又是为前者服务的。要实现这两个任务,要求有过流喷洒部分和机械电气控制部分。

喷洒部分由井泵抽水(或其他压力水源),通过中心支座的竖管将压力水输送至支管,由支管上的喷头喷射到空中,洒落在所控制的面积上。支管下要灌溉的作物有一定的地隙要求,所以要将支管支撑在跨架上;要使水能均匀按一定的降水深降落到地表,应按设计要求在支管上布置喷头。

(3)平移式喷灌机

平移式喷灌机又称连续直线自走式喷灌机,它是以中央控制塔车沿供水线路(如渠道、供水干管)取水自走,其输水支管的运动轨迹互相平行(即支管轴线垂直于供水轴线)的多塔车喷灌机。它是由中心支轴式喷灌机发展而来的,实际上,是两台中心支轴式喷灌机在其中心支轴处代之以中央控制塔车并呈反对称组装而成的。所以它在结构上和中心支轴式喷灌机很相似,而灌溉的面积是矩形的。

1)特点

平移式喷灌机除了保留中心支轴式喷灌机的特点外,还有以下优点:

①适于灌溉矩形地块,地角也可以灌溉,土地利用率可高达98%。

②适于垄作和农机作用,轮迹线路可长期保留,没有妨碍农机作业的圆形轮沟,也不会积水。

③灌水均匀度高。

④比中心支轴式喷灌机的控制面积增大,单位面积上的投资和消耗材料指标降低,各跨架控制面积相等,便于加大机长。

⑤喷灌效率高,管路水头损失小,耗能省,喷头采用一个型号,无需加大末端喷头,沿管各点的喷灌强度一致,管道可用不同直径。

⑥综合利用性能更好,调速范围更宽,可以喷农药。

它的缺点是爬坡能力较低,只能在地面坡度小于7%的地块上作业;由于它在平面上有三个自由度,增加了导向问题,不仅难度增加,也往往使导向系统妨碍交通;供水系统的难度增大,等等。

平移式喷灌机主要适用于地面较平整、精耕细作的农业区和牧区。

2)结构特点

平移式与中心支轴式喷灌机比较,特点是:增加了中心跨架和导向系统;跨架结构与中心支轴式喷灌机一样,但跨度较大;在中央跨架的两边各有一刚性联结的跨架,这样可以增加中央跨架的稳定性,如图10.19所示。

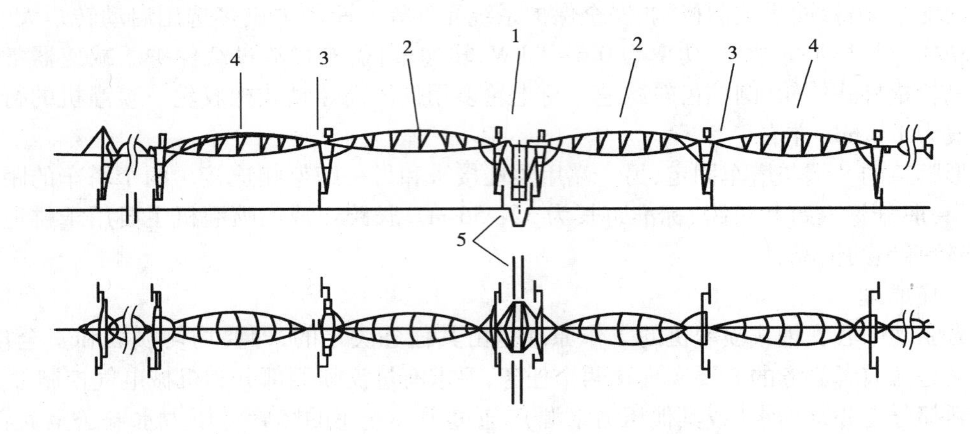

图10.19 平移式喷灌机结构示意图

1—中心跨架;2—刚性跨架;3—柔性接头;4—柔性跨架;5—渠道

中央跨架取代了中心支轴座,也起"首脑"控制作用。两个刚性跨架分立在两边,动力机组及主控制系统等放在吊架上悬挂在供水渠道上方,吊架吊在中央腹架上并用两个柔性接头和两边的刚性跨架联接,保证了吊架有一定的自由度和动行的稳定性。

同步控制及安全保护系统基本和中心支轴式喷灌机相同，只是由于平移式喷灌机的跨架一般较长，要求传递各跨之间产生的角变位更灵活一些。

10.3.3　喷灌机的使用和维护

(1)喷灌机使用注意事项

①利用拖拉机或其他牵引动力把喷灌机拉到作业区，牵引行驶速度应小于 10 km/h。

②工作人员作业时严禁穿戴宽大的衣物，并严禁将手及身体部位伸入转动部位。

③作业时留在绞盘上的 PE 管不得少于 3 圈以防将 PE 管从绞盘上拉脱。

④机具调整、维护、修理必须停机。

⑤转动部件防护网、罩必须配套齐全、严禁无防护网罩作业。

⑥作业地上有高压线时要注意避让。

(2)喷灌机的日常维护

①检查各联结部位是否松动。

②及时发现并更换损坏的喷头。

③调整动力传递中三角带的松紧。

④及时发现并修补软管的破洞。

⑤药液喷洒后，必须清洗喷头与软管，以防被腐蚀。

(3)喷灌机常见故障及排除

喷灌机常见故障及排除方法见表 10.4。

表 10.4　喷灌机常见故障及排除方法

故障现象	故障原因	排除方法
喷头摇臂不摆动	摇臂转动部位有杂物 摇臂轴弯曲或弹簧断裂 导流片转动安装角度小	清除并注润滑油 校正或更换 加大导流片安装角度
喷头摇臂上下摆动，但喷头不转	导流片转动安装角度小 制动弹簧太紧	加大导流片安装角度 调整制动弹簧紧度
射程不足	供水流量、压力未达到要求 给水栓没有彻底打开 水带局部漏水 喷头嘴直径太小 柴油机转速太慢	按使用说明书要求配套水泵组 打开给水栓 修补水带 更换喷头 调高柴油机转速
喷灌机行走不正常	进水球阀未打开或打开不彻底 地锚没有插牢 密封圈磨损 刹车系统失灵	打开球阀 插牢地锚 更换密封圈 调整或修理刹车装置

10.4　微灌系统的应用

微灌是一种按照作物需水要求，对水加压和水质处理后，通过管道系统和安装在末级管道上的特制灌水器,将水和化肥以微小的流量及时准确地输送到作物根系最集中的土壤区域,进行精细灌溉的一种方法。微灌一般适用于经济作物和城郊经济比较发达以及农民文化程度较高的地区,选择微灌时需要专业人员设计。

10.4.1 微灌设备的特点及分类

(1)微灌设备的特点

①节约水量。微灌的出水量很小,通常每小时小于 250 L,而且只湿润作物根部周围的土壤,深层渗漏很小,无地面径流损失,蒸发量很小。通常比喷灌省水 15%~20%,比地面沟渠灌溉省水 30%~50%。

②节省能源。微灌的工作压力低,用水量小,从而降低了能耗,节省了能源。微灌适应各种地形和土壤。

③提高作物产量。由于微灌灌水精确并结合施肥,使作物根系周围的土壤经常保持最有利于作物生长的状况,因此,采用微灌可以提高作物的产量及品质。

④便于自动化管理。

⑤造价较高,管理水平也相对较高。

(2)微灌设备的特点

微灌按照出流形式可分为滴灌、微喷灌和涌泉灌 3 种。

10.4.2 微灌设备的构成

微灌系统由水源工程、首部枢纽、输配水管网和灌水器四个部分组成,如图 10.20 所示。

(1)水源

河流、湖泊、井泉等,只要水质符合微灌要求的都可以作为微灌的水源。

(2)微灌工程的首部枢纽

微灌工程的首部枢纽通常由水泵、控制阀门、过滤装置、施肥装置、量测和保护装置组成,如图 10.21 所示。承担整个系统的加压、水处理和检测与调控任务,是全部系统的控制调度中心。

图 10.20 微灌系统的组成

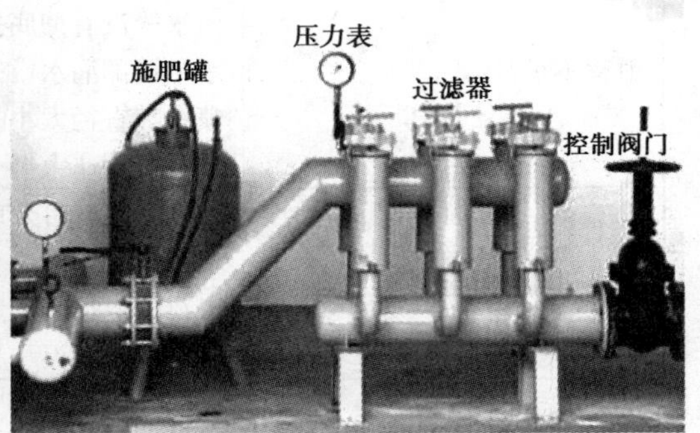

图 10.21 微灌工程的首部枢纽

(3)输配水管网

输配水管网由干管、支管及毛管等管道组成。其中,干管和支管担负输水和配水任务,毛管是末级灌水管道。

(4)**灌水器**

灌水器作用是把末级管道中的压力水流均匀而稳定地灌到作物根区的土壤中,直接影响微灌的灌水质量。

在微灌系统中,灌水器的名字往往被称为某种关税方法,如滴灌、微喷灌、小管出流灌等都是以灌水器的名字而来的。

常用的微灌灌水器主要有以下几种:

1)滴灌

常见的有内镶式滴头和滴键。内镶式滴头,是根据长流道消能原理制成的,压力水经过迷宫式(图10.22)流道后,从出水口流出,内镶式滴灌管是将带有迷宫流道注塑成型的铜片在拉管的过程中粘贴在管内壁上,在出口处的外壁上打孔,形成滴灌管。滴键,滴头的一端带插杆插入土壤中,另一端为带流道的滴头芯插入小管内,多用于花卉、盆栽作物。

图10.22　内镶式滴头原理图

2)微喷灌

微喷头是微喷灌的灌水器,常见的有折射式微喷头,旋转式微喷头,多孔微喷带。

折射式微喷头又叫雾化式喷头,它结构简单,工作可靠,价格便宜,但水滴太细微,在空气干燥,温度高,风力大的地区蒸发损失较大。

旋转式微喷头在压力水反作用力的驱动下旋转,使水流向四周喷洒,有效半径较大,喷洒强度较低。

多孔微喷带是在薄壁上每隔一段距离直接用激光穿孔,水通过小孔喷出,工作水头低,成带状喷洒,效率高,抗堵塞性强,它的结构简单,输水和喷洒为一体,价格便宜,使用管理方便。

3)小管出流灌

它是由4 mm的小管、三通和流量调节器组成。直径比滴头流道直径大3~5倍,因此堵塞问题小,对水质要求较低。

(5)**过滤器**

微灌的过滤器是把灌溉水中的杂质清除掉,保证微灌灌水器不被堵塞。过滤器的种类有离心过滤器、筛网过滤器、砂介质过滤器、砂介质过滤器和碟片过滤器。

1)离心过滤器

常见的结构形式为圆锥形,它由进水口、出水口旋涡室、分离室、储污室和排污口等组成,

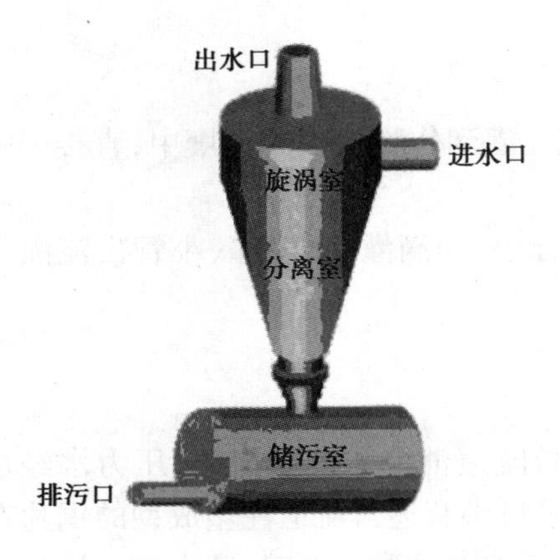

图 10.23　离心过滤器的结构

如图 10.23 所示。这种过滤器能够连续过滤高含沙量的灌溉水,但是,不能除去比水轻的有机质等杂物,特别是水泵启动和停机时,过滤效率下降,会有较多的沙粒进入系统。因此只能作为初级过滤器。然后用筛网或碟片过滤器进行第二次处理。

2)筛网过滤器

它是一种简单而有效的过滤设备,它的过滤介质是不锈钢筛网或尼龙筛网。筛网过滤器由筛网、壳体和顶盖等主要部分组成,如图 10.24(a)所示。可与离心过滤器或沙过滤器联合使用,也可单独使用于支管与毛管上。筛网过滤器主要用于过滤灌溉水中的粉粒、沙河水垢等污物。

3)砂介质过滤器

以砂石为过滤介质,由进水口,过滤罐体,砂床,排污孔,出水口组成,如图 10.24(b)所示。

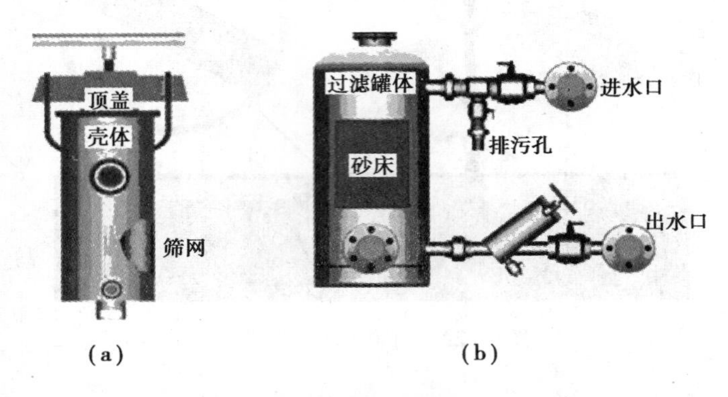

(a)　　(b)

图 10.24　筛网过滤器和砂介质过滤器的结构

为了使微灌系统在反冲洗过程中也能同时向系统供水,在首部枢纽安装两个过滤器。这种过滤器主要用于开敞式水源,水中有较轻的有机质等杂物,与筛网或碟片过滤器联合使用,组成微灌系统的一级过滤。

4)碟片过滤器

工作时水流通过碟片,杂物拦截在叠片沟槽中,清水从旁边流下,叠片作用与赛网相同。

(6)施肥装置

灌溉施肥是微灌系统的重要特征之一,常用的施肥装置有以下几种:

1)压差式施肥灌

压差式施肥灌一般由调压阀,进水管,供肥液管,储液罐组成,如图 10.25 所示。它的优点是加工制造简单,造价低,不需加外动力设备;缺点是溶液浓度大,不易控制,罐体容积有限,添加化肥次数频繁。

2)开敞式施肥装置

使用开敞式施肥装置十分方便,只需要把肥料按一定比例倒入池或桶中,搅拌均匀后注入微灌系统,通过灌水器对作物进行施肥。

3）文丘里注入器

文丘里注入装置的工作原理是利用管道的收缩段使管道两端形成压力差，这样肥液就会吸进系统，如图 10.26 所示。文丘里注入器构造简单，造价低廉，使用方便。主要适用于小型微灌系统，向管道注入肥料或农药。

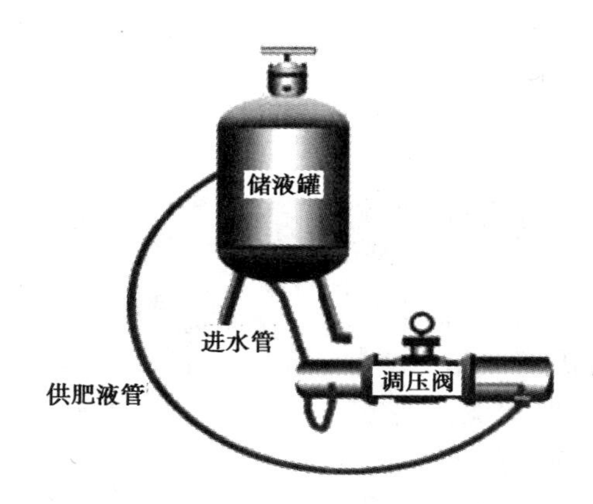

图 10.25　压差式施肥灌的结构

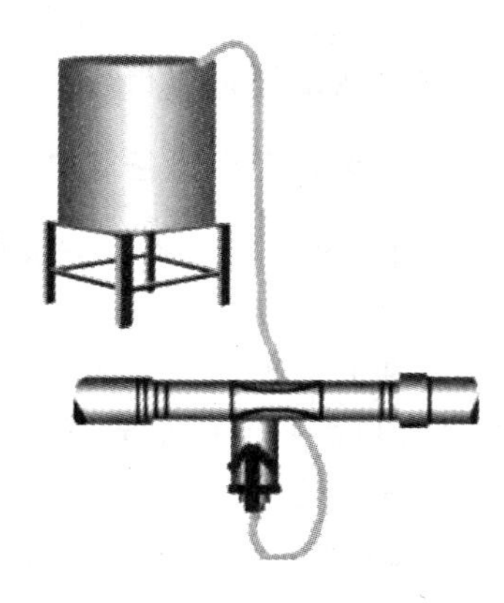

图 10.26　文丘里注入器原理图

施肥装置要求安装在系统的一级和二级过滤器之间，防止肥或药反向流入水源，或溶解不好的颗粒进入管道系统。

10.4.3　微灌系统的运行管理

管道药保持经常畅通、不破裂、不漏水，当工程建成以后，首次运行时，要对干管、支管和所有毛管进行冲洗，防止泥沙阻塞管道。灌水期间要经常检查管道的工作状况，发现损坏或漏水的地方要及时处理，如有滴头漏水或堵塞情况，应及时更换新的滴头。每年灌溉季节结束，要对管道进行全面检修。防控管道里的存水，阀门应关闭并涂油防锈、加盖保护。

为了保持过滤器的过滤效果，必须经常进行清洗，操作时要经常观察过滤器进出口处两个压力表的压力差值，如果超过了规定的压力差，就要对过滤器进行冲洗。筛网过滤器要取出滤芯，刷洗干净，晾干存放。砂石过滤器，要彻底反冲洗，并用滤液处理消毒，防止微生物生长。

运用施肥装置施肥时，最重要的施药正确计算施肥罐内应装入的肥料数量和水量，要详细阅读产品上的使用说明，掌握好水和肥料的配比。另外，要将每一次灌溉面积的所需肥料一次施完，然后再装入下一个轮灌面积所需的肥料，以防止施肥不均匀等问题发生。

以压差式的施肥为例，压差式施肥罐的操作过程是系统运行正常之后，首先把可溶性肥料或肥料溶液放入液罐内，然后把灌口封好并盖紧，接通供肥液管，并打开上面的阀门，再接通进水管，并打开阀门，此时，肥料罐的压力与灌溉输水管的压力相等，为此，关小微灌输水管道上的施肥调压阀门，使阀门前管道压力大于阀门后管道压力，形成一定的压差，使罐中肥料通过供肥液管进入阀门后输水管道中，又造成化肥罐压力降低，因而，阀门前管道中的灌溉水由供肥管进入化肥罐内，而罐中化肥溶液又通过供肥液管进入微灌管网及所控制的每个灌水器。

施肥是微灌的最重要的特点，为了确保微观系统施肥时运行正常，并防止水源污染，必须注意以下 3 点：

①化肥或农药的注入一定要放在水源和过滤器之间。肥液先经过过滤器之后再进入灌溉管道,以便溶解化肥和其他杂质清除掉,以免堵塞管道和灌水器。

②施肥和施农药后必须利用清水把残留在系统内的肥液或农药全部冲洗干净,防止设备被腐蚀。

③在化肥或农药输液管出口处与水源之间一定要安装逆止阀,防止肥液或农药进入水源,更严禁直接把化肥和农药加进水源而造成环境污染。

10.4.4 灌水监测设备简介

常见的灌水监测设备是土壤水分张力计,仪表上分为黄色、蓝色和红色区域,黄色区域表示水分太多,土壤透气性差,当指针表长时间处于这个范围时,作物不能正常生长,需要排水。绿色表示土壤水分状况最佳,对于大部分温室栽培的经济作物来说,在这个范围生长环境最好,不需要灌溉。蓝色区域表示土壤水分状况良好,对于大部分露天栽培的经济作物来说,在这个范围内会生长良好,不需要灌溉,对于温室作物来说,当张力计的指针到了这个范围后就需要灌溉了。红色,表示土壤水分状况差。对于大部分经济作物来说,都需要灌溉,否则会影响产量和品质。

图 10.27 土壤水分张力计

这种设备安装简便,首先是将土壤水分张力计的顶端灌满水并盖紧,轻轻摇晃,然后在作物附近钻一个深约 15 cm 的洞,灌入与作物周围土质相同的泥浆,土壤水分张力计的底端也要沾满泥浆,将土壤水分张力计插入洞中,洞口填满土。通常,每亩田地使用两到三个土壤水分张力计就能达到效果。

第 11 章 其他植保机械的类型、构造、使用及维护

作物在田间生长过程中,除了病虫害防治和排灌之外,还需进行间苗、除草、培土、施肥等劳作。通过间苗,可以控制作物单位面积的有效苗数,保证禾苗在田间的合理分布;通过防止土壤板结和返碱,减少水分蒸发,提高地温,促进微生物活动,加速肥料分解;通过向作物根部培土,可促进作物根部生长,防止倒伏。在实际生产中,可以利用中耕机械和施肥机械来完成上述工作。另外,保护地面的栽培技术中常用到地膜覆盖机械。中耕机械在我国西南丘陵地带使用较少,本章主要介绍施肥机械和地膜覆盖机械。

11.1 施肥机械的类型、构造、使用及维护

肥料施于土壤或植物上,可以改善植物生育和营养条件。根据作物的营养时期和施肥时间,可把施用的肥料分成基肥、种肥和追肥。

施基肥是在播种或移植前先用撒肥机将肥料撒在地表,犁耕时把肥料深盖在土中。或者使用犁载施肥机,在耕翻时把肥料施入犁沟内。水田常用泡水犁田后,均匀撒入肥料,然后再耙田。

施种肥是在播种时将种子和肥料同时播入土中。以前多用种肥混施方法,近些年较多地采用侧位深施、正位深施等更为合理的种肥施用方法。

施追肥是在作物生长期间,将肥料施于作物根部附近,或者使用喷雾法将易溶于水的营养元素(比如叶面肥)施于作物叶面上,这种施肥称为根外追肥。

11.1.1 施肥机类型及构造

施肥机械根据肥料种类和施用方式的不同,可分为化肥撒肥机、液氨及氨水施用机、厩肥撒布机、厩液施用机及施肥播种机。

(1)化肥撒肥机

1)离心式撒肥机

离心式撒肥机的主要工作部件是一个由拖拉机动力输出轴带动旋转的撒肥圆盘,盘上一般装有 2~6 个叶片。工作时,肥箱中的肥料在振动板作用下流到快速旋转的撒肥盘上,利用

离心力将化肥撒出。排肥量通过排肥口活门调节。单圆盘撒肥机肥料在圆盘上的抛出位置可以改变,以便在地边左、右单面撒肥,可以在有侧向风时调节抛撒面。双圆盘式撒肥机两撒肥盘转向相反,能有选择地关闭左边或右边撒肥,以便单边撒肥。其结构如图 11.1(a)所示。

2)气力式撒肥机

气力式撒肥机的排肥器从肥箱中定量排出肥料至气流输肥管中,由动力输出轴驱动的风机产生的高速气流把肥料输送到分布头戡凸轮分配器,肥料以很高的速度碰到反射盘上,以锥形覆盖面分布在地表,其结构如图 11.1(b)所示。

3)摆管式撒肥机

摆动撒肥管由动力输出轴传动的偏心轴使其做快速往复运动,进入撒肥管的肥料以接近正弦波的形状撒开。搅肥装置和排肥孔保证向撒肥管中均匀供肥。其结构如图 11.1(c)所示。

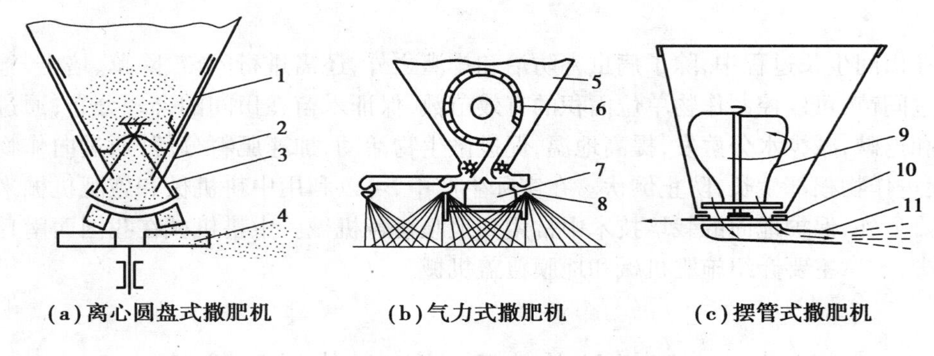

图 11.1　化肥撒肥机

1—振动板;2—排肥活门;3—排肥板;4—撒肥盘;5—肥箱;6—风机;
7—传动箱;8—反射盘;9—搅肥装置;10—孔板;11—摆管

此外,还有缝隙式、栅板式、辊式、链指式及转盘式撒肥机。

(2)液氨施用机

1)施液氨机

主要由液氨罐、排液分配器、液肥开沟器及操纵控制装置组成。液氨通过加液阀注入罐内。排液分配器的作用是将液氨分配并送至各个施肥开沟器。排液分配器内的液氮虚力由调节阀控制。施肥开沟器为圆盘—凿铲式,其后部装有直径为 10 mm 左右的输液管,管的下部有两个出液孔。镇压轮用来及时压密施肥后的土壤,以防氨的挥发损失。其结构如图 11.2(a)所示。

2)施氨水机

施氨水机主要部件有液肥箱、输液管和开沟覆土装置等。工作时,液肥箱中的氨水靠自流经输液管施入开沟器所开的沟中,覆土器随后覆盖,氨水施用量由开关控制。其结构如图 11.2(b)所示。

(3)厩肥撒布机

1)装肥撒肥机

该机器装肥时,撒肥器位于下方,将厩肥上抛,由挡板导入肥箱内。这时,输肥链反传,将肥料运向肥箱前部,使肥箱逐渐装满。撒肥时,撒肥器由油缸升到靠近肥箱的位置,同时更换传动轴接头,改变输肥链和撒肥器的转动方向,进行撒肥。其结构如图 11.3(a)所示。

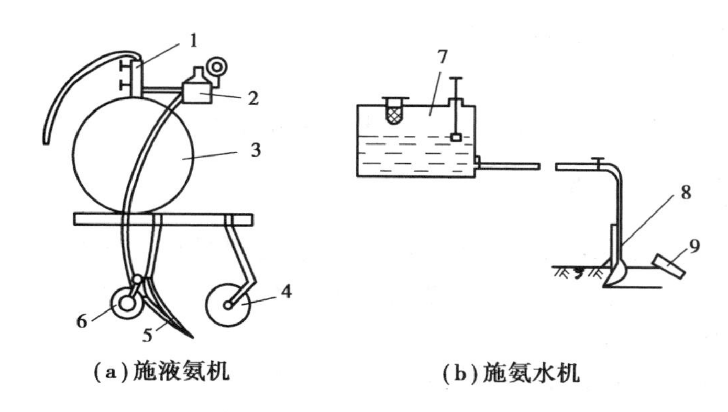

图 11.2　液氨施用机

1—加液装置;2—排液分配器;3—液氨罐;4—圆盘刀;5—施肥开沟器;6—镇压轮;7—液肥箱;8—开沟器;9—覆土器

2)甩链式厩肥撒布机

这种机器在圆筒形的肥箱内有一根纵轴,轴上交错地固定着多条端部装有甩锤的甩锤链。动力输出轴驱动纵轴旋转,甩链破碎厩肥,并将其甩出。甩链式撒布机除撒布固态厩肥外,还能撒施粪浆。采用侧向撒肥方式可以将肥料撒到机组难以通过的地方,但是侧向撒肥均匀度较差,近处撒得多,远处撒得少。其工作原理如图 11.3(b)所示。

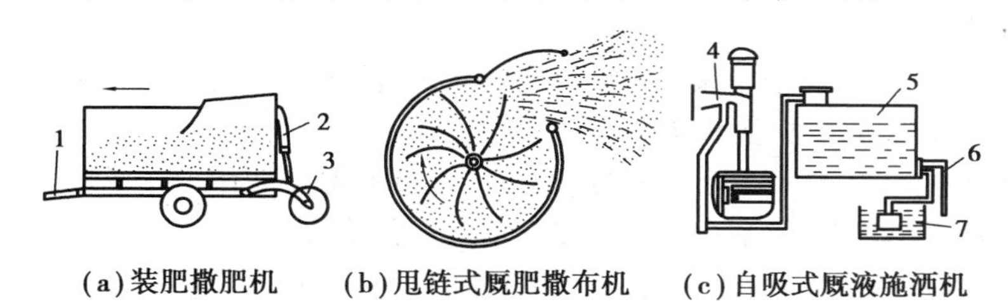

图 11.3　厩肥撒布机

1—牵引器;2—油缸;3—撒肥装肥器;4—引射器;5—液肥灌;6—排肥管;7—厩肥池

3)自吸式厩液施洒机

该机器在吸液时,液罐尾端的吸液管放在厩液池内,打开引射器终端的气门,发动机排出的废气流经引射器在工作喷嘴内流速增大,压力降低,从而使吸气室内的真空度增加并通过吸气室接口所装的吸气管与液罐接通,使液罐内处于负压状态,池内液肥在大气压力作用下不断流入罐内。田间施肥时,应关闭气门,打开排液口,发动机排出的废气经压气管(与吸气管共用)进入液罐,对液肥罐内增压,加压液肥从排液管流出,并压送到一定高度喷出。

自吸式厩液施洒机结构简单、使用可靠,不仅可以节省劳力,提高效率,而且有利于环境卫生。其结构如图 11.3(c)所示。

(4)化肥排肥器的技术要求

①具有一定的排肥能力,排肥量稳定均匀,不受肥箱肥料的多少、地形倾斜起伏及作业速度等因素的影响。

②可以播多种肥料,通用性好。要求排肥器除了能排施流动性好的晶、粒状化肥和复合颗粒化肥外,应能排施流动性差的粉状化肥。

③调节灵敏、准确,调节范围能适应不同化肥品种与不同作物的施用要求。

④工作可靠,阻力小,使用调节方便。

⑤作业后清理残存化肥。

⑥机器上所有与肥料接触的机构、零件采用防腐耐磨材料制造。

11.1.2 施肥机使用及维护

以 1LDF-520 犁地施肥机为例。1LDF-520 犁地施肥机是与 18 kW 以上四轮拖拉机配套适用于春秋季播种前的浅耕和施肥作业,也可用于翻地、开垦荒地及施肥作业。

(1)安全注意事项

①使用人员必须取得合法驾驶拖拉机的资格,严禁未满 18 岁的青少年及未参加拖拉机驾驶员培训的人员操作,严禁操作人员酒后、带病或过度疲劳操作,严禁在作业中进行调整、修理和润滑工作。

②使用人员使用前必须认真阅读说明书,熟悉机具的使用特点、操作方法。

③犁地施肥机每班工作前必须检查螺栓是否松动,各部位转动是否正常。对犁地施肥机进行调试、保养、清理、加肥时必须停机。

④工作时严禁倒退或急转弯。

⑤工作部件和传动部件上粘土或缠草过多时必须停机清理,严禁在作业中用手清理。

⑥夜间作业时必须有良好的照明设备。

(2)使用与保养

对施肥机进行正确的使用与保养是提高作业质量、发挥机具效率和延长使用寿命的重要环节,在作业中要做到多观察、勤保养。

①作业前应向在场人员发出启动信号,非工作人员不得停留在工作场地。机具工作前应进行试犁,调整好工作状态,正常工作时应匀速前进并定期检查翻耕深度,以保证翻耕后土壤的平整性,应定期检查肥箱内的化肥情况,及时添加化肥。

②在工作中随时观察机具各部位的运转情况、即时检察各部位的紧固情况、若有松动应即时紧固。观察铧式犁工作情况,如果有缠草、雍土现象,应即时停机排除。

③要即时对各润滑点进行注油,链轮及链条要加油润滑。

④作业季节结束后,应彻底清理污泥,紧固各部位的螺栓,更换磨损过重损坏的零部件,加注润滑油,对铧式犁刃口处涂油防锈;机具应放置在通风、干燥的库房或席棚下保管。

(3)常见故障及排除方法(见表 11.1)

表 11.1 1LDF-520 犁地施肥机常见故障及排除方法

常见故障	故障原因	排除方法
链条卡死	链轮与链条啮合处有异物	取出异物
排肥轮卡死	排肥轴锈蚀	加注润滑油使转动灵活
	肥料中有异物	清除异物或缠绕物品
地轮不转	地轮轴锈蚀	加注润滑油使转动灵活

11.2　地膜覆盖机类型、构造、使用及维护

地膜覆盖是一项新的保护地面的栽培技术。它是把厚度只有 0.012 ~ 0.015 mm 的塑料薄膜,用人工或机械的方法紧密地覆盖在作物的苗床(畦或垄)表面,可以达到增温、保墒、护根、保苗、抑制杂草滋生、促使作物早熟、增产的目的。

11.2.1　地膜覆盖技术要求

地膜覆盖栽培是在 19 世纪 50 年代随着农用塑料薄膜的产生而兴起的一项农艺技术。地膜覆盖不仅可以提高地温、阻止土壤水分蒸发,还能防止雨水冲刷和土壤板结,使土壤保持疏松状态。这既有利于作物根系的发育和深扎,又为好气性微生物创造了适宜的环境,从而促进土壤中的有机物和腐殖质分解,为农作物丰产提供良好的基础,这也是地膜覆盖能增产的主要原因。

地膜覆盖的农业技术要求是:

①良好的整地筑畦质量,表层土壤尽量细碎,畦形规整(以横断面呈龟背形为佳)。

②薄膜必须紧贴畦面且不被风吹走。

③薄膜质量要好,厚度适中(以 0.012 ~ 0.015 mm 为佳)。

④薄膜尽量绷紧,覆盖泥土要连续、均匀。

⑤耕整地后,越早覆盖效果越好。

11.2.2　地膜覆盖机的类型、构造及工作原理

(1)地膜覆盖机的优点

由于地膜覆盖栽培技术的推广和应用,地膜覆盖机械化的发展非常迅速,机械铺膜与人工铺膜相比具有以下优点:

①机械铺膜畦面整齐光滑、铺得严、压得实、贴得紧。

②作业适应能力强,可在五六级风的条件下照常作业,而人工铺膜在四级风时就不好作业了。

③效率高,大中型拖拉机牵引的地膜覆盖机可提高工效 50 ~ 60 倍,小型拖拉机牵引的地膜覆盖机可提高工效 25 倍左右;人畜力牵引的地膜覆盖机可提高工效 15 倍左右。

④作业成本低,经济效益好。

(2)地膜覆盖机的类型及构造

目前我国各地研制的各种类型的地膜覆盖机具已达四十多种,型号各异,没有统一的标准,但其工作原理和使用方法基本相同。按动力方式不同分为人力式、畜力式和机动式三种类型。按完成作业项目可分为单一地膜覆盖机、作畦地膜覆盖机、播种地膜覆盖机、旋耕地膜覆盖机和地膜覆盖播种机等五大类。

地膜覆盖机的一般构造主要由旋耕部分、整形部分、膜辊装卡部分、压膜部分、覆土部分等部件组成。

旋耕部分用来保证整地质量,使土壤细碎;整形部分用来保证畦形尺寸符合农艺要求,它

一般由三块钢板组装而成,其畦宽、畦高均可调整;膜辊装卡部分具有弹性顶销,使膜辊装卡简便,转动灵活;压膜部分的作用是将膜展平,拉紧并与畦面贴严,该装置一般为泡沫塑料压膜轮或橡胶压膜轮。覆土部分的作用是将膜边用土压紧,一般为圆盘覆土器或铧式覆土器。由于功能及作业方式的不同,地膜覆盖机的结构又有些不同。

1)单一地膜覆盖机

该机主要由机架、悬挂装置、开沟器、挂膜架、压膜轮和覆土器等部件组成,如图 11.4 所示。工作时能在已耕整成畦的田地上一次完成开沟、覆膜、覆土等作业。

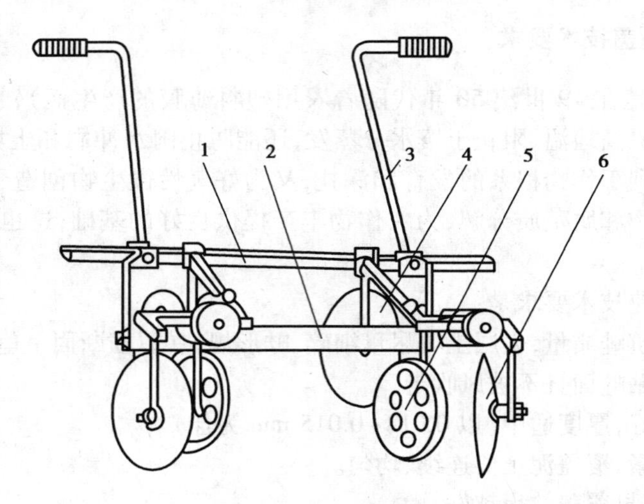

图 11.4 人畜力地膜覆盖机

1—机架;2—地膜卷芯轴;3—手柄;4—球面圆盘开沟器;
5—塞膜轮;6—球面圆盘覆土器

2)作畦地膜覆盖机

该机是在单一地膜覆盖机上增添作畦和整形装置如图 11.5 所示。作业时可在已耕整过的田地上一次完成作畦、整形、覆膜及覆土等多项作业。

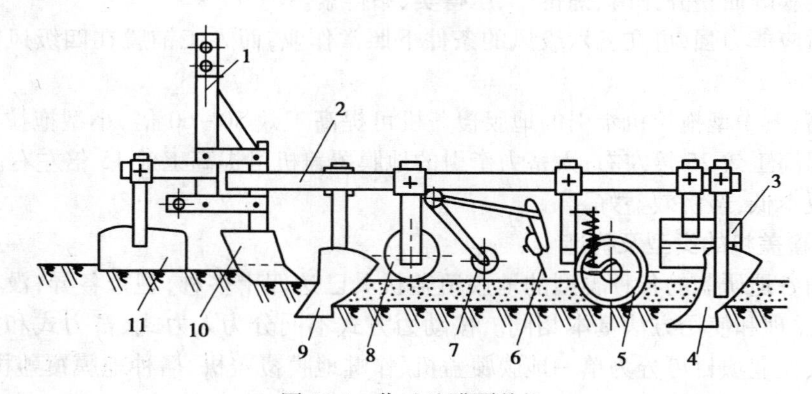

图 11.5 作畦地膜覆盖机

1—悬挂装置;2—机架;3—挡土板;4—覆土器;5—压膜轮;6—展膜机构;
7—挂膜架;8—镇压器;9—开沟器;10—整形板;11—收土器

3)地膜覆盖播种机

这种机型是先覆膜然后在膜上打孔播种并在孔上盖土。出苗后不需人工放苗,省工安全,能保证苗齐、苗壮、苗全,适用于大面积地膜覆盖播种作业,如图 11.6 所示。

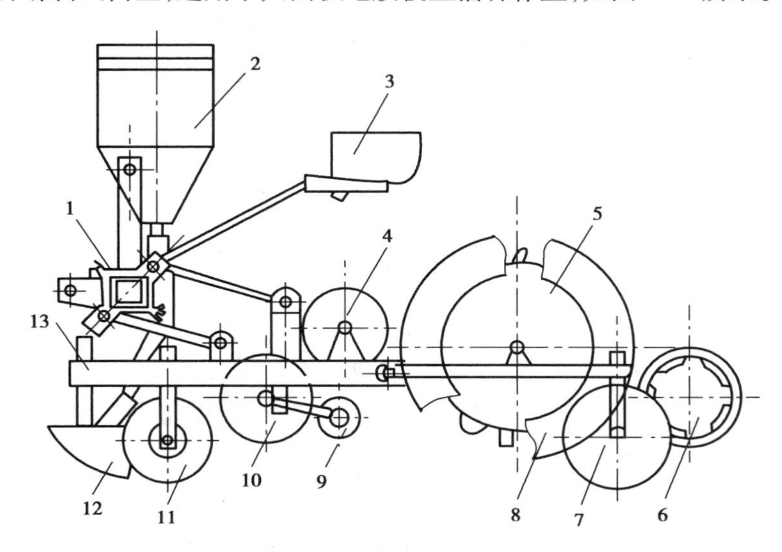

图 11.6　地膜覆盖播种机

1—主梁;2—肥料箱;3—座位;4—薄膜;5—点播滚筒;6—盖土轮;
7—覆土圆盘;8—展膜轮;9—铺膜辊;10—镇压滚;11—开沟圆盘;
12—滑刀式施肥器;13—框架

4)播种地膜覆盖机

将定型的播种机和地膜覆盖机有机组合为一体,在已耕整田地能一次完成播种、镇压和覆膜作业。

5)旋耕地膜覆盖机

该机集旋耕、作畦、整形、覆膜及覆土于一体的复式作业机具,适用于覆膜后打孔播种和孔上盖土作业。

(3)覆膜原理及固膜方式

地膜覆盖机的工作质量好坏主要取决于覆膜的质量和薄膜的固定程度。地膜覆盖机利用压膜轮将塑料薄膜紧贴在畦面上,其工作原理如图 11.7 所示。工作时压膜轮行走在畦两侧斜面下部,压力 P 被分解为 N 及 R,薄膜在 R 力的作用下于横向被紧贴在畦上;同时由于放膜架的回转阻力,使薄膜在纵向被拉紧,于是随着机器的前进使薄膜紧贴在畦面上。压膜轮也可以是圆柱形,表面采用泡沫塑料或其他软性材料,利用其在压力下的变形来与畦侧贴合,同时又可防止损伤薄膜。

就地膜覆盖机本身来说,除因性能和功能其结构有所不同外,在结构上差别最大的是薄膜固定装置。它的功用是将压膜轮形成的薄膜张紧状态固定下来且使之不易被风吹走。薄膜固定方式有三种,如图 11.8 所示,即覆土、嵌膜和绳索压边。覆土固定方式使用圆盘或犁铧首先开沟起土,将土向外翻,压膜轮将薄膜两侧边压在沟内,并将薄膜绷紧于畦面,然后由圆盘、犁铧或覆土板将起土部件起出的土覆入沟内压住薄膜。前面所介绍的几种类型的地膜覆

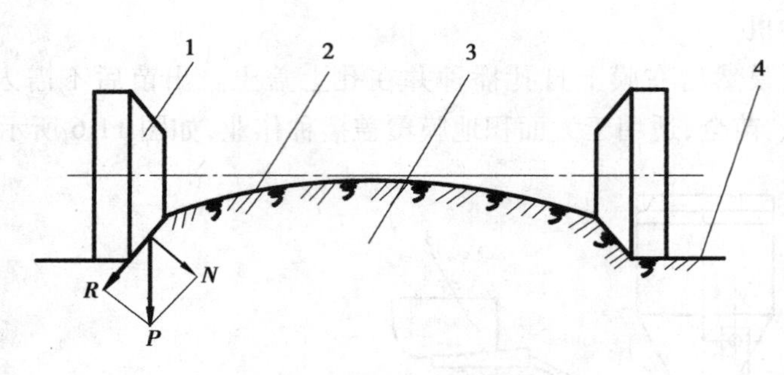

图 11.7 压膜轮工作原理

1—压膜轮;2—地膜;3—畦面;4—畦沟

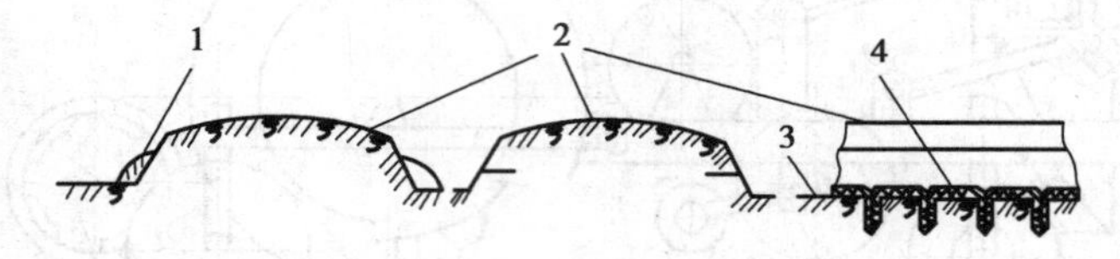

图 11.8 地膜固定方法

1—覆盖泥土;2—地膜;3—沟底;4—绳索

盖机均属覆土固膜方式。由于这种固膜方式使用的是传统的工作部件,且对筑畦质量要求不高,所以被广泛采用。嵌膜式固膜法系利用嵌膜轮将薄膜两侧边直接压入畦侧土中。这种方法工作部件少,工作阻力小,而且在嵌膜的同时薄膜被绷紧,因此对压膜轮的要求不高,只需能压住膜即可;但嵌膜固定对筑畦质量要求高,同时农艺上对其是否影响作物生长尚有一定争论。绳索压边有点类似缝纫,但只有面线而无底线,绳索被插入土中一定深度从而将薄膜缝在地上。此法的优点是除膜方便,只要将绳子从土中抽出即可将薄膜揭除;但其机构复杂,故国产地膜覆盖机均未采用。

11.2.3 地膜覆盖机的使用与维护

(1)地膜覆盖机的使用

1)作业准备

①地块应提前耕耙好,土壤细碎疏松,地表不得有直径大于 5 cm 以上的干土块或直立茬秆等杂物。

②地膜应是单层成卷,膜宽应比畦垄宽度大 20~30 cm,膜卷缠绕紧实均匀,无断裂、皱折等缺陷,卷端整齐,外串量不得大于 2 cm,膜卷外径一般以 15~20 cm 为宜,卷芯棒(管)应坚实平直,两端齐整,相对膜卷端面外伸量一般应小于 3 cm。

③覆膜机应部件齐全,无结构缺陷,回转运动部件灵活可靠,作业前按农艺要求和使用说明书进行调整并进行试作业。

2)作业技术操作要领

①机具从地头开始作业前,应将膜端头及两用土压实封严,两边压在压膜轮下。

②作业时,应保持直线行驶,机组前进速度要符合机具说明书的要求,不能忽快忽慢,人力牵引时,两人行走要同步;畜力牵引时要有专人牵管牲畜。

③作业中机手和辅助人员要随时注意作业质量和机组工作情况，发现问题及时处理。

④辅助人员应注意封压膜边，如有漏盖土的部位应及时盖土，并在覆好的膜面上每隔一定的距离横向盖上一些土，以防大风翻膜。

⑤机具作业到地头调头换行时，要切断地膜并封埋端头。

3）注意事项

①机组作业中要注意安全，防止人身伤亡事故，严禁在机具作业时调整或排除故障。

②停机调整或检查时，拖拉机应切断动力或熄火，提升状态下的部件应放在地上，牲畜应由专人看管。

③调头封埋、裁剪膜端头时，整机或压膜、覆土部件处于提升状态，确保其稳定，防止突然失控落下伤人。

（2）地膜覆盖机的维护保养

1）使用前

①将有关连接部件固定在配套机械上。

②进行试运转作业，发现问题及时处理。

2）使用中

①人力和人畜力地膜覆盖机：要搞好地膜支架旋转部件的清理杂草和适当添加黄（机）油工作。

②作畦覆膜机：除添加黄（机）油，确保覆膜部件转动灵活外，应时常注意起土圆盘和刮土整形器的角度，不适宜时应及时调整。

③旋耕覆膜机：适时添加黄（机）油；检查地膜支架的稳固性；检查调整旋耕机的入土角和旋刀是否迟钝或松动。

④播种覆膜机：检查播种机播种质量和播种入土角是否正常，排种是否均匀、可靠；适时添加黄（机）油，确保各转动部件运转正常；检查和紧固各连接部件。

3）使用后

①清除机具上的杂草和泥土。

②卸下覆膜机及其他工作附件。

③为入土部件除锈后涂上防锈漆或黄油。

④拆下旋转部件清洗后涂上黄油或机油。

⑤将清洗后的部件重新组装后，摆放在通风、干燥、不被风吹日晒雨淋的库房中，以便下季使用。

（3）地膜覆盖作业常见故障及排除方法

地膜覆盖作业常见故障及排除方法见表 11.2。

表 11.2　地膜覆盖作业常见故障及排除方法

常见故障	故障原因	排除方法
膜侧覆土过多、过少或两侧不一致	覆土器与机组前进的方向夹角及覆土器入土深度过大、过小或两侧不一致	调整覆土器与机组前进的方向夹角及覆土器入土深度
	机组前进速度太快或太慢	控制机组作业速度
	机具尾部配重(压力)过大、过小或不一致	调整配重
	整地质量不高、地块过硬或过湿	重新造墒
膜面呈现皱纹	斜向皱纹,左右压膜轮压力、高度或前后安装位置不一致	调整压膜轮的安装位置
	纵向皱纹,机组作业前进速度过快,左右压膜轮压力过小,膜卷转动不灵或膜面压辊压力太大	保持机组直行,速度适中,调整压膜轮压力和膜卷的转动
	横向皱纹,机组作业前进速度太慢,左右压膜轮压力过大,膜卷芯管未顶实或膜面压辊压力过小	保持机组直行,速度适中调整压膜轮、膜卷和膜面镇压辊

第 4 单元 收获机械

作物收获是整个农业生产过程中夺取高产丰收的最后一个重要作业环节,作业好坏对产品的质量和产量影响很大,作物收获的特点是时间紧、任务重、季节性强,容易受天气的侵袭而造成损失。因此,实现机械化收获对于提高劳动生产率、减轻劳动强度、降低收获损失具有极其重要的意义。

第12章 谷物收割机械的类型、构造、使用及维护

收割机械是用来完成作物的收割和放铺(或捆束)两项作业的机械。

12.1 谷物的收割

12.1.1 谷物收获的方法

根据不同的自然条件、栽培制度、经济和技术水平,我国目前采用的机械化谷物收获方法主要有以下几种:

(1)分段收获法

采用多种机械分别完成割、捆、运、堆垛、脱粒和清选等作业的方法,称为分段收获法。这种方法使用的机器结构简单、造价较低、维护保养方便、易于推广。但在整个收获过程需要大量的人力配合,劳动生产率较低,而且收获过程损失也较高。

(2)联合收获法

采用谷物联合收割机在田间一次完成收割、脱粒、分离以及清选等全部作业的收获方法。其特点是:生产效率高,减轻了劳动强度、利于抢争农时,并大大降低收获损失。但是联合收割机的结构复杂,一般价格较高,再加上每年使用利用时间短,收获、保养成本较高,另外还要求有较大的田块和较高的管理能力及使用水平。

(3)两段收获法

两段收获法是先用割晒机将谷物割倒,并成条地铺放在高度为15~20 cm的割茬上,经过3~5天的晾晒后用装有拾禾器的收获机进行拾捡、脱粒、分离及清选作业。这种方法的优点有:作业时间较联合收获法提前7~8天,可延长收获时间;由于谷物后熟作用,使绝大部分籽粒饱满、坚实、色泽一致,提高了粮食等级,增加了收获量,且收回的籽粒含水量小、清洁率较高,显著地减轻了晒场的负担。

采用两段收获时必须注意:割茬高度适宜,一般为15~20 cm,条铺的形状适当。为有利捡拾,禾秆的穗部应相互搭接,方向与机器平行或成45°以内倾角,勿使穗部着地;割晒时间适宜,一般在谷物黄熟中期便可收获。

12.1.2　谷物收获的农业技术要求

(1)适时收获,尽量减少收获损失

适时收获对于减少收获损失具有很大意义。为了防止自然落粒和收割时的振落损失,谷物一到黄熟中期便需及时收获,到黄熟末期收完,一般为 5~15 天。因此,为满足适时收获减少损失的要求,收获机械要有较高的生产率和工作可靠性。

(2)保证收获质量

在收获过程中除了减少谷粒损失外,还要尽量减少破碎及减轻机械损伤,以免降低发芽率及影响贮存,所收获的谷粒应具有较高的清洁率。割茬高度应尽量低些,一般要求为 5~10 cm,只有两段收获法才保持茬高 15~25 cm。

(3)有较好的适应性

我国各地的自然条件和栽培制度有很大差异,有平原、山地、梯田;有旱田、水田;有平作、垄作、间套作;此外,还有倒伏收获、雨季收获等。因此,收获机械应力求结构简单、重量轻,工作部件、行走装置等适应性强。

(4)禾条铺放整齐,秸秆集堆或粉碎

为便于打捆需要禾条应横向铺放;割晒时,禾条应成顺向铺放,以利于捡拾。

12.1.3　谷物收获机械发展过程

新中国成立前,仅有镰刀和工效稍高的工具——推镰,但是推镰也没有受到重视和推广。新中国成立后,开始引进国际(苏联、捷克等国)收获机械。伴随东北大型国营农场的建立,较先进的大型收获机械开始使用。

20 世纪 50 年代,开始仿制、改进,生产厂家有:四平、佳木斯、开封等,生产出:东风-5(四平)、TF-1100 复式脱谷机(佳木斯)、GT-4.9(开封)等。到 1958 年,开始有了自行设计、制造的收获机,如:定型的太谷-5 号畜力收割机等。到 20 世纪 60 年代,我国自行设计和制造的谷物收割机开始大量出现,尤其是脱谷机和收割机如北京 2.5 等,并广泛应用于生产。

目前,大、中、小型各种的收获机械正迅速地发展,尤其是联合收获机,越来越被农民所重视,并得到广泛应用。20 世纪 80 年代初(1982 年),我国引进美国约翰迪尔联合收获机 JL1000 系列技术和生产线。在开封和佳木斯两厂同时上马,相继生产出自动化程度高、效率高的余马 1065(开封)和佳联 1065、1075(佳木斯)联合收获机。四平引进德国技术和机件,组装和配装 E512、E514、E516 等联合收获机。

近年来,除这些高效先进的大联合收获机重要供应农场外,我国几家大联合收获机厂都在大批量生产大、中型联合收获机投入农村市场。如:东风-4.5、新疆-3.25、丰收-3、北京-2.5 等,20 世纪 90 年代以来,几种披挂式(悬挂或背负)联收机很受农民欢迎,(投资少,动力能充分利用)。如:上海-Ⅱ、上海-Ⅲ(南通)、桂林-Ⅱ,以及山西万革,山东龙口生产的该类型的联收机,都批量很大(几千台/年),销往全国很多地区。河北收割机厂(藁城)也生产了披挂式联收机,但可靠性较差,竞争力还不太强,有待于改进。

12.2 收割机械的种类

用以完成作物的收割和放铺(或捆束)两项作业的机械,称为收割机械。收割机械按照不同的分类标准,可以有不同的分类形式。按与动力机连接方式可分为牵引式和悬挂式两种,其中前悬挂式应用较多;按谷物铺放形式不同,可分为收割机、晒割机和割捆机,收割机用于两段收割;按收割台的形式不同,可分为卧式割台收割机和立式割台收割机。

12.2.1 卧式割台收割机

卧式割台是指其台面的位置基本是略向前倾的卧状。其纵向尺寸较大,工作稳定、可靠。卧式割台收割机,具有割幅较宽、工作可靠等优点,宽幅收割机多采用这种结构。但因纵向尺寸较大,所以机动灵活性较差。其结构如图 12.1 所示,主要由台架、分禾器、拨禾轮、切割器、带式输送器、悬挂架、传动和起落机构等组成。工作时,分禾器插入生长的谷物中,将待割和不割作物分开。待割作物在拨禾轮作用下,拨向切割器并被割断,割下作物被拨倒在带式输送器上,送往割台一端,铺放在田间。

卧式割台收割机按输送带数目的多少,可分为单输送带、双输送带和多输送带三种。其基本结构大致相同,即由切割器、拨禾轮、输送器(及排禾放铺器)、机架及传动机构等组成。

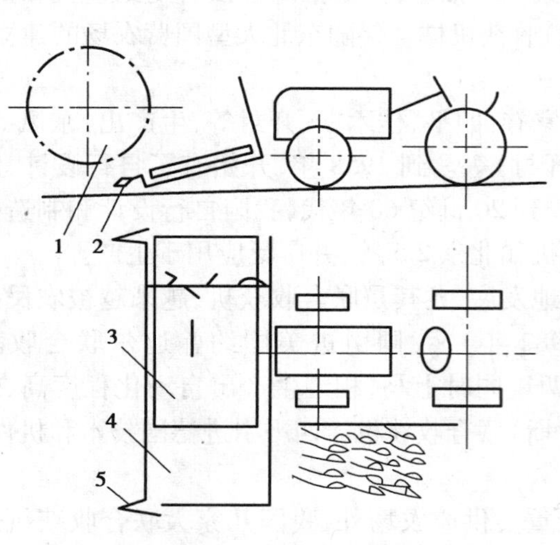

图 12.1 卧式割台收割机
1—拨禾轮;2—切割器;3—输送带;
4—放铺口;5—分禾器

①单带卧式割台收割机,如图 12.1 所示。其工作过程为:拨禾轮首先将机器前方的谷物拨向切割器,切断后被拨倒在输送带上,谷物被送至排禾口,落地时形成了顺向交叉状条铺。

②双带卧式割台收割机,如图 12.2 所示。收割时,谷物割倒并落在两带上向左侧输送,当行至左端,禾秆端部落地,穗部则在上带的断续推送和机器前进运动的带动下落于地面,禾秆形成了转向条铺。

③三带卧式收割机,如图 12.3 所示。其割台上有前带、后带及反向带三条输送带和一个位于割台的中部排禾口。各输送带均向排禾口输送,该机构的主要特点是条铺放在割幅之内,割前不用开割道,作业比较灵活。

12.2.2 立式割台收割机

立式割台收割机工作时,将割断后的作物直立地进行输送并使之转向后铺放。由于这种割台的结构比较紧凑、重量轻,所以整机尺寸较小、机动灵活性好,能够配置在小动力底盘的

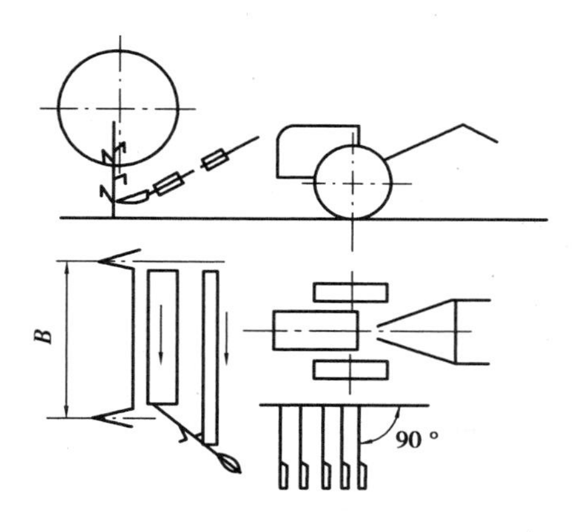

图12.2　双带卧式割台收割机

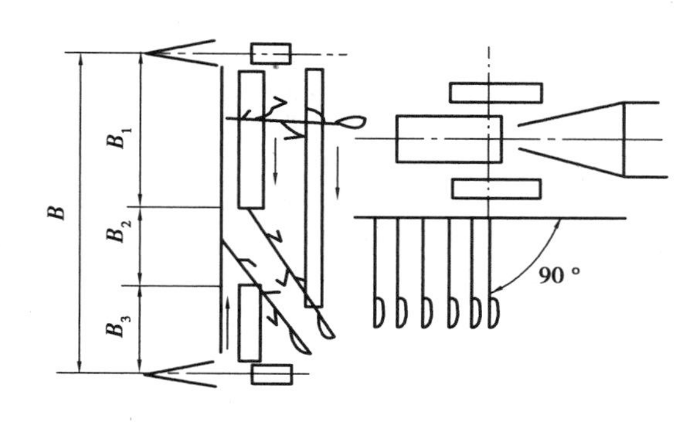

图12.3　三带卧式收割机

前方并可由人工操作；也可以和拖拉机、微耕机配套，由机手乘坐操纵。使用较为灵活、简便。但是由于割幅较窄，仅仅适用于小块地作业，其结构如图12.4所示，主要由机架、分禾器、拨禾星轮、切割器、立式输送器等组成。工作时，分禾器将作物分开，作物由切割器割断后，仍呈直立状态，由输送带横向输送，再在拨禾星轮配合作用下，将割下作物排出机外，横向铺放于田间。根据作物输送和放铺的不同，立式割台收割机又分为侧向放铺型、后放铺型。

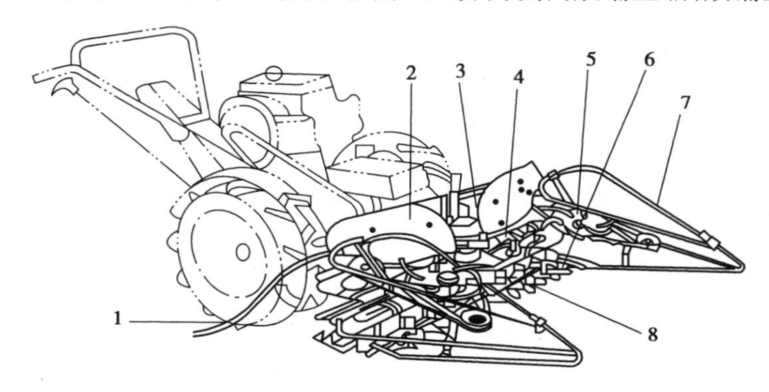

图12.4　立式割台收割机

1—铺禾杆；2—后挡板；3—转向阀；4—上输送带；5—拨禾轮；6—切割器；7—分禾器；8—下输送带

①侧向输送侧面放铺型，如图12.5所示。

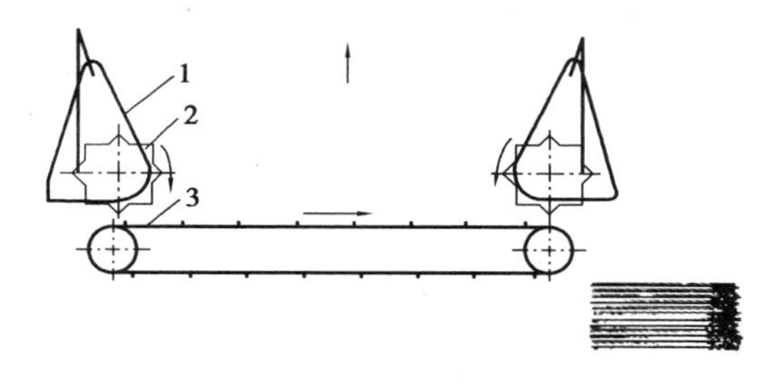

图12.5　侧向输送侧放铺型收割机

1—分禾器；2—扶禾星轮；3—输送带

②中间输送侧面放铺型，如图12.6所示。

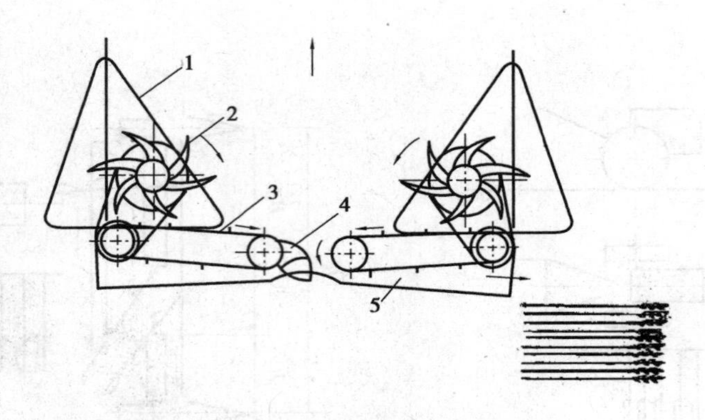

图 12.6　中间输送侧放铺型收割机

1—分禾器;2—扶禾器;3—输送带;4—换向阀门;5—导禾槽

③后放铺型,如图 12.7 所示。

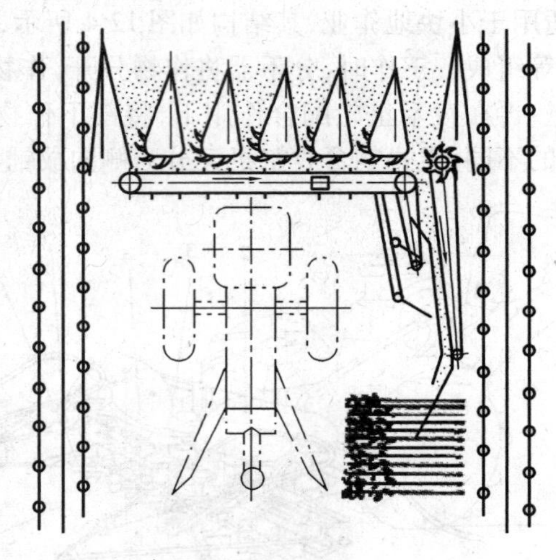

图 12.7　后放铺收割机

12.3　收割台的悬挂

收割台与拖拉机或其他功能机械联合作业时,收割台应在作业时能按需求的高低进行调节,在合适高度的情况下完成正确的收割和输送作业。

(1)**悬挂收割台的分类**

悬挂立式割台可分为带前输送,带后输送、机后铺放及挟指式几种形式,挟指式仅用于半喂入式联合收割机。悬挂卧式割台按输送部件的不同可分为平台式和螺旋式两类。平台式多用于收割机、割晒机和半喂入式联合收割机,螺旋式用于全喂入联合收割机。

(2)**悬挂收割台结构**

立式割台由机架、主传动箱、切割器、上下输送带、拨禾星轮和分禾器等组成。带后输送的还设有换向阀门,可实现左右放铺。机后铺放的结构有所不同,其一,由若干三角带拨齿分行扶合器和扶禾星轮组成扶禾装置代替了拨禾星轮，并设有侧置夹持带，实现机后铺放，如图 12.8 所示；其二，由扶指式割台和扶禾器组合而成，如图 12.9 所示。

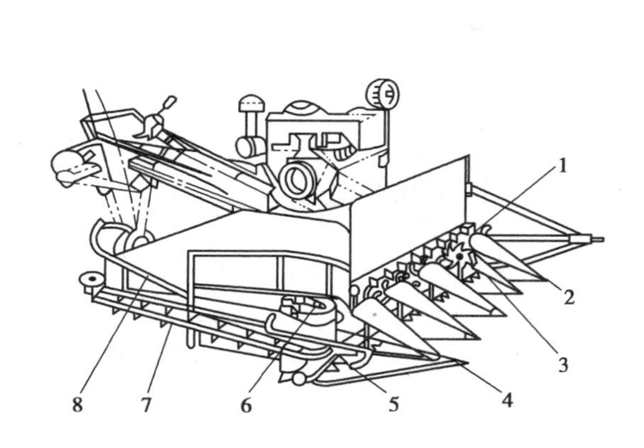

图 12.8　机后条放收割机

1—上输送带；2—扶禾器；3—扶禾星轮；4—分禾器；5—切割器；6—转向机构；7—转向输送带；8—导向杆

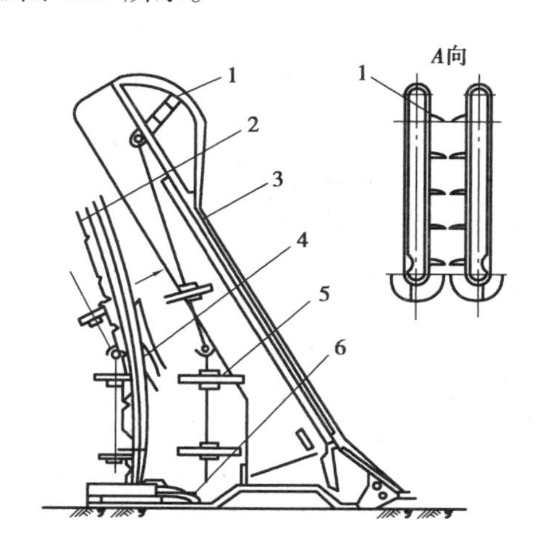

图 12.9　扶指式割台

1—拨禾输送装置；2—谷物；3—扶禾器；4—输送链；5—拨禾指；6—割台梁架

卧式割台由割台体、分禾器、拔禾轮、切割器及输送装置等组成。切割器安装在割台体前部护刃器梁上，分禾器安装在左右侧壁前端，拨禾轮安装在侧壁上部左右臂上，割台体下部装有滑掌或滑板。收割机割台，其后部与拖拉机悬挂架相连接。联合收割机割台，其后部与倾斜喂入室连接，并由两个油缸支撑，用以控制割台的高低位置。

（3）**割台的升降装置和挂结结构**

割台的升降装置，用来随时调节割茬高度及运输和工作状态的转换，而仿形装置可使割台随地形起伏而升降以保持一定高度的割茬。升降装置多采用单作用油缸液压升降装置，仿形装置大都采用机械式，利用平衡弹簧将割台大部分重量转移到机架上，使割台下面的滑板轻贴地面，并利用弹簧的弹力使割台能适应地形起伏。

割台升降仿形装置常用三种不同的平衡弹簧配置方式：

①割台体由左右两组平衡弹簧吊挂在倾斜喂入室上（图 12.10），此型由于割台下部球铰接在倾斜喂入室支架上，所以割台可纵、横向仿形。当提升时，液压缸进油，顶起倾斜喂入室，平衡臂顶住托架，带动铰接吊杆升起割台。下降时，液压缸排油，割台下降，滑板支地，平衡臂和托架分开，平衡弹簧全部受力，滑板对地面压力较小。

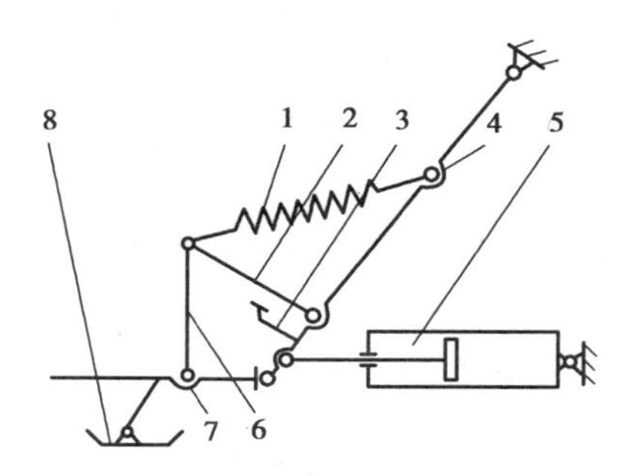

图 12.10　割台体由左右两组弹簧平衡

1—平衡弹簧；2—托架；3—平衡臂；4—中间输送装置；5—升降液压缸；6—铰接吊杆；7—割台；8—滑板

②平衡弹簧套在液压缸外壳上（图 12.11），此型割台只可作纵向仿形。当下降时，液压缸排油，割台落地，平衡弹簧受力而压缩。如遇障碍时，割台即抬起，起上下浮动作用。移动调节板位置可调节滑板接地压力。

③平衡弹簧配置在液压缸外与柱塞销连接(图12.12),此型割台只可作纵向仿形。弹簧用螺杆调节预应力,前后槽钢连接成一体,可在与中间槽钢成一体的滑套内滑动,中间槽钢与柱塞销连接,割台受力起仿形作用。

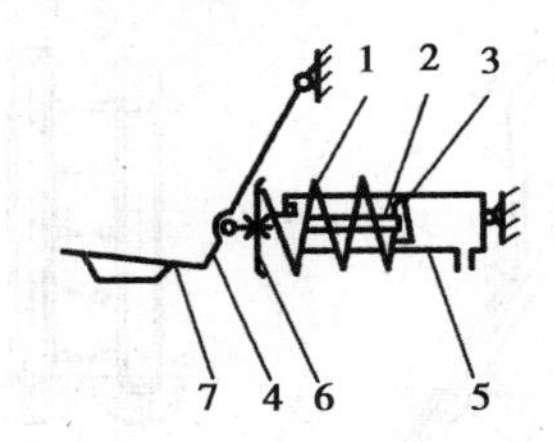

图 12.11 割台用平衡弹簧套
1—平衡弹簧;2—柱塞杆;3—调节板;
4—中间输送装置;5—升降液压缸;
6—弹簧座;7—割台

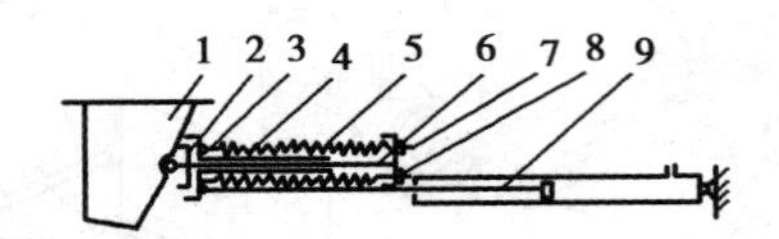

图 12.12 割台用平衡弹簧配置在
液压缸外与柱塞销联接
1—中间输送装置;2—前槽钢;3—中间槽钢;
4—平衡弹簧;5—滑套;6—连接轴;
7—调节螺杆;8—后槽钢;9—升降液压缸

挂结结构随着全喂入联合收割机生产率不断提高,割幅逐渐变宽,机具也越来越大。为便于运输,一般割台与倾斜喂入室的挂结应快捷、灵便。目前大都采用上托下固定的连接方式,即在倾斜喂入室的上部设有托轴、凸台式凹槽,用以托住割台,下部则将插销轴与割台固定。

12.4 拨禾装置

12.4.1 拨禾器的种类、构造及其应用

在收割机和联合收获机上装有拨禾、扶禾装置,称为拨禾器,它所完成的功能是:把待割的作物茎秆向切割器的方向引导,对倒伏作物,要在引导的过程中将其扶正;在切割时扶持茎秆,以顺利切割;把割断的茎秆推向割台输送装置,以免茎秆堆积在割台上。因此,拨禾、扶禾装置能提高收割台的工作质量、减少损失、改善机器对倒伏作物的适应性。

目前,广泛应用的拨禾、扶禾装置有拨禾轮和扶禾器。前者结构简单,适用于收获直立和一般倒伏的作物,普遍应用于卧式割台收割机和联合收获机上;后者用于立式割台联合收割机上,它能够比较好地将严重倒伏的作物扶起,并能较好地适应立式割台的工作。

拨禾器种类很多,其中以普通拨禾轮和偏心拨禾轮最为常用。

12.4.2 拨禾轮的结构

(1)普通拨禾轮

这种拨禾轮结构简单,重量相对较轻,制造成本低,应用于割晒机及中小型联合收割机上,但其对倒伏作物的适应能力较差,对作物的打击严重。

它由拨板、辐条、拉筋、轴和轴承、支臂及支杆等组成,如图 12.13 所示。工作时,拨禾轮相对机器作回转运动,拨板则起到拨禾、扶禾切割和拨送禾秆的作用。

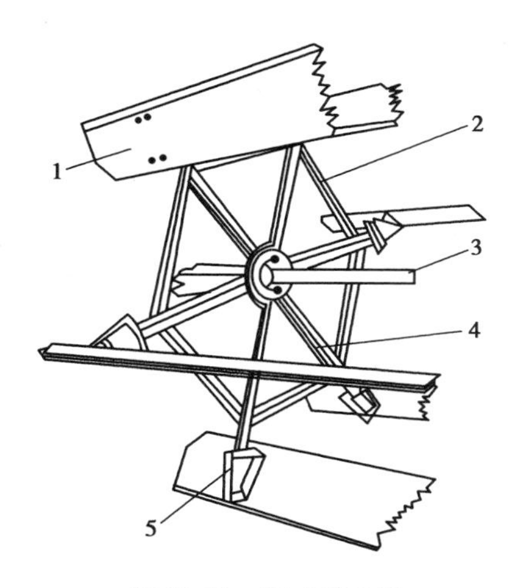

图 12.13　板式拨禾轮

1—拨禾轮；2—拉筋；3—拨禾轮轴；4—辐条；5—角度调节板

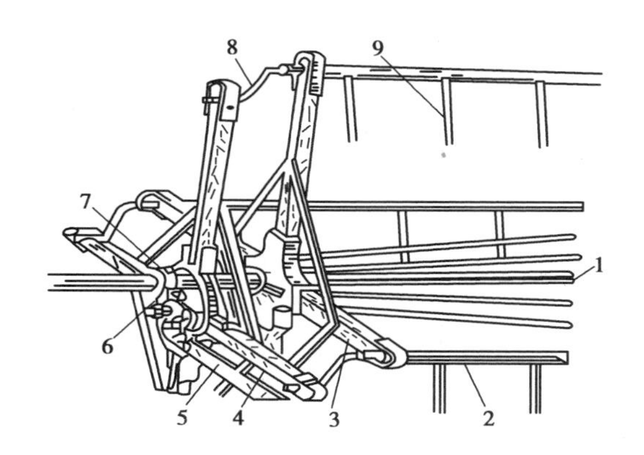

图 12.14　偏心式拨禾轮结构图

1—拨禾轮轴；2—弹齿轴；3—主动辐盘辐条；4—偏心辐盘辐条；5—弹齿角度调节杆；6—偏心环；7—偏心导杆；8—曲柄；9—辐板

(2)**偏心拨禾轮**

偏心拨禾轮是由普通拨禾轮发展而来的，其性能优于普通拨禾轮，尤其是对倒伏作物其适应性更强，在谷物联合收割机上得到广泛应用。

如图 12.14 所示的是偏心拨禾轮的结构，与普通拨禾轮比较，增加了一个偏心辐盘，偏心辐盘以偏心环支撑在滚轮上，它的回转中心与拨禾轮中心有一个偏距。固定有弹齿的弹齿轴穿过主辐条，通过轴端曲柄与偏心辐条铰接。

偏心拨禾轮由于其结构上的主辐条、偏心辐条、曲柄及两辐盘中心距组成一组平行四杆机构，当拨禾轮工作时，曲柄方向因始终保持与两中心连线平行而不变。固定在弹齿轴上弹齿方向不变，即弹齿相对地面的倾角保持不变，如图 12.15 所示。

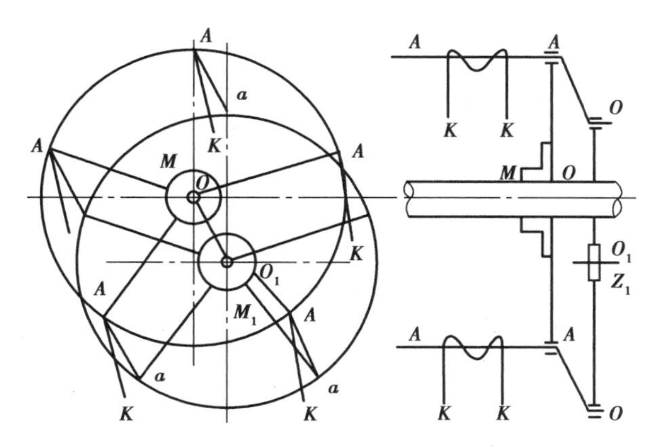

圈 12.15　偏心式拨禾轮工作原理图

为适用各种情况下工作，弹齿倾角可以调整，此时只需通过调节机构，改变偏心辐盘中心位置即可，因偏心辐盘中心位置改变，改变了二者中心连线的方向。使曲柄方向变化，弹齿方向也随之改变。

有的偏心拨禾轮，在弹齿面上还装有活动拨禾板。在收割直立作物，特别是低矮作物时，将拨禾板靠弹齿下方固定。收割垂穗作物,则将拨禾板固定在弹齿的中央和上部。在收割倒伏和乱缠作物时,将拨禾板拆掉,仅留弹齿。

偏心拨禾轮较普通拨禾轮重量大,成本高,结构复杂;但其扶禾能力强,其弹齿倾角可以调整,对倒伏作物的适应能力强,广泛应用于大中型联合收获机上。

12.4.3 拨禾星轮

拨禾星轮主要应用于立式割台,它的作用是将割幅内作物拨集并配合输送装置输送割下作物,其形式有八角星轮、拨禾指轮和多齿拨禾星轮等,如图 12.16 所示(其中(a)用于带扶禾器的割台,(b)用于扶指式割台)。

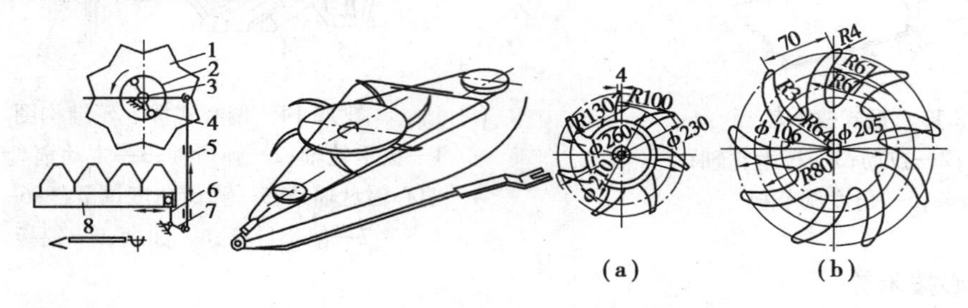

图 12.16　八角星轮、拨禾指轮和多齿拨禾星轮

1—八角星轮;2—棘轮;3—转轴;4—棘爪;5—推杆;6—摇臂;7—摇杆;8—刀杆

12.4.4 扶禾器

扶禾器用于半喂入立式割台水稻联合收割机。它由若干对回转的拨指扶禾链和分禾器组成,如图 12.17 所示。

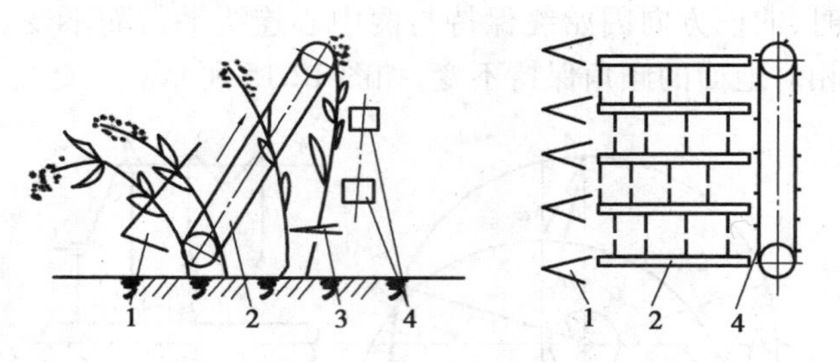

图 12.17　扶禾器

1—分禾器;2—扶禾器;3—切割器;4—横向输送链

工作时,首先拨指从根部插入作物,由下至上将倒伏作物扶起,在拨禾星轮配合下,使茎秆在直立状态下切割,然后进行交接输送。

12.5 切割器

切割器是收割机上重要的通用部件之一,作用是将谷物分成小束,并对其进行切割。其性能的好坏对于收获作业的顺利进行,降低收获损失等都具有很大的作用。因此,它必须满足一些特定的要求有:切割顺利、不漏割、不堵刀;结构简单、适应性强;功率消耗少,振动小;割茬低而整齐。

根据切割器结构及工作原理的不同可分为:往复式、圆盘式和甩刀回转式三种。

圆盘式切割器的割刀在水平面(或有少许倾斜)内作回转运动,因而运转较平稳,振动较小;甩刀回转式切割器的刀片铰链在水平横轴的刀盘上,在垂直平面(与前进方向平行)内回转。其圆周线速度为 50~75 m/s,为无支承切割式,切割能力较强,适于高速作业,割茬也较低,目前多用于牧草收割机和高秆作物茎秆切碎机上;往复式切割器其割刀作往复运动,结构较简单,适应性较广。目前在谷物收割机、牧草收割机、谷物联合收获机和玉米收获机上采用较多。

12.5.1　往复式切割器

往复式切割器,是利用动刀相对于护刃器上的定刀片作往复的剪切运动,将禾秆切断。

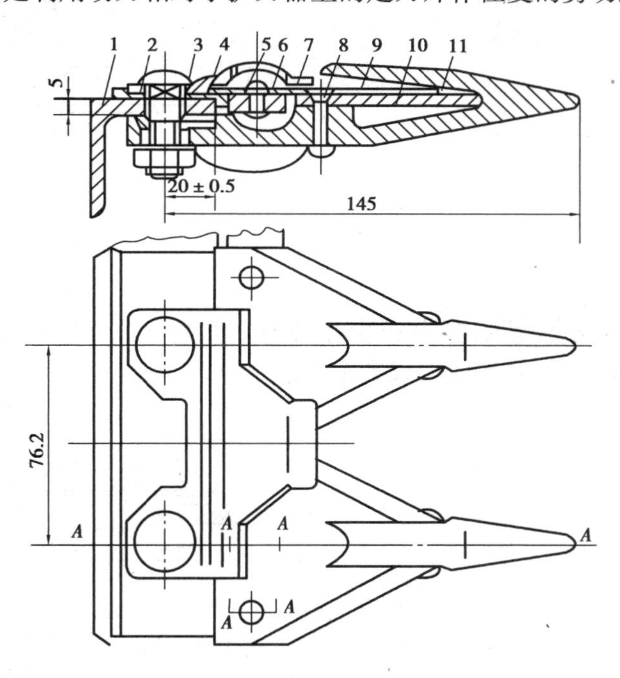

图 12.18　往复式切割器

1—护刃器梁;2—螺栓;3—螺母;4—摩擦片;5、8—铆钉;6—刀杆;7—压刃器;9—动刀片;10—定刀片;11—护刃器

现常用往复式切割器为标准型切割器,其割刀行程等于相邻两动力片中心线之间距离,并等于相邻两护刃器之间的距离,即 $S=t=t_0=76.2$ mm。

标准型往复式切割器,分Ⅰ、Ⅱ、Ⅲ共 3 种形式,其中Ⅱ型应用较多。

12.5.2　往复式切割器的构造

往复式切割器的构造如图 12.18 所示,由割刀、护刃器、压刃器、摩擦片及驱动机构等组成。

(1)**割刀**

割刀由动刀片、定刀片、刀杆、刀杆头等组成。刀头与驱动机构相连,以带动割刀作往复运动。动刀片呈六边形,一般由碳素工具钢制成,两斜边为刀刃,刀刃多为齿状,工作中不易磨钝。刀杆是断面形状为矩形的扁钢,刀杆应平直。动刀片铆在刀杆上,铆接要牢固紧密,并在同一平面上。如图 12.19 所示为标Ⅱ型动刀片,如图 12.20 所示为标Ⅱ型定刀片,如图 12.21 所示为标Ⅱ型刀杆。

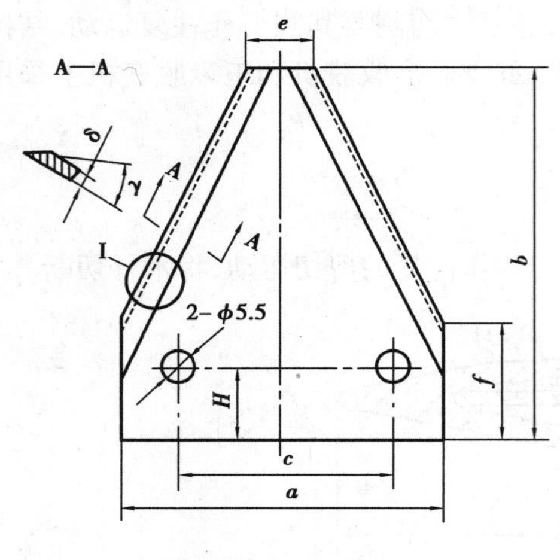

图 12.19　标Ⅱ型动刀片

图 12.20　标Ⅱ型定刀片

(2)**护刃器**

护刃器一般为双指式,尖顶部有护舌,其上铆有定刀片。护刃器用螺栓固定在护刃器梁上,工作时,将作物分成小束,切割时构成支撑点,如图 12.22 所示为标Ⅱ型双指式护刃器。

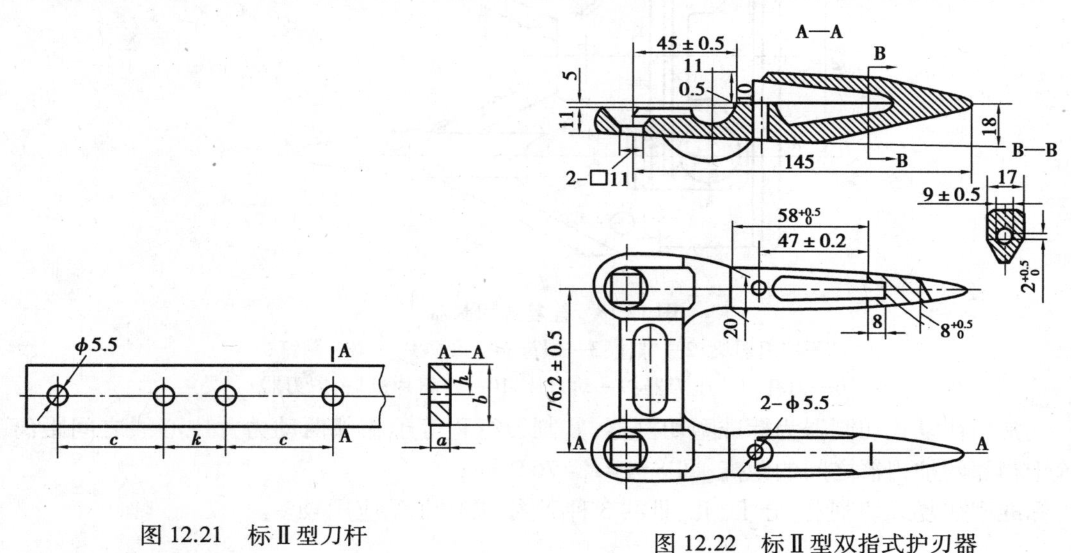

图 12.21　标Ⅱ型刀杆

图 12.22　标Ⅱ型双指式护刃器

(3)**压刃器**

压刃器用螺栓固定在护刃器梁上(间隔 30~50 cm),其前端将割刀压向定刀片,以保证动刀片与定刀片有正常的切割间隙。

(4)**摩擦片**

摩擦片用螺栓固定在护刃器梁上,对割刀有垂直和水平方向的支承定位作用,避免刀杆对护刃器的磨损。摩擦片磨损后,可上下,前后调整。

12.5.3　割刀的驱动机构

往复式切割器的割刀驱动机构用来把传动轴的回转运动变成割刀的直线往复运动驱动机构,形式有多种,按结构原理可分为曲柄连杆机构、摆环机构和行星齿轮机构。

(1)**曲柄连杆机构**

曲柄连杆驱动机构的常见形式,如图 12.23 所示。

图 12.23 中(a)、(b)为一线式曲柄连杆机构,曲柄、连杆、割刀在同一平面内运动。其中图 12.23(a)为卧轴式,图 12.23(b)为立轴式。特点是结构简单,但横向占据空间较大,多用于侧置割台。

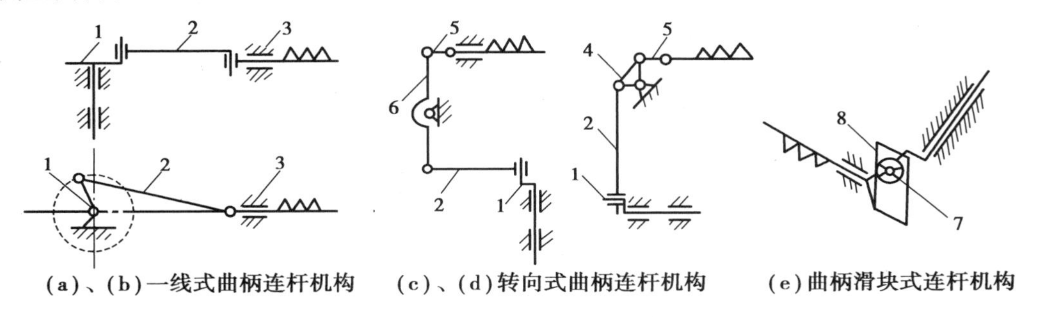

图 12.23　曲柄连杆驱动机构

1—曲柄;2—连杆;3—导向器;4—三角摇臂;5—小连杆;6—摇杆;7—滑块;8—滑槽

图 12.23 中(c)、(d)为转向式曲柄连杆机构,其中(c)为三角摇臂式,(d)为摇杆式,特点是横向所占空间小,适用于前置式割台。

图 12.23 中(e)为曲柄滑块式连杆机构,是曲柄连杆式的一种变形,结构较紧凑,但滑块、滑槽易磨损。

(2)**摆环机构**

摆环机构的结构与工作过程如图 12.24 所示。它由主轴、主销、摆环、摆叉、摆轴、摆杆和小连杆等组成。主销与主轴中心线有 α 倾角。轴承装在主销上,其外为摆环,摆环外缘上有两个凸销,与摆轴的摆叉铰连,摆轴一端固定摆杆,摆杆通过小连杆与割刀连接。

工作时,主轴转动,摆环在主销上绕 O 点作左右摆动,摆动范围为 $\pm\alpha$ 角。通过摆叉使摆轴在一定范围内来回摆动,带动摆杆左右摆动,再通过小连杆,带动割刀作往复运动。摆环机构,结构紧凑、工作可靠,广泛应用在联合收割机上。

(3)**行星齿轮机构**

行星齿轮驱动机构是近年来新采用的割刀驱动机构,它主要由直立的转臂轴、套在转臂上的行星齿轮、固定在行星齿轮上的曲柄及固定齿圈等组成,如图 12.25 所示。

行星齿轮机构的结构参数间有如下关系:内齿圈的齿数 = 2×行星齿轮齿数;转臂长度 = 曲柄长度 = 1/2 行星齿轮直径,故当转臂轴转动时,行星齿轮除随转臂轴作公转外,还在内齿圈作用下作自转,且自转转速为公转转速的两倍,从而曲柄端点(与刀头连接处)始终位于割刀运动直线上,割刀作纯水平方向的往复运动,无有害的垂直方向分力作用,震动和磨损比较小。

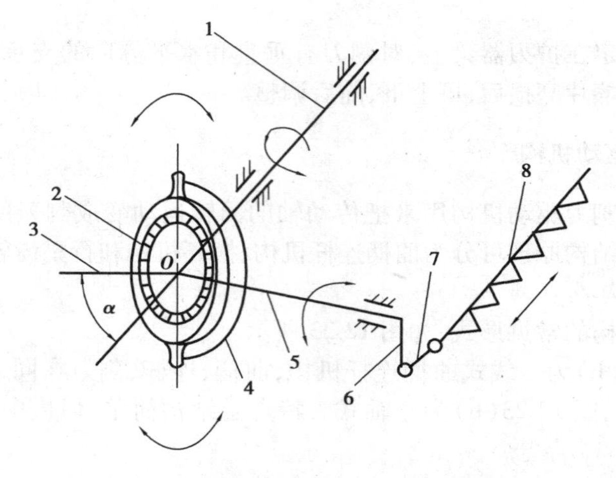

图 12.24 摆环机构

1—主轴;2—摆环;3—主销;4—摆叉;5—摆轴;6—摆杆;7—小连杆;8—割刀

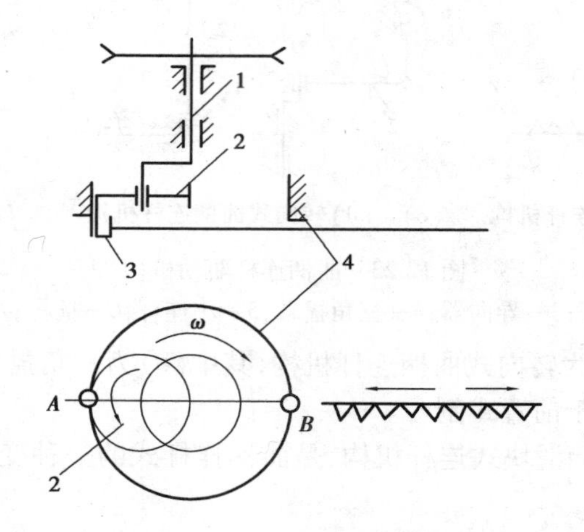

图 12.25 行星齿轮驱动机构

1—曲柄轴;2—行星齿轮;3—销轴;4—固定齿圈

12.6 输送装置

12.6.1 割台输送装置

(1)立式割台输送装置

立式割台输送装置多采用上、下两条带有拨齿的输送带(链)。工作时,被割作物在拨齿带动下,呈直立状态向一侧输送,至端部时穗头向外倾倒,铺放于地。若在机侧设纵向夹持输送带,可实现机后放铺。

(2)卧式割台输送装置

卧式割台输送装置,有输送带式和螺旋输送式。

1)带式输送装置

带式输送装置,有单带式和双带式。单带式的输送带比切割器横宽短,使割台左端形成一排禾口,作物放成纵向条铺。双带式的前带长度与切割器割幅相等且窄,后带比前带长且宽。工作时,割下作物被输送到一端后,根部先落地,穗部被后带继续输送,并且与机器前进速度配合,割下作物按扇形轨迹转向铺放于地。

输送带由主动辊、从动辊及其上装有木条的帆布带组成,从动辊位置可调,用以调整输送带松紧度。

2)螺旋式输送装置

螺旋式输送装置多用于前置式割台联合收割机上,称为割台推运器或搅龙,其结构如图12.26所示,主要由圆筒、螺旋叶片、伸缩扒指、推运器轴及调节机构等组成。螺旋叶片分左右两段,焊在圆筒上,旋向相反。伸缩扒指位于推送器中间段,内端铰接在圆筒内扒指轴上,外端从圆筒上套筒穿出。推运器轴分左半轴、右半轴、短轴和扒指轴。左半轴用轴承支撑在割台左侧臂上,外有链轮由传动机构驱动,内固定有圆盘与圆筒连接。右半轴外端用轴承支撑在割台右侧臂上,外端有调节手柄,内端用轴承支撑在圆盘上。短轴用轴承支撑在圆盘上。右半轴和短轴分别固定一个曲柄,曲柄的另一端与扒指轴固定连接。工作时,传动机构驱动左半轴转动,通过圆盘带动圆筒转动。圆筒拨动扒指并绕扒指轴转动。由于扒指轴与圆筒轴不同心,所以扒指伸出圆筒的长度在转动中有变化,即在前方时伸出长,便于抓取作物,到后

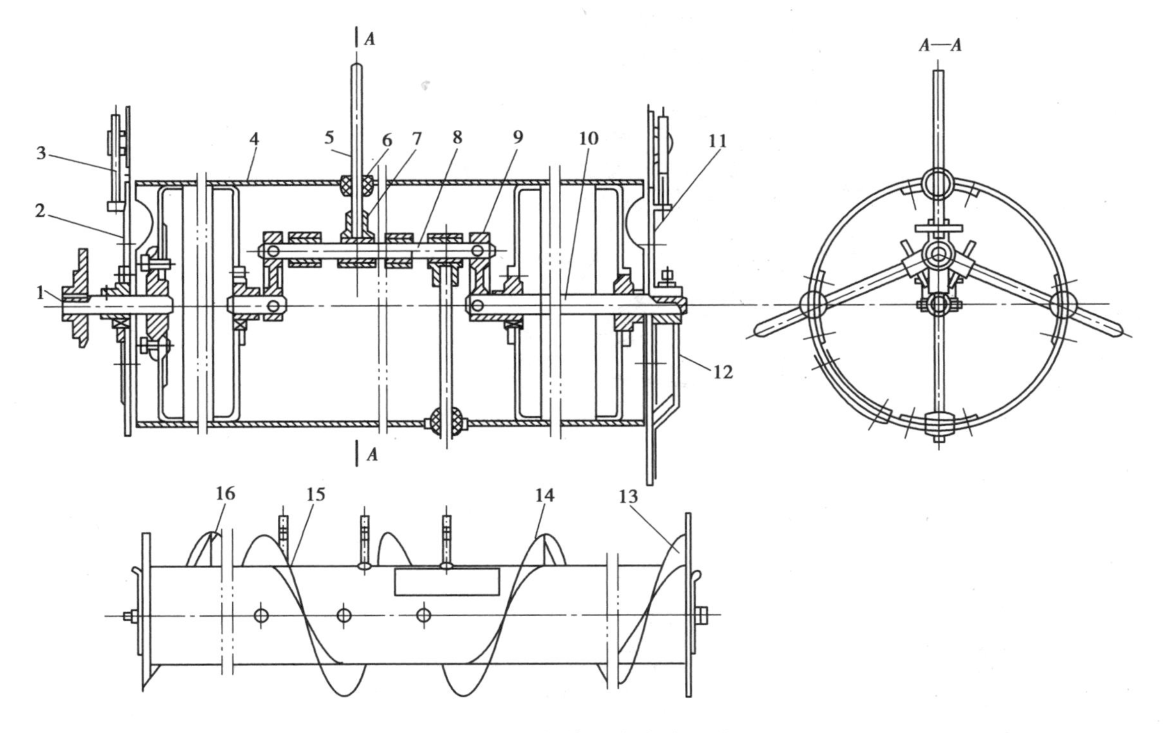

图12.26　螺旋扒指式输送器

1—主动轴;2—左调节板;3—调节螺栓;4—筒体;5—扒指;6—尼龙球套;7—扒指座;8—扒指轴;9—曲柄;10—固定半轴;11—右调节板;12—耙齿调节把;13—右螺旋叶片;14—右附加叶片;15—左附加叶片;16—左螺旋叶片

方时伸出短,以免将作物带回;割下作物由螺旋叶片从两侧向中间推送,再由扒指将作物从推运器与割台台面间间隙向后输送至倾斜喂入室。

12.6.2　中间输送装置

中间输送装置是将收割台上的作物均匀连续地输送给脱粒装置的过渡部分。在联合收割机上,此装置称为倾斜喂入室或过桥。在全喂入联合收割机中有链耙式、带耙式和转轮式等中间输送装置。在半喂入联合收割机中则采用夹持式中间输送装置。

(1)链耙式输送器

由主动链轮、从动滚筒或链轮、装在套筒滚子链上的L形或U形齿板链耙和输送槽等组成(图12.27)。

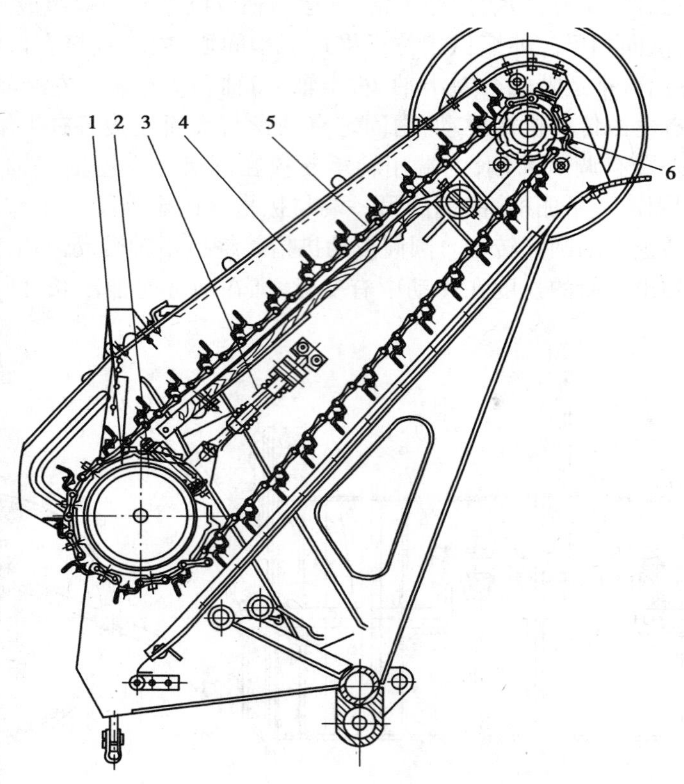

图12.27　链耙式输送器

1—从动链轮;2—从动滚筒;3—悬臂吊杆;4—输送槽;
5—链耙;6—主动链轮

1)链耙和从动滚筒

当输送槽宽小于1.2 m时,采用两排套筒滚子链,其上固定一排L形或U形齿板。输送槽宽大于1.2 m时,采用三排套筒滚子链,左右两排齿板应交错排列,以防作物不能及时被抓取而造成堆积现象。

从动滚筒或从动链轮直径应大于主动链轮的直径,以利于链耙抓取作物和增强对作物层厚度的适应性。为了适应作物层厚度的变化,且保证链条的合适张紧度,从动滚筒轴应有一定上下浮动量以防止堵塞。

链耙式输送器的尺寸应尽可能短，输送槽底板的倾角应小于 50°，便于链耙对作物的抓取和输送。在输送槽中部，允许齿顶因为链耙的重量而与底板接触。为了避免突然堵塞时容易造成损伤机件，输送器主动链轮轴上一般装有安全离合器。

2）输送槽

输送槽应具有较强的刚性和较好的密封性，其结构有中间不带隔板和带隔板两种。

中间带隔板的隔板可将输送槽分为上下两室，作物被链耙抓取后经下室喂入脱粒装置，因而在输送过程中产生的大量灰尘被隔在下室，可减少尘土的飞扬，大大改善驾驶员的劳动条件。不带隔板的结构简单，安装调整方便。

（2）**夹持式输送器**

如图 12.28 所示，在半喂入式联合收割机中主要由弹簧压杆和夹持链相配合，夹住作物茎基部进行夹持输送的就是夹持式输送器。

由于割台有卧式和立式两种不同的形式，脱粒有倒挂侧脱和平脱两种方式，因而夹持式输送器的结构也有所不同。卧式割台半喂入联合收割机的脱粒装置大都采用倒挂侧脱，为使作物从割台横向输送链经交接口后能回转成穗部朝下的倒挂输送，夹持输送链就需要有在链销轴线的一个侧向弯曲的功能，不能采用一般套筒滚子链结构，应采用特种形式的可弯曲夹持链和导轨进行夹持输送。立式割台半喂入联合收割机脱粒装置大都采用平脱，割台上呈直立状态的作物经夹持输送器，将作物改变成穗部朝向脱粒装置的水平状态。夹持链为平面回转，一般都采用与割台下输送链相似的普通夹持链进行夹持输送。

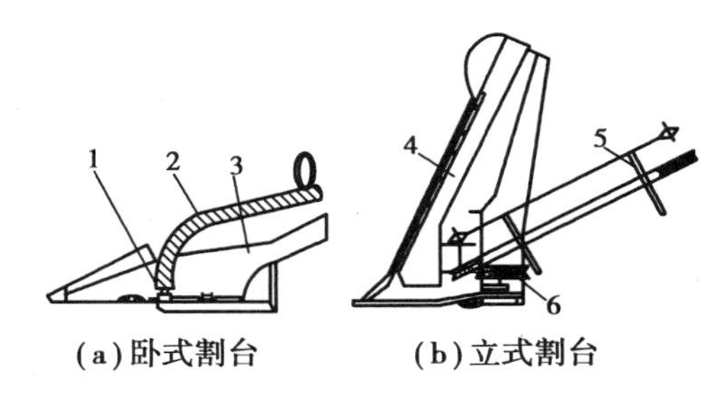

图 12.28　夹持式输送器

1—卧式割台横向输送链；2—特种夹持链夹持输送器；3—卧式割台；4—立式割台；5—普通夹持链平持输送器；6—立式割台下横向输送链

12.7　小型收割机

小型收割机突破了农村无法进入大型收割机收割的作业瓶颈，推进了收获作业的机械化，缩短了劳动周期，并让人们从繁重的体力劳动解放出来。广泛用于山地丘陵地区收割小麦、水稻、青稞、麻类、豆类等农作物。换上相应的刀具，装上上下托板和安全的防护罩，还可以收割灌木、牧草、芦苇及茶园枝头修剪和花圃。小型收割机配带汽油动力强劲有力，方便实用，效率高，便于携带及野外田地作业。该汽油机具有噪声低、肃静性和舒适性等特点。让人们长时间工作都不会感觉疲劳。

12.7.1　小型收割机的用途

小型收割机（图 12.29）主要用于收割水稻、小麦、大豆、玉米，并使其条铺堆放；用于林地清理、幼林抚育、次生林改造和森林抚育采伐等割除灌木、杂草，修枝，伐小径木。在割灌机上配备一些可更换的附加装置或设备，还可用于收割稻麦等农作物，以及抽水、打穴钻孔、喷施农药等作业。割灌机的研制同小型动力机械的发展有密切关系。第二次世界大战后，德国、美国、瑞典等生产油锯的厂家将传动轴和切割工作部件作为油锯的附件，供割草、割灌木使用。在此基础上，日本引进并研制成自动收割机。

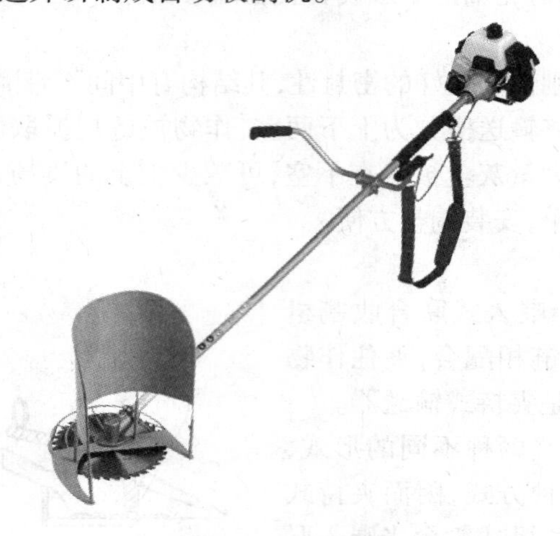

图 12.29　小型收割机

12.7.2　小型收割机的特点

小型收割机的特点有：

①小型收割机整机重量轻、动力强劲、外形美观、操作舒适、劳动强度低，特别适用于山地丘陵地区；

②收割干净，铺放整齐，可条铺或堆放；

③适应平原、丘陵、梯田、三角地等大小田块及烂泥田；

④操作简单，维修方便。

12.7.3　小型收割机的发展历程

小型收割机主要分为侧挂式和背负式两种。

（1）侧挂式小型收割机

侧挂式小型收割机采用硬轴传动，主要由发动机、传动系统、离合器、工作部件、操纵装置和侧挂皮带等组成。在传动轴的一端配置 0.75~2 kW 的单缸二冲程风冷汽油机和离心式摩擦离合器；另一端安装有减速器和切割刀具组成的工作部件。工作部件的类型很多，常用的为圆锯片、刀片或尼龙丝。作业时，将传动轴的铝合金套管上的钩环挂在操作者肩下的背带上，握住手把，横向摆动硬轴，即可完成切割杂草、灌木等作业。机具重约 6~12 kg，转速约 4 500~5 000 r/min。

（2）背负式自动收割机

背负式自动收割机用软轴传动，一般构造与侧挂式割灌机相似，不同的是其发动机背在操作者背上，切割部件由软轴传动，发动机功率一般为 0.75~1.2 kW。发动机与背架之间以两点连接并装有特制橡胶件以隔振。软轴为套装在软管内的钢丝挠性轴，用以传递扭矩。软管为敷有橡胶保护套的金属编织网包住的钢带缠卷的螺纹管，以防尘土侵入轴内并保持轴表面的润滑油。割幅一般在 1.5~2 m。

手扶式小型收割机由行走轮支承机具重量，由人推动机器前进，由发动机驱动工作部件进行切割灌作业。其构造和工作原理同便携式割灌机相似。

悬挂式小型收割机悬挂在拖拉机后面，由动力输出轴驱动工作部件旋转，适用于大面积割灌作业。主要由机架、锯片、传动装置、悬挂装置和推板等组成。割灌作业时，拖拉机后退行驶，工作速度为 5 km/h，可锯直径为 10 cm 的灌木。

近年来，小麦联合收割机发展很快，技术日臻成熟，结构日趋合理，但进一步发展面临着适用性的巨大挑战。小型联合收割机有自己独特的适用性，因而有着自己的市场层次。

12.8　谷物收割机械的使用及维护

12.8.1　分禾器的上、下调整

根据收获的作物情况进行分禾器的上、下调整。

调整方法一般是先松开螺栓、螺母，再紧固螺栓、螺母。

PRO208 收割机参照表 12.1 及图 12.30 进行调整。

表 12.1　分禾器调整位置(PRO208)

作物、田块条件	固定位置
标准	(1)的位置
在湿田中前部翘起时； 田垄作业时； 杂草多、要进行高位收割时； 侧向倒伏收割中易发生漏割时	降下整个分禾器(2)的位置
对作物的拉扯较多时	降低分禾器前端(2)或(3)的位置
在旱田收割直立作物时； 低位收割时	升高分禾器前端(4)的位置

12.8.2　扶禾爪的高度调节

根据作物条件，调节扶禾爪的收起位置。调节时，必须使所有行的位置相同。

①调节扶禾爪的高度。a.拆下旋钮螺栓，然后拆下左右的扶禾爪盖；b.旋松用来固定左右扶禾爪导件的上下螺母；c.确认作物后，根据调节位置与作物条件表(表 12.2)中的作物条件，移动扶禾爪导件进行调节，移动扶禾爪导件时，应连同旋松的螺母一起移动。

②分别紧固扶禾爪导件的螺母。

③安装扶禾爪盖后，紧固旋钮螺栓。

④要调节至 2 的位置时，应旋松 2 处的螺母，在 2 的位置处将上侧的螺母顶在沟槽的上侧，在此状态下紧固下侧的螺母。

调节位置参照表 12.2 及图 12.31。

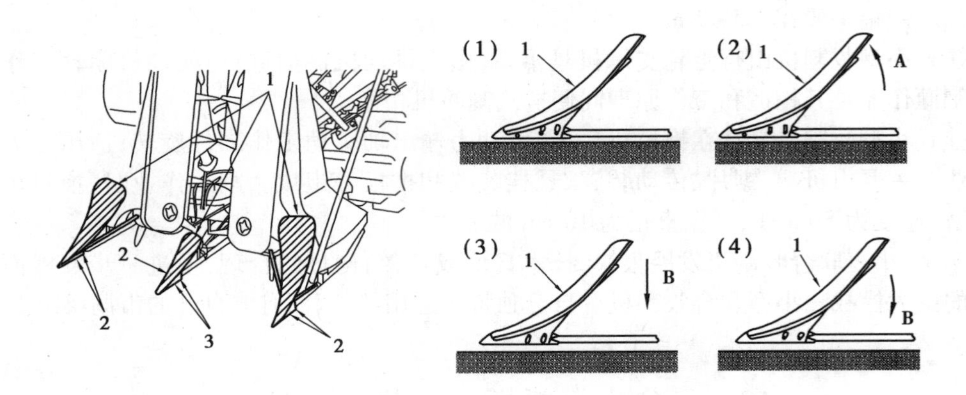

图 12.30　PRO208 分禾器调整

1—分禾器;2—螺母;3—螺栓;A—升高;B—降低

表 12.2　PRO208 调节位置与作物条件表

调节位置(调节部)			作物条件
右侧	左侧		
3　1　2	2　1　3	1	直立状态的长秆作物
			直立状态的标准秆长作物
			倒伏作物
		2	直立状态的标准秆长作物中容易发生掉粒和浮屑的作物(熟过头的小麦)
		3	直立状态的短秆作物

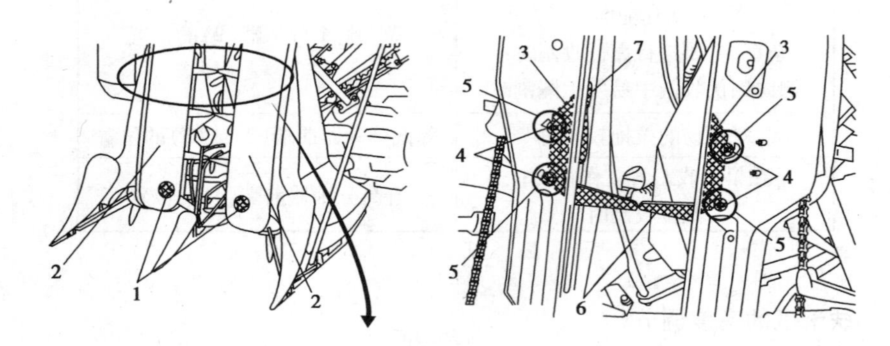

图 12.31　PRO208 扶禾爪的高度调节

1—旋钮螺栓;2—扶禾爪盖;3—扶禾爪导件;4—螺母;

5—调节部(导件部);6—扶禾爪(动作确认);7—扶禾爪(收起状态)

12.8.3　往复式切割器的安装技术要求

①各护刃器应在一个平面上,用拉线法检查误差应小于 0.5 mm,刀杆总成应平直误差小于 0.5 mm。

②刀杆前后间隙 $W \leqslant 0.8$ mm,刀片与护刃器舌间间隙 $X = 0.4 \sim 1.2$ mm,可用摩擦片上下、前后位置调整。

③切割间隙 Y≤0.8 mm,可用压刃器调整。

④割刀处于往复行程极限位置时,动刀片中心线与护刃器尖中心线重合,误差应小于 5 mm,若不符,可断开割刀与球铰的连接,转动球铰,改变连杆长度调整。E-514 联合收割机,割刀行程为 86.2~90.2 mm,割刀在极限位置时,动刀片偏离护刃器中心线 5~7 mm。各项技术指标位置关系如图 12.32 所示。

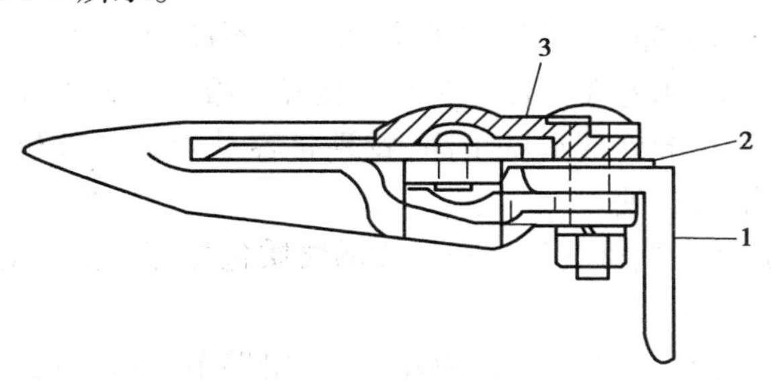

图 12.32　割刀与护刃器装配

1—护刃器梁;2—摩擦片;3—压刃器

12.8.4　螺旋推运器的调整

为保证能很好地输送作物,不使作物在割台上堆积和堵塞,推运器应进行如下调整。

(1)螺旋叶片与割台台面间间隙

此间隙一般为 10~20 mm。喂入量大时,间隙大些,反之则减小。此间隙可用固定在割台侧壁上的轴承支撑板进行调整。调整时,松开固定螺栓,拧动调节螺栓,使支撑板上下移动,改变推运器与台面的相对位置,调好后,再用固定螺栓固定。调整时,左右两边同时调整,以保持推运器与台面平行。

(2)伸缩扒指的调整

扒指与割台台面间间隙,可根据工作情况不同进行调整,一般间隙为 10 mm。喂入量大时,间隙应大,喂入量小时,间隙应小,但最小不得小于 5 mm。此调整可用右侧调节手柄调整,调整时,松开固定螺栓,扳动手柄,带动右半轴及曲柄转动,改变扒指轴位置,即改变扒指与台面间间隙。调整后,紧固同定螺栓。

(3)传递扭矩大小调整

安全离合器设在螺旋推运器左端,用以控制传递扭矩大小,以防超载损坏零部件。传递扭矩的大小,可用离合器弹簧力调整。弹簧压缩,传递扭矩增大,反之减小。合适的扭矩,应保证推运器能正常工作,且负荷过大或有异物时,能自动切断动力。

12.8.5　收获机械使用注意事项

农业机械作为农业生产和发家致富的好帮手,不但要会选购、善维护,正确操作使用、保养、维护机械也十分重要。按照《农业机械产品修理、更换、退货责任规定》第二十三条规定,凡是由个人原因造成的机械故障,不能实行三包。为此,广大机手注意以下四点:

①认真读懂机械使用说明书,掌握结构和性能,切忌囫囵吞枣,自以为是,不能充当“百事通”。

②操作机械要遵循操作规程,维护保养要讲究方法,切忌马马虎虎,不能瞎摆弄。

③农业机械功能有限量,载重车速有规定,切忌“小马拉大车”,贪小失大。

④坚决不能操作有病机械,一旦发现机械有毛病,要立即停止操作,及时进行维护和保养。

12.8.6 冬季保养

冬天收获完,收割机械也完成了其一年的任务。在不使用时,应该注意收割机械的保养。保养得当能延长收割机的使用寿命并保证其状态良好。收割机冬季保养需注意以下四点:

①一定要把小型收割机的外部清洗干净,特别是容易生锈的部位。清洗干净后,记得给它们涂抹一层新鲜的机油或黄油;

②把容易进灰尘的进气管、排气管用布一类的物质包扎好,把水箱的水排放干净,以防水箱生锈。

③把电瓶卸下,因长时间不用,电瓶需补电保养,电路节头需要包扎好以防生锈。

④应把小型收割机放置干燥通风的地方。不要将小型收割机或其他农业机械放置屋外而生锈。

第13章 脱粒机械的使用与调整

脱粒机械是收获过程中最重要的机具之一,在分别收获法中占主导地位,利用脱离机械可使收获周期比人工收获缩短5~7天,在联合收获机上它作为核心部件,对整机的工作质量起到了决定性的作用。目前,农业生产过程中使用的脱粒机主要有三种类型:简易式脱粒机、半复式脱粒机、复式脱粒机。

13.1 脱粒机的种类及工作原理

脱粒机分全喂入式和半喂入式两大类。

半喂入式脱粒机工作时,作物茎秆的尾部被夹住,仅穗头部分进入脱粒装置,功率耗用稍小,且可保持茎秆完整,较适用于水稻,也可兼用于麦类作物;但生产率受到限制,茎秆夹持要求严格,否则会造成较大损失。全喂入式脱粒机将作物全部喂入脱粒装置,脱后茎稿乱碎,功率耗用较大。

13.1.1 全喂入式脱粒机

按脱粒装置的特点,全喂入式脱粒机可分为普通滚筒式和轴流滚筒式两种。

(1)普通滚筒式脱粒机

按机器性能的完善程度分为简式、半复式和复式三种。

简式一般只有脱粒装置,脱粒后大部分谷粒与碎稿混杂在一起,小部分与长稿混在一起,需人工清理;半复式具有脱粒、分离、清粮等部件,脱下的谷粒与稿草、颖壳等分开;复式除脱粒、分离、清粮装置外,还设有复脱、复清装置,并配备喂入、颖壳收集、稿草运集等装置。

(2)轴流滚筒式脱粒机

轴流滚筒式脱粒机的特点是不需设置专门的分离装置便可将谷粒与茎秆几乎完全分开。作业时作物由脱粒装置的一端喂入,在脱粒间隙内做螺旋运动,脱下的谷粒同时从凹板栅格中分离出来,而茎秆由轴的另一端排出。

13.1.2 半喂入式脱粒机

半喂入式脱粒机有简式和复式两种。

复式半喂入式脱粒机由半喂入式脱粒装置、清选风扇、排杂轮、谷粒输送装置等组成。作物由夹持机构沿滚筒轴向通过脱粒装置,在脱粒室的作物穗部受弓齿的梳刷、打击脱粒。脱后的茎秆由脱粒装置一端排出机外。脱下的谷粒、颖壳、碎草混杂物通过凹板的筛孔进入清粮室,由风扇气流和筛选把杂质排出机外,谷粒则通过输送装置送至出粮口。脱粒装置后的副滚筒可将断穗复脱,并将碎草迅速排除。

13.1.3 脱粒装置的技术要求和工作原理

脱粒装置是脱粒机械和联合收获机上的核心部件,尤其是对于简易式脱粒机而言更是核心的核心。脱粒装置工作性能的优劣对其他辅助工作部件的影响是很敏感的,在很大程度上决定了整个系统的工作质量和生产率,脱粒机械和联合收获机械的设计与选型均是依据脱粒装置的参数来确定的。

(1)脱粒装置的技术要求

①脱粒装置的技术要求主要有:功耗低、脱得干净、谷粒破碎、暗伤尽可能少;

②分离性能好,这一点是联合收获机向大生产率方向发展所特别提出的要求;

③通用性好,能适应多种作物及多种条件;某些时候要求保持茎秆完整或尽可能减少破碎。

脱粒的难易程度与作物品种、成熟度和湿度等有密切关系,成熟度差、湿度大的就难脱,湿度大、秆草(包括杂草)含量多时会显著地降低脱粒装置的分离性能。

(2)脱粒装置的工作原理

脱粒装置的脱粒原理,一般是利用脱粒装置产生的一定机械力,破坏谷粒与谷穗的自然结合力,使谷粒脱粒,常见的有以下几种方式。

1)冲击脱粒

靠脱粒元件与谷物穗头的相互冲击作用而脱粒。冲击速度越高,脱粒能力越强,破碎率也越大。

2)搓擦脱粒

靠脱粒元件与谷物之间,以及谷物与谷物之间的相互摩擦进行脱粒。脱粒装置的脱粒间隙的大小至关重要。

3)梳刷脱粒

靠脱粒元件对谷物施加拉力而进行的脱粒。

4)碾压脱粒

靠脱粒元件对谷物施加挤压力而进行的脱粒。此时作用在谷物上的力主要是沿谷粒表面的法向力。

5)振动脱粒

靠脱粒元件对谷物施加高频振动而进行的脱粒。

上述几种脱粒方式是在长期的生产实践过程中总结出来的,不同的作物种类和作物品种、不同的存储方式和后加工方式,其脱粒方法也不同,也就是说,选择何种脱粒方法完全取决于作物的性质。例如:小麦和水稻的脱粒特性就有较大差异。小麦的籽粒在未成熟时紧紧包裹在颖壳里,而一旦成熟颖壳就被张开,籽粒与颖壳之间的连接强度大大降低,而且小麦的脱粒要求是获得干净的籽粒。

(3)脱粒装置的类型及结构

脱粒装置一般由高速旋转滚筒和固定的凹板组成,但其种类和形式不同。常用的有纹杆滚筒式、钉齿滚筒式、双滚筒式、轴流滚筒式、叶轮式、弓齿滚筒式等。

1)纹杆滚筒式脱粒装置

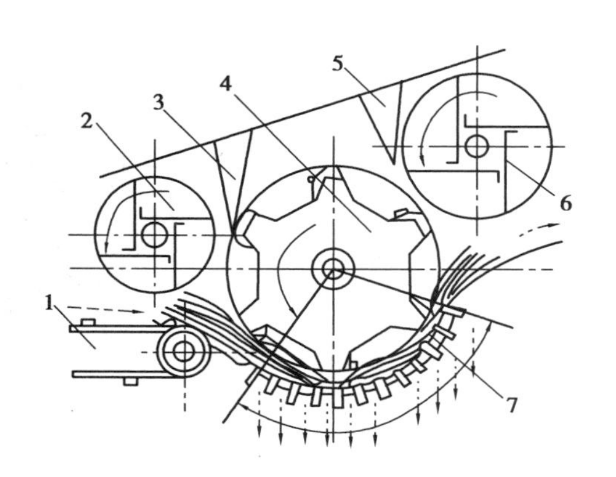

图 13.1　纹杆滚筒式脱离装置
1—喂入链;2—喂入轮;3、5—挡草板;4—滚筒;6—逐稿轮;7—凹板

纹杆滚筒式脱粒装置主要由纹杆滚筒和栅状凹板组成。工作时,作物由纹杆滚筒抓入,从滚筒与凹板之间通过,同时受到滚筒纹杆的多次打击,以及滚筒与凹板之间和谷物之间揉搓和碰撞作用,使谷粒脱下,脱出物由凹板的筛孔分离出去,落到抖动板上,茎秆和部分谷粒及其他脱出物从滚筒与凹板的出口被抛到分离机构,如图 13.1 所示。

纹杆滚筒式脱粒装置结构简单,适应性好,有良好的脱粒、分离性能,茎秆破碎小。但对喂入不均和潮湿作物适应性较差。

①纹杆滚筒。纹杆滚筒由轴、辐盘、纹杆等组成。纹杆用螺旋固定在多角辐盘的凸起部分上;轴用轴承支撑在脱谷机侧壁上,轴端有动力输入皮带轮;辐盘是为钢板冲压而成的多角盘,两端幅盘有轮毂,用键与轴固定,中间辐盘则空套在滚筒轴上。

纹杆工作表面为曲面,上有斜凸纹,以增强抓取和搓擦作物能力。斜凸纹分左右,安装时,应交错安装,以便抵消脱粒时产生的轴向力,并防止作物移向滚筒一侧。

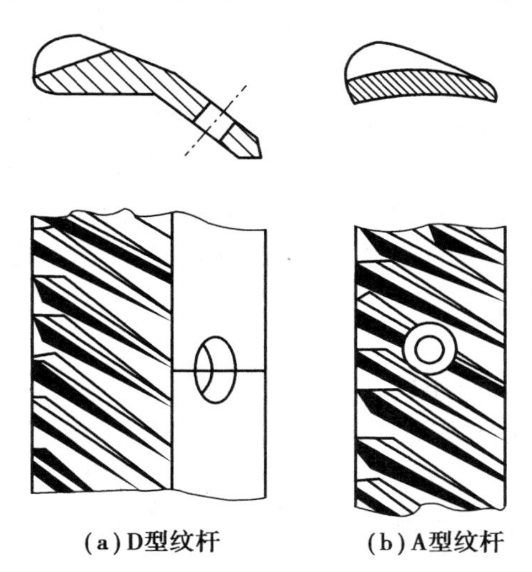

图 13.2　纹杆的形状

纹杆有 A 型和 D 型,如图 13.2 所示。A 型用于老式滚筒,辐盘为圆形,有纹杆座,纹杆用螺栓固定在杆座上;D 型用于现用滚筒上,直接固定在多角辐盘上。

②栅状凹板。栅格状凹板由横格板、侧弧板、筛条等组成,一般为整体式,如图 13.3 所示。凹板配合滚筒起脱粒作用,同时分离脱出物,使大部分谷粒很快分离出来,减少谷粒的破碎,同时也减轻了分离装置的负担。

凹板与滚筒之间形成间隙,称为脱粒间隙。

凹板前后端与调节机构相连,通过调节机构,可调节脱粒间隙的大小。凹板圆弧长所对的圆心角,称为凹板包角。包角大、凹板圆弧长,脱粒分离能力增强且生产率高,但会使碎稿增多而造成功率消耗增大。包角过大时,易使茎秆缠绕滚筒。提起操纵杆能使滚筒与凹板间隙急速放大,可防止滚筒堵塞。

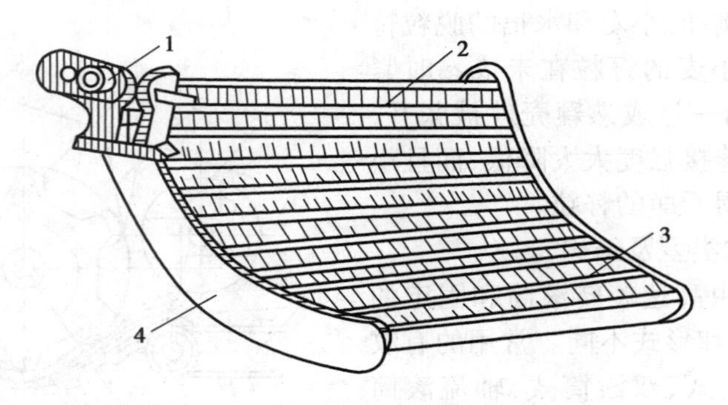

图 13.3　栅格式凹板

1—侧弧板;2—横格板;3—筛条;4—侧板

2)钉齿滚筒式脱粒装置

钉齿滚筒式脱粒装置主要由钉齿滚筒和钉齿凹板组成,钉齿滚筒式脱粒装置有较强的抓取能力和脱粒能力,对喂入不均匀适应性好。

工作时,作物被钉齿滚筒抓入,受高速回转滚筒离心力的作用,贴着凹板弧面拖过钉齿凹板,在钉齿的冲击和齿侧、齿顶间的搓擦、梳刷作用下被脱粒,脱出物通过凹板上的筛孔分离出来。

3)弓齿滚筒式脱粒装置

弓齿滚筒式脱粒装置,主要用于半喂式脱粒装置,弓齿滚筒用薄铁板卷成封闭式圆筒,其上固定弓齿。滚筒前端有一段锥形便于作物喂入,锥角一般约50°左右,宽50 mm左右。滚筒末端铰接击禾板,用以抖落茎秆中谷粒和排除断秆、断穗。弓齿用直径4~5 mm的钢丝制成,按螺旋线排列在滚筒上。

4)双滚筒式脱粒装置

用单滚筒脱粒时,由于谷物成熟度不一致等原因,存在着脱净与碎粒的矛盾,往往成熟饱满的谷粒已破碎,而未成熟的谷粒尚不能完全脱下来,因此有的脱粒机或联合收割机的脱粒装置,采用双滚筒脱粒装置。

双滚筒脱粒装置,第一滚筒转速较低,易脱谷粒先脱下并分离出来,难脱谷粒进入第二滚筒,保证脱粒干净又不破碎。第一脱粒滚筒大多采用钉齿式滚筒,钉齿式滚筒抓取作物、脱粒能力强,纹杆式滚筒有利于提高分离率,减少茎秆破碎;第二脱粒滚筒采用纹杆式滚筒。也有的两个滚筒均采用纹杆式脱粒装置。双滚筒脱粒装置具有生产率高、脱净率高、破碎率低、对潮湿作物适应性好等优点,但碎秸草多,功率消耗较大。

5)轴流滚筒式脱粒装置

轴流滚筒式脱粒装置主要由滚筒、凹板、导板和盖等组成。

工作时,作物由滚筒的一端喂入,随着滚筒的转动,作物做螺旋运动,沿滚筒轴线方向流过脱粒装置,脱出物在滚筒离心力作用下由凹板筛孔落下,秸草则从滚筒另一端排出。

轴流式脱粒装置,轴流滚筒有圆柱形和圆锥形两种,脱粒元件有杆齿式、叶片式、纹杆式等形式。作物在脱粒装置的工艺流程,有4种形式,如图13.4所示。

圆柱形纹杆式轴流滚筒,采用轴流喂入和排出,如图13.5所示。其前段装有螺旋叶片,工作时可产生较强的气流,并和锥壳内的导板配合,使谷物强迫喂入。采用纹杆式脱粒元件可降低茎秆的破碎程度。

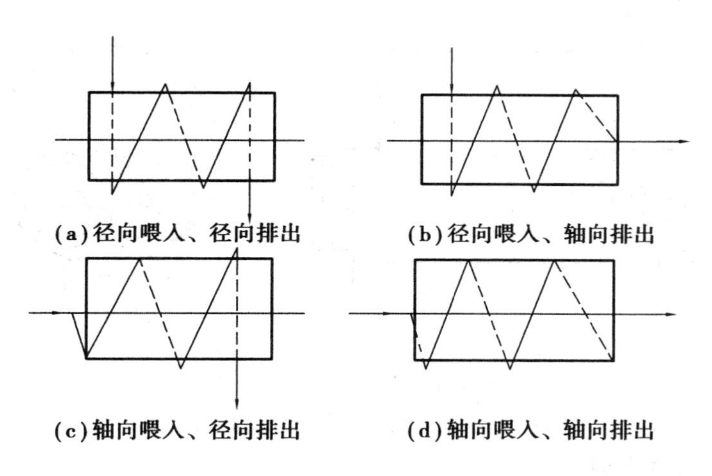

图 13.4　轴流滚筒式脱粒装置作物工艺流程形式

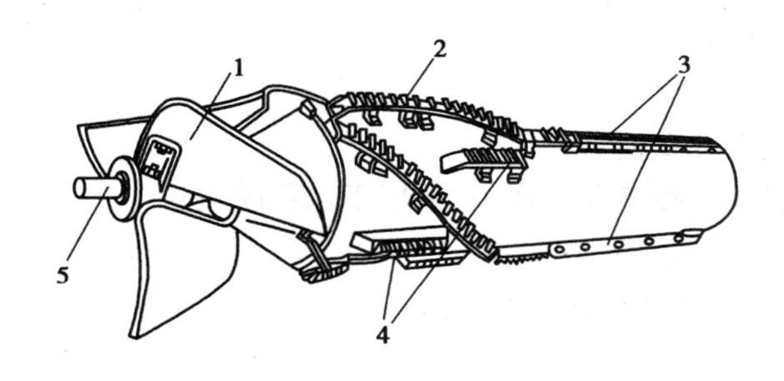

图 13.5　纹杆式轴流滚筒

1—喂入叶片;2—螺旋纹杆;3—分离叶片;4—附加纹杆;5—滚筒轴

轴流滚筒式脱粒装置因作物在脱粒装置内的时间长,因此能充分进行脱粒和分离、脱净率高、破碎率低,对不同作物适应性好,不用专用的分离机构也可满足脱粒后分离的技术要求,但功率消耗较大、茎秆破碎严重、谷粒含杂较多、增加清选难度。

(4)**滚筒的平衡**

修复滚筒时,由于加工和装配误差等原因会造成滚筒的重心偏移,重心偏移的滚筒在高速旋转时,产生很大的离心力,使机器震动并加速轴承磨损和降低使用寿命,严重时甚至造成事故,因此滚筒在拆卸修理后,必须进行适当的平衡。

滚筒的平衡,有静平衡和动平衡,一般只进行静平衡,要求高时进行动平衡,动平衡需专门的设备。

静平衡检查时,将滚筒两端放在支架的滚轮上,用手轻拨滚筒,反复多次,如滚筒转到任意位置均可停住,说明滚筒平衡。如每次总是回摆到某一位置停住,说明不平衡。平衡的方法是在停摆位置对面的纹杆上加配重,或在下面钻孔,减去部分质量,加重或减重都应尽可能在距离两端相等的中间部位,以免产生动不平衡问题,如此反复进行,重复检查直至平衡为止。

滚筒的静平衡检查如图 13.6 所示。

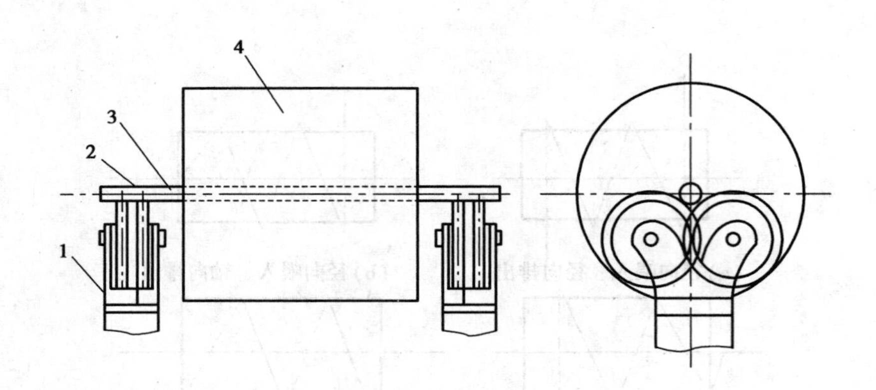

图 13.6　滚筒的静平衡检查

1—支架;2—滚轮;3—滚筒轴;4—滚筒

(5)半喂入式脱粒装置

半喂入式脱粒装置的一般构造如图 13.7 所示。半喂入式脱粒时谷物仅穗头部分进入滚筒,茎秆的后半部分在机外。

半喂入脱粒优点有:

①省去逐稿器,减少分离损失;

②采用梳刷原理脱粒,破碎和损伤小,适用于水稻脱粒;

③茎秆完整、可作副业原料;

④脱粒所耗功率与纹杆式相比略有降低。

半喂入脱粒缺点有:

①通用性差,只适于稍部结穗的作物,不适于低矮作物;

②要求穗部集中、整齐;

③脱粒时间长,生产率较低。

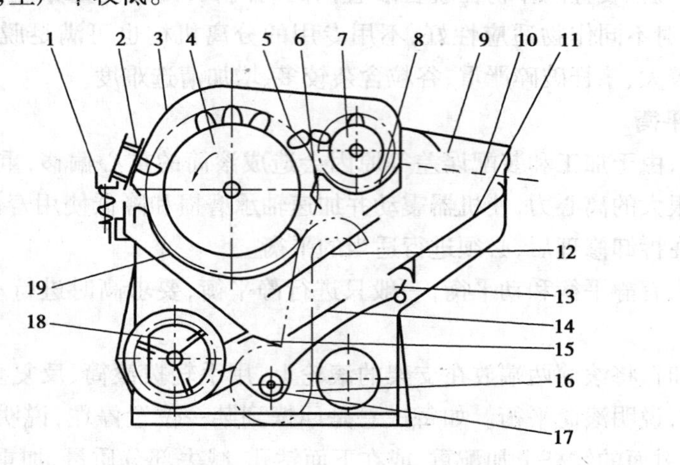

图 13.7　半喂入脱粒机

1—夹持台;2—夹持链;3—滚筒盖;4—滚筒;5—切刀;6—延长筛;7—副滚筒;

8—副滚筒筛;9—集尘斗;10—振动线筛;11—谷粒回送;12—振动滑板;13—次粒口;14—中滑板;

15—固定线筛;16—扬谷器;17—谷粒推运器;18—风扇;19—滚筒筛

13.2　脱粒机械的主要部件

13.2.1　滚筒弓齿

滚筒喂入端为一段截锥体,便于谷物轴向喂入。滚筒上设有多种弓齿。常用的形式如图 13.8 所示。梳导齿装于截锥体上,齿形低矮平缓,齿根跨距大,齿顶圆弧也大,钢丝直径较粗,为 6~8 mm,齿强度高,用于梳整、推送谷物并进行脱粒。细脱齿的齿形陡直、齿顶圆弧小,钢丝直径较细,为 4~5 mm,具有较高的梳刷脱粒性能。

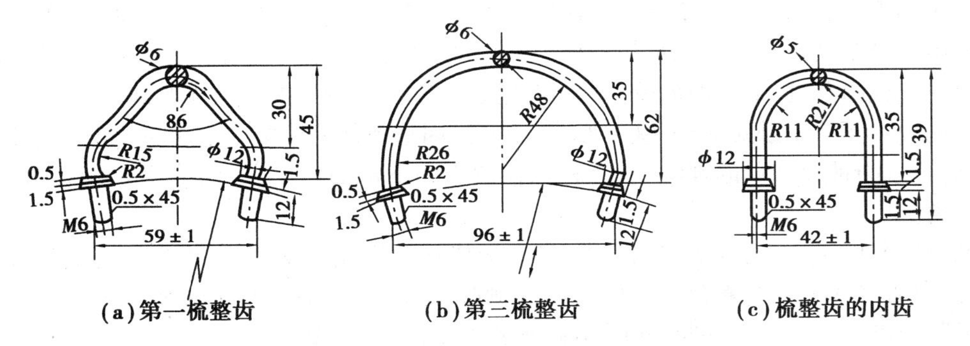

图 13.8　半喂入脱粒装置的梳整齿

为了防止高度小、跨度大的弓齿空隙内挂草、打碎稿草,在齿内加设内齿或实芯齿形成加强齿(图 13.9)。滚筒上一般有 9~12 排齿。齿排间距大多为 150 mm 左右。弓齿要求耐磨,一般用 65Mn 钢制成,也可用低碳钢表面渗碳热处理。

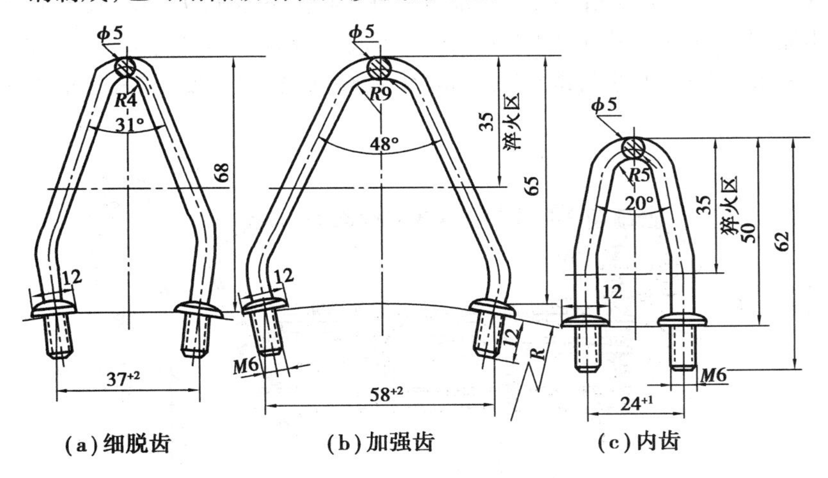

图 13.9　半喂入脱粒装置弓齿

半喂入式脱粒装置中除了要把谷粒从穗子上脱下以外,还得及时地把混夹在茎秆里的已脱谷粒梳刷出来,否则会造成夹带损失。按谷物在滚筒上的部位不同可分为上脱式、下脱式和倒挂侧脱式几种不同的脱粒方式(图 13.10)。

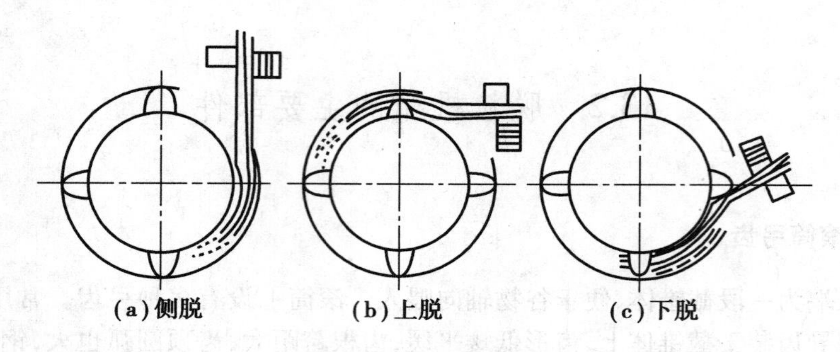

图 13.10　脱粒方式

三种方式比较如下:

上平脱和下平脱适于立式割台,茎秆切割后根部被夹持输送时处于直立状态,在作纵向输送过程中引导茎秆逐步倾倒到承托挡板上,即可使之成为水平状态进入滚筒。下平脱时由于茎秆挡住凹板筛孔、影响籽粒的分离、易造成夹带损失,上平脱方式就无此缺点。

倒挂侧脱主要用于卧式割台,这种形式的脱粒,因重力使穗头能自行下垂,为梳刷脱粒创造良好条件,故断穗及抽草的现象少;茎秆挡住凹板的下部面积小,有效分离面积大,有助于谷粒的分离。

从试验研究可见,无论脱水稻或小麦,均以倒挂侧脱为宜,其总损失及功率耗用均较其他二种低,但在有立式割台的联合收获机上倒挂侧脱比较困难,输送机构也将会很复杂。多数半喂入式联合收获机采用上平脱,而脱粒机则多半还是用下平脱。

13.2.2　夹持输送装置

如图 13.11 所示,夹持输送装置由夹持输送链、夹持台和传动装置等组成。输送链的齿形链片与夹持台上下配合,并在横向左右交错以便将茎秆夹成曲折使其具有抗抽出的能力。夹持台本身有压紧弹簧,可在作物层厚薄不匀时仍保持足够的夹紧力。此装置与滚筒要尽量靠近以减少脱不着的区域。有的与滚筒轴向成 5°夹角斜偏安装,使谷层进入滚筒的深度逐渐加大。

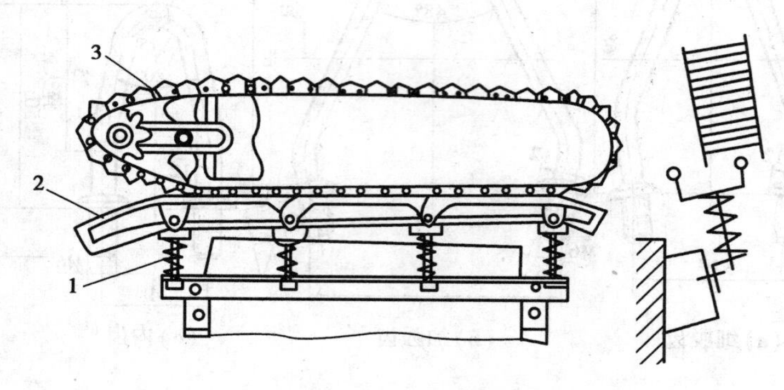

图 13.11　夹持输送器

1—弹簧;2—夹持台;3—夹持输送链

13.2.3　脱谷部分输送装置

脱谷部分的输送装置包括推运器、升运器和抛掷器等,完成谷粒和杂余的输送。

(1)螺旋式推运器

螺旋式推运器的结构较简单,由壳体、轴及螺旋叶片等组成。螺旋式推运器设在清选筛和尾筛的下方及联合收割机粮箱内,用以承接谷粒和杂余并水平输送。工作时,动力由轴外端传动轮传入,带动螺旋叶片转动,推运谷粒或杂余。

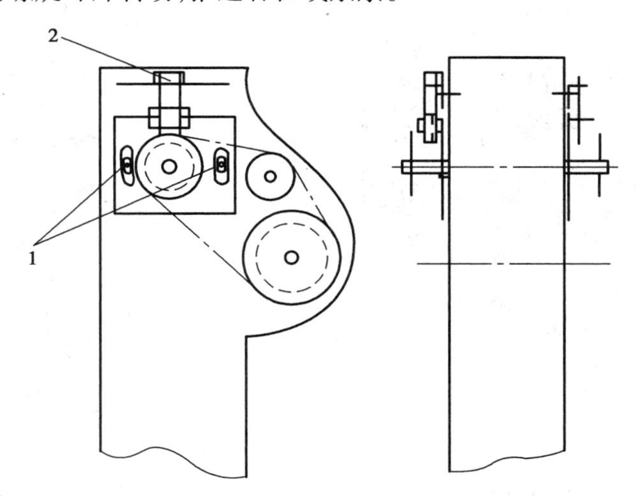

图 13.12　升运器调节示意图

1—紧固螺母;2—调节螺母

螺旋式推运器轴外端动力传入处,设有安全离合器,当推运器负荷过大或堵塞时,离合器便打滑发出响声,传动轮转动而轴不转。安全离合器传递扭矩的大小,由离合器弹簧决定,工作时,弹簧紧度应适宜,过大会使推运器堵塞,离合器不自动脱离而损坏,过小离合器则经常打滑,推运器不能正常工作,弹簧紧度可用拧动轴端螺母调整。

(2)刮板式升运器

刮板式升运器,主要由链条、刮板、链轮、外壳和中间隔板等组成。链条一般为套筒滚子链,围绕在主、从动链轮上。刮板用橡胶制成,按一定间隔固定在链条上。

刮板式升运器设在机侧,其一端与推运器连接,将推运器推送来的谷粒或杂余,由低处向高处分别输送至粮箱或脱粒装置。工作时,链条回转,刮板将物料输送至顶端卸出。

升运器工作时,链条紧度应适宜,过紧则磨损严重,过松则掉链和堵塞。为调整链条的紧度,从动轴的位置可调,图 13.12 为联合收割机升运器调整示意图。调整时,松开固定螺母,拧动调整螺母,即可改变从动轴上下位置,调整链条松紧度。

在杂余推运器轴端复脱器的外面,设有抛掷器,抛掷器主要由叶轮、外壳和管道等组成。工作时叶轮高速回转,将复脱后物料经管抛出,扔至清选装置上。

13.2.4　脱粒装置的调节机构

在使用中经常调节的是脱粒滚筒的转速和脱粒间隙,以适应不断变化着的作物的状态,如湿度、成熟度和植株密度等。当收获不同种类、品种的作物时应该进行调节。

(1)滚筒转速的调节

在脱粒机上通常采用更换皮带轮直径的方法,而在联合收获机上普遍采用三角皮带无级变速的方法进行转速的调节,如图 13.13 所示为驱动滚筒轴的主动轮,它装在逐稿轮轴上,由

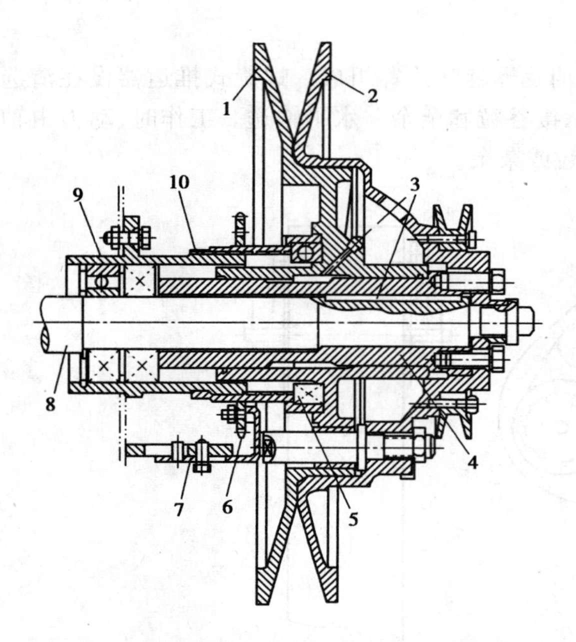

图 13.13　脱粒滚筒三角皮带主动轮无级变速器

1—动盘;2—定盘;3—平键;4—轴套;
5—单列止推轴承;6—链轮;7—限位板;
8—逐稿轮轴;9—轴承座;10—调节套

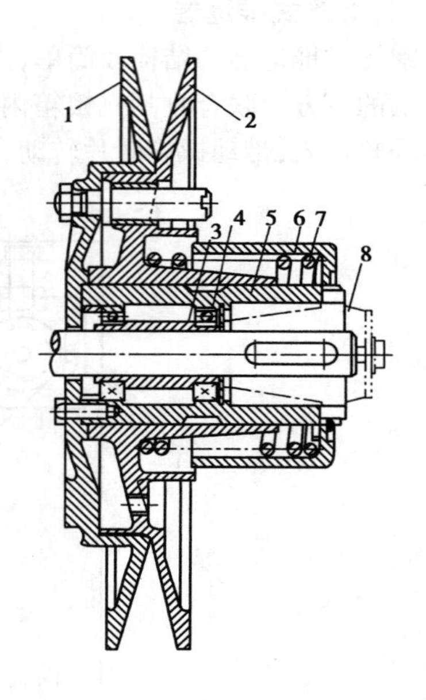

图 13.14　脱粒滚筒三角皮带被动轮无级变速器

1—定盘;2—动盘;3—小轴套;
4—轴承;5—大轴套;6—弹簧压罩;
7—弹簧;8—传动轮毂

动盘、定盘组成。定盘由六个螺栓固定在轴套上,轴套由平键与主动轴相连,定盘上还有三个导向销,起导向作用,动盘套在轴上,可以滑动。

轴承座一端有外螺纹,与调节套的内螺纹配合,链轮与调节套固定,转动链轮即可使调节套在轴承座上左右移动。通过止推轴承即可改变动盘在轴套上的位置,从而调节了此主动轮的直径,限位板可以调节,以便控制滚筒皮带轮的最高转速。

如图 13.14 所示,无级变速器的被动轮装在脱粒滚筒轴上,由定盘、动盘组成。定盘由螺栓固定在大轴套上。大轴套由轴承、小轴套支承在滚筒轴上,经其外端的缺口和滚筒传动轮毂的驱动爪啮合,将皮带轮的动力传给滚筒轴。动盘套在大轴套上,由弹簧压紧,弹簧由压罩和卡簧定位。

在以上介绍的构造中可看出,大轴套与滚筒轴之间是不会相对转动的,所以轴承与小轴套是无用的。它们是为了使滚筒能以更低的速度运转的减速装置而设置的。此时卸去传动轮毂,在大轴套上装主动齿轮,经中间轮的二级减速传动,再把动力传到滚筒轴上,被动齿轮即由平键固定于滚筒轴上,此时大轴套比滚筒轴的转速要快。

工作人员在座位上通过传动机构使链轮转动即可实现滚筒转速的无级调节,但这种装置必须在机器运转过程中进行调速。

(2)脱粒间隙的调节

脱粒机上两侧可分别对出、入口的脱粒间隙进行调节,就是改变凹板在出、入口处相对于滚筒的位置,这种调节方法构造简单,但调节费时。在联合收获机上用出、入口间隙的联动调节,驾驶员通过杠杆机构即可实现,其结构复杂,调节方便。

目前,在联合收获机上为了防止滚筒堵塞和堵塞后能快速清理脱粒间隙里的茎秆,已广

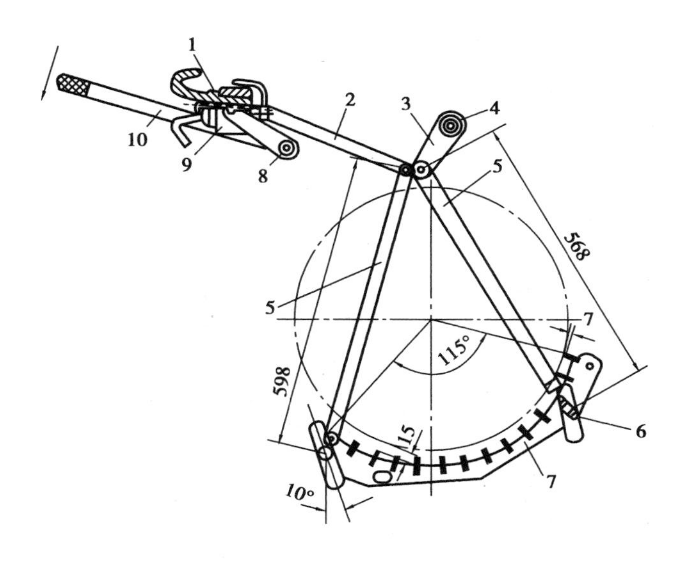

图 13.15　快速脱粒间隙调节装置

1—调节螺母;2—拉杆;3—支承臂;4—支承轴;5—吊杆;

6—调节螺母;7—凹板;8—支承轴;9—螺母方套;10—操纵杆

泛采用了快速脱粒间隙调节机构。

图 13.15 所示为快速脱粒间隙调节机构。凹板由两对吊杆通过支承轴,与支承臂相连,并由吊杆与凹板连接处侧壁上的纵向导向孔定位,在驾驶室搬动操纵杆,拉杆绕下支承轴回转,通过调节螺母与螺母方套拉动拉杆,使支承臂绕固定在机壁上的支承轴上下转动,使两对吊杆带动凹板沿导向孔移动,改变了脱粒间隙。这种机构能对凹板进行三种调节:

①凹板小轴与吊杆之间靠拧动调节螺母可调节吊杆长度,使出、入口间隙进行分别的调节。

②拧动调节螺母可改变拉杆的长度,使出、入口间隙同时进行调节。

③提起操纵杆,在滚筒发生超负荷的时候使凹板快速放下,突然放大间隙防止滚筒堵塞。

13.2.5　脱粒装置的辅助部件

脱粒装置的辅助部件包括喂入轮、逐稿轮和凹板出口的导向过渡栅条(图 13.16)。

喂入轮将由输送装置送来的谷物拉薄变匀后喂入脱粒滚筒,有利于提高脱粒质量,有的机器为了简化机构,不设置喂入轮,由输送链(带)直接喂入。

逐稿轮(图 13.17)在滚筒的后上方,一般与滚筒相切,以引导脱出物离开滚筒,一般为叶轮形式。

脱出物按凹板出口的切线方向抛出,碰撞到逐稿轮后,即按逐稿轮的切线方向运动。凹板出口外的导向过渡栅条的安装位置和状态与脱出物在出口处的运动状态有关(图 13.18)。过渡栅条有倾斜安装和水平安装两种。

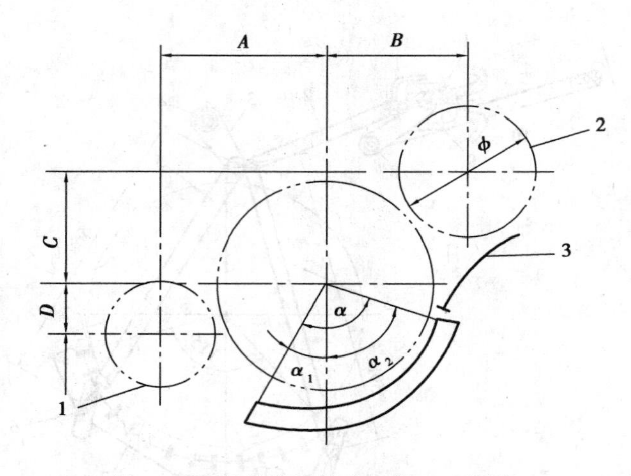

图 13.16　脱粒装置辅助部件配置关系

1—喂入轮；2—逐稿轮；3—导向过渡栅条

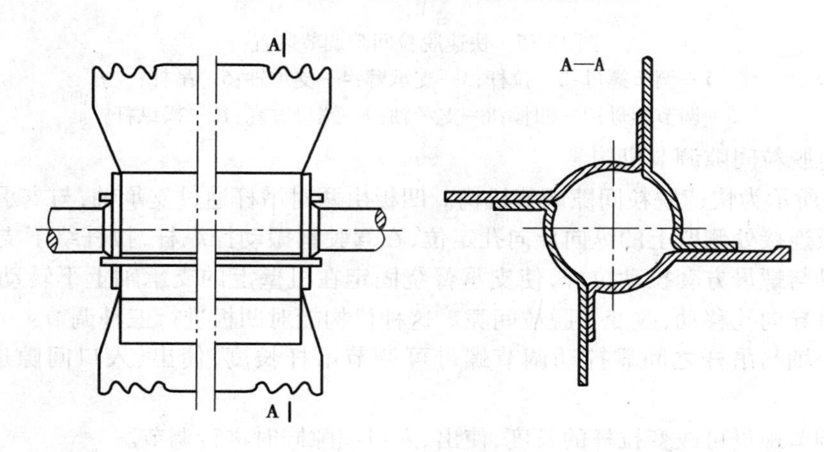

图 13.17　逐稿轮

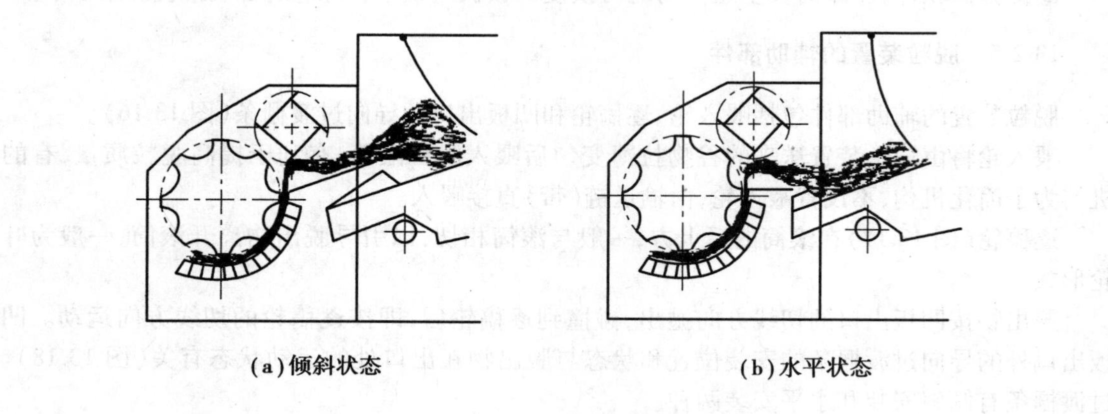

图 13.18　导向过渡栅条的状态

13.3　链耙式输送器的调整

13.3.1　链条松紧度

转动螺母 B,改变从动轴支臂位置,如图 13.19 所示。合适的松紧度为用 30 kg 的力向上提起链条时,高度可达 30~40 mm。

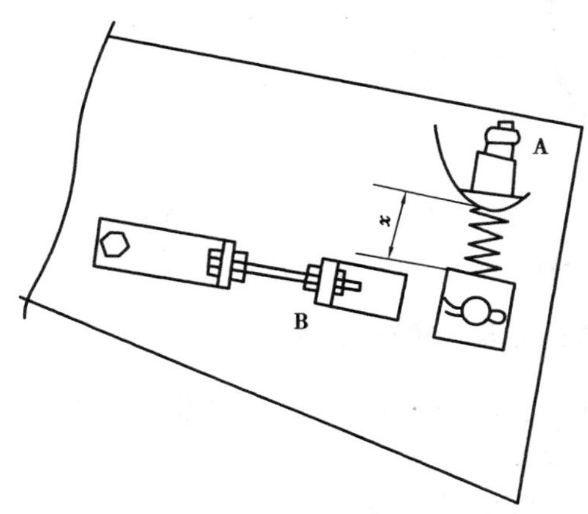

图 13.19　链耙式输送器调整
x = 140 mm(小籽粒),110 mm(大籽粒)

13.3.2　齿耙与底板间隙

转动螺母 A,改变从动轴上下位置即可调节齿耙与底板间隙。合适的调整是:收割细茎秆谷物时,从前数第二个齿耙与底板间隙调为 3~5 mm 或刚好接触。收粗茎秆谷物时,从动轴轴线下方齿耙与底板间隙为 15~25 mm。调整时,应左右调整一致。

13.3.3　PRO208 脱粒室排尘阀调节手柄的调节

1)首先打开脱粒筒部;
2)参照表 13.1,使用脱粒室排尘阀调节手柄进行调节;

表 13.1　排尘阀调节手柄调节参考表

调节方向	现象(状态)
开 标准 闭 (↕)	发出很大的咕咚咕咚声(脱粒筒负载过大) 倒伏作物或潮湿作物的收割 掉壳、损伤(开裂或破碎)的谷粒较多
	筛选不良 芒刺、枝梗较多 断穗粒较多 夹杂谷粒较多 排尘损耗(谷粒飞散较多)

3)关闭脱粒筒部。

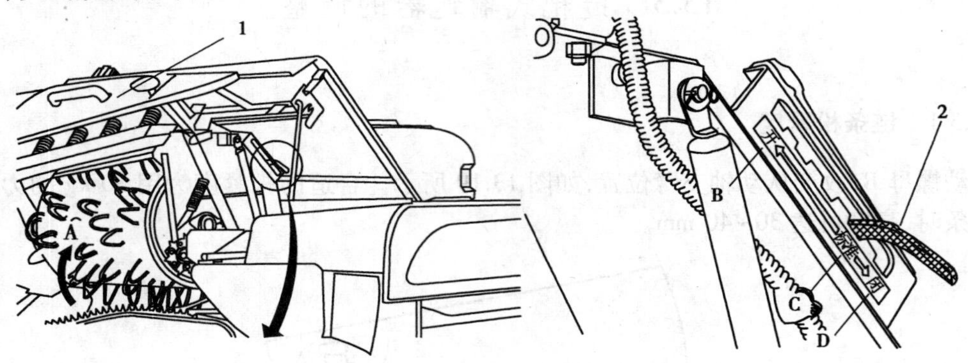

图 13.20　脱粒室排尘阀调节手柄

1—脱粒筒部;2—脱粒室排尘阀调节手柄;A—打开;B—开位置;C—标准位置;D—闭位置

13.3.4　PRO208 脱粒驱动皮带的检查、调整

如图 13.21 所示,按以下步骤将张紧弹簧的长度调整至 252~258 mm。

①将割台降至地面,关停发动机;

②打开发动机仓盖,拆下驾驶座左侧板;

③拆下脱粒部右侧盖 1;

④将脱粒离合器手柄置于“合”的位置;

⑤旋松锁紧螺母和调整螺母,通过调整螺母进行调整;

⑥紧固锁紧螺母;

⑦装上脱粒部右侧盖 1;

⑧安装好驾驶座左侧板后,关闭发动机仓盖。

13.3.5　脱粒齿的检查、更换

脱粒齿齿尖磨损后,与承网之间的间隙会变大,从而会导致脱粒不净。齿尖的线径在 2.5 mm以下时,会引起脱粒齿变形、齿尖开裂,从而引发故障。因此,当齿尖的线径在 2.5 mm 以下时,应换装脱粒齿或进行更换。

检查时按图 13.22 所示进行:

①打开脱粒筒部进行;

②测量脱粒齿齿尖的磨损量,线径在 2.5 mm 以下时,予以更换。

如图 13.23 所示进行更换操作:

①用内六角扳手拆下 4 个螺栓,然后拆下筒盖。

②将手从筒盖处伸入,从脱粒筒内侧拆下 2 个螺母,然后拆下脱粒齿。

③用 2 个螺母紧固新的脱粒齿。

④装上筒盖。

⑤安装防止秸秆缠绕挡板时,应将凹凸部的凸部朝向左侧。

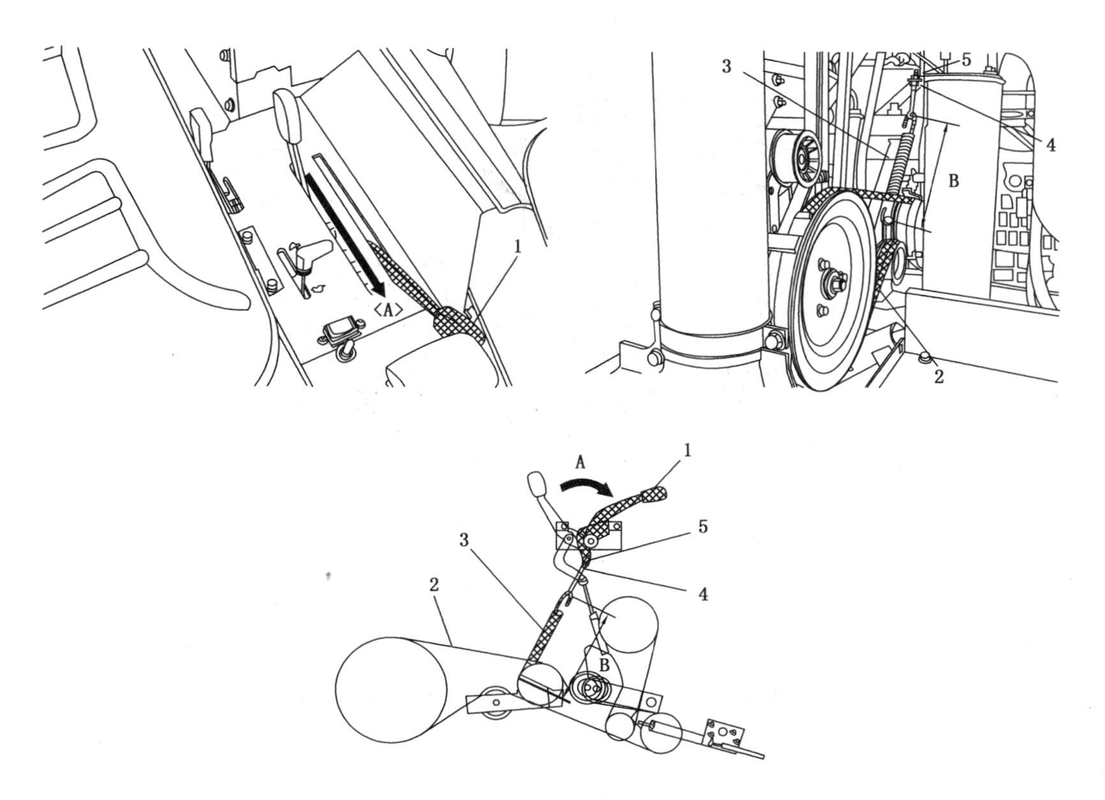

图 13.21　脱粒驱动皮带的检查、调整

1—脱粒离合器手柄；2—脱粒驱动皮带；3—张紧弹簧；4—调整螺母；

5—锁紧螺母；A—合；B—252～258 mm

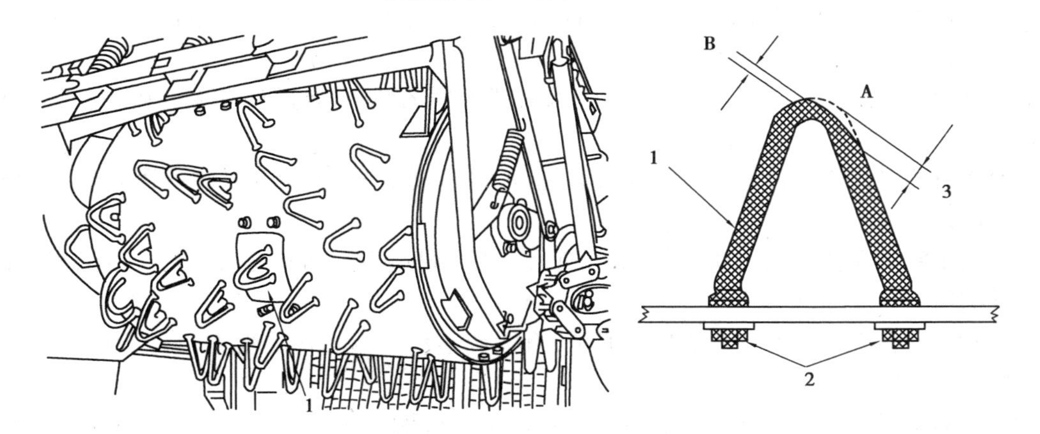

图 13.22　脱粒齿齿尖磨损检查

1—脱粒齿；2—螺母；3—磨损；A—新品时：5.25 mm；B—剩余量需在 2.5 mm 以上

图 13.23 脱粒齿齿尖磨损更换

1—脱粒筒;2—筒盖;3—螺栓;4—防止秸秆缠绕挡板;5—凸部

13.4 脱粒机的选购与维护保养

13.4.1 怎样选购脱粒机

脱粒机的选购主要包括以下几点:

①先查清所购机型中有无优质名牌产品,挑选时应先从获奖最高的产品开始,获奖越高的产品,一般来说质量也就越好。

②详细检查机器内外各焊接部位有无开焊和不牢固的地方,各部件有无变形或断裂损坏等问题。

③检查机器各连接部位的螺栓是否安装完好,各传动轮、张紧轮及各轮端固定螺帽和轮内键销安装是否完整、牢靠。

④转动脱粒滚筒及其他运动部件,检查有无卡滞、碰撞现象,运转是否平稳、灵活,轴承内有无异常响声。

⑤查看机器各部位防锈漆是否均匀光滑,有无剥落和严重划伤的地方,有无因油漆质量不高使机件生锈的现象。

⑥翻开随机说明书,打开附件包装箱,认真核实随机附件是否齐全、完好,如有问题应及时向销售单位声明。

⑦脱粒机买回后须先进行试运转和试脱,然后再正式投入作业。进行试运转和试脱时,应仔细观察各部位工作情况,发现问题应及时停机检查,如属产品质量问题,应通过销售单位向生产厂家联系,如经修理,质量仍达不到要求,应予更换或退货。

13.4.2 怎样维护保养脱粒机

(1)作业期的维护保养

①应经常注意机器的转速、声音、温度是否正常。每脱完一种品种或一天作业完毕,都应停机检查各处轴承是否过热,各紧固螺钉、键销是否松动,发现异常要及时排除。

②以柴油机为动力时,排气管及灭火罩应每天清理,以免严重积炭,影响排气和灭火效能;以电动机为动力时,炎热的中午要用禾秆将电动机盖起来,以防电动机受晒发热。

③要定期检查各传动皮带的张紧度和各配合部位的间隙是否合适,并应及时调整。

④雨季作业时,要经常清理机器罩盖上的尘土、禾屑及滚筒、滑板筛面等处的杂物和黏结的泥垢,以免积水后使机件生锈。

⑤每次作业结束后,有条件的应把机器存放在库房或厂棚。存放在室外时,应用油布或塑料布覆盖,以防机器受潮或雨淋。

(2)封存期的保养

脱粒季节过后,应立即对脱粒机进行封存。封存时应做好如下工作:

①将机器内外尘土、污垢、茎秆、颖壳等杂物清理干净。

②将传动皮带轮、脱粒机滚筒等未涂漆的金属零件表面涂上防锈油。对机架、罩盖等磨去漆皮的地方补刷油漆。

③卸下电机、传动皮带等附件,并连同其他附件一起妥善保管。

④将机器放置在干燥的库房或厂棚,有条件时最好用枕木垫起,并盖上油布,以免机器受潮、曝晒和被雨淋。

⑤来年使用前,应对脱粒机进行一次全面的清扫和检修,应打开全部轴承座盖,清除油污和杂物,重新上足润滑油,并更换修整变形、磨损的零件。更换滚筒纹杆时,应注意按重量分组,根据重量加平衡垫进行安装,以保持滚筒平衡。更换个别纹杆时,不但要注意平衡,而且还要通过适当调整垫片厚度来使滚筒在最小的径向跳动下运转。零件更换、修理后,各连接螺栓都必须按要求紧固牢靠。

⑥长途运输,应将脱粒机装在车上;短途运输,运输轮应加油。运输速度不得超过5 km/h。

第14章 分离清选机械的使用与调整

14.1 分离装置的功用和种类

分离装置位于脱粒装置之后,起将脱粒后茎秆中央夹带的谷粒分离出来的功用,并把茎秆排出机外。由于作物的茎秆量较大,分离装置的负荷较大,往往成为限制脱粒机和联合收割机生产能力的薄弱环节。

分离装置的要求是:谷粒夹带损失小,一般小于0.5%~1%;分离出来的谷粒中含杂质少,以利减轻清选的负荷;生产率高、结构简单。

按工作原理不同,分离装置可分为两大类:一类是利用抛扬原理进行分离,称为逐稿器;另一类是利用离心力原理进行分离的装置。

14.1.1 逐稿器

逐稿器又分平台式和键式两种

(1)平台式逐稿器

平台式逐稿器是一个具有筛孔的平台,用前后两对吊杆铰接在机架上,由曲柄连杆驱动做前后摆动,如图14.1所示。

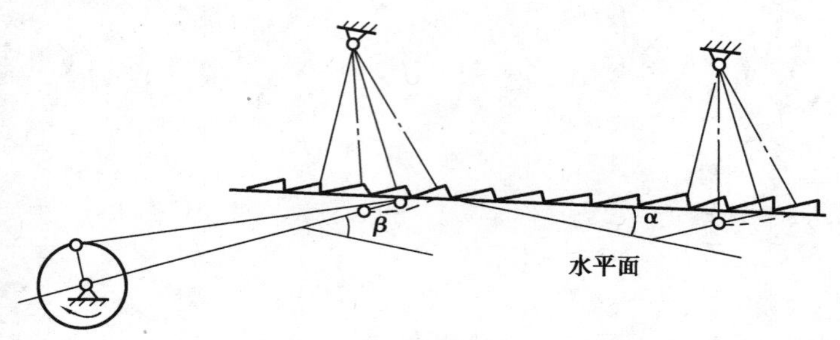

图14.1 平台式逐稿器

1—α 台面倾角;2—β 摆动方向角

工作时，茎秆受台面的抖动和抛扔，由前向后逐步被逐出机外，同时使茎秆中夹带的谷粒断穗等穿过茎秆层抖落，并从台面孔漏下。为增强对茎秆的抖松能力，改善其分离性能，台面上有阶梯、齿板及抖松指杆。

平台式逐稿器结构简单，但抖动分离能力较低，多用于中、小型脱粒机上。

(2)**键式逐稿器**

键式逐稿器是目前联合收割机上应用最广的一种分离装置，其特点是对脱出物抖松能力较强。键式逐稿器由几个相互平行的狭长形键箱组成，如图 14.2 所示。

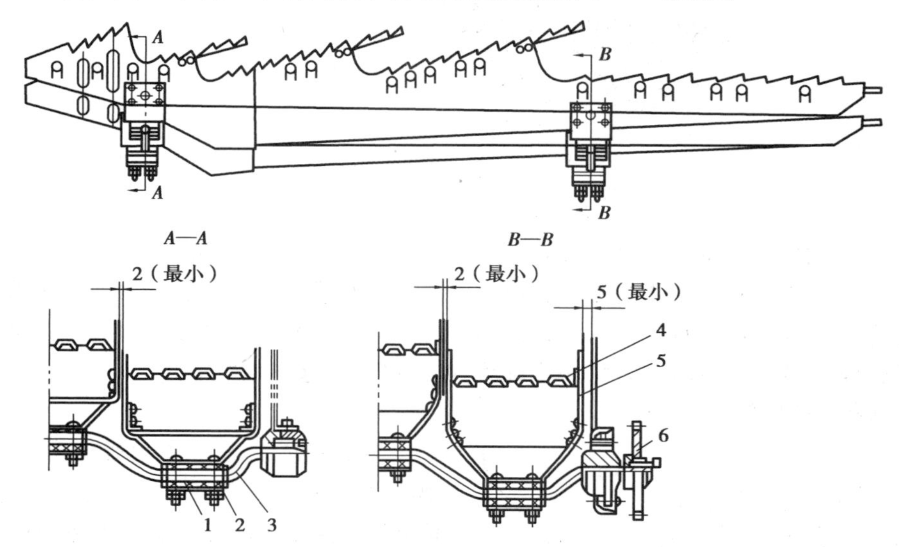

图 14.2　双轴四键式逐稿器

1—下半轴承；2—上半轴承；3—曲轴；4—键面筛孔；5—键箱壁；6—链条

键箱通过轴承安装在曲轴上，工作时，曲轴转动，各键箱作交替上下运动，将键面上脱出物不断抖动和抛扔，从而使谷粒从茎秆中分离出来，并将茎秆逐出机外。

键式逐稿器按键箱数有三键、四键、五键、六键之分；按曲轴数有单轴和双轴之分，以双轴四键式最为常用。

键箱用铁皮制成，键面为阶梯形，形成落差以促进分离作用，并可降低后部高度。键面上有筛孔，键箱两侧壁有立齿，立齿高出键面，以支托茎秆，并可防止茎秆向一侧滑移。为增强分离效果，键箱上方设有挡帘，以延缓茎秆向后运动速度，增长分离时间和防止茎秆被滚筒抛出机外。为使相邻键箱交错抖动，以得到好的效果，又使键箱运动时产生的惯性力得以平衡，曲轴轴颈相位互差 90°。键箱通过轴承装在曲轴颈上，轴承有滑动轴承和滚动轴承两种形式。滑动轴承有木瓦和铁瓦之分，轴承间隙可用上下轴承盖间垫片调整。

双轴四键式逐稿器的每个键箱、前后曲轴颈和机架形成平行四杆机构。因此键面上各点的运动规律相同，对脱出物的抖动、抛扔作用较好，分离能力强。

14.1.2　离心分离装置

离心分离装置分为分离轮式和转筒式(轴流)两种。

(1)**分离轮式分离装置**

分离轮式分离装置由分离轮和分离凹板组成，如图 14.3 所示，其结构及分离原理类似滚筒

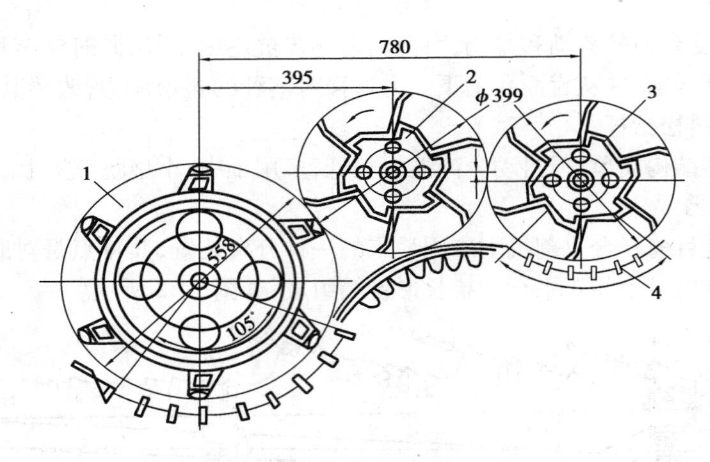

图 14.3　分离轮式分离装置

1—滚筒；2、3—分离轮；4—分离凹板

式脱粒装置。工作时，滚筒脱出物被分离轮轮齿抓入分离轮与凹板组成的间隙中，在连续几组旋转的分离轮作用下，脱出物中的谷粒靠离心力穿过凹板筛孔分离出来，茎秆则被分离轮抛出。

分离轮式分离装置具有较强的分离能力，生产率高，对潮湿作物适应性好，分离能力受地面变化影响较小，但碎茎秆较多，功率消耗较大，一般仅用于脱粒机。

(2)**轴流分离装置**

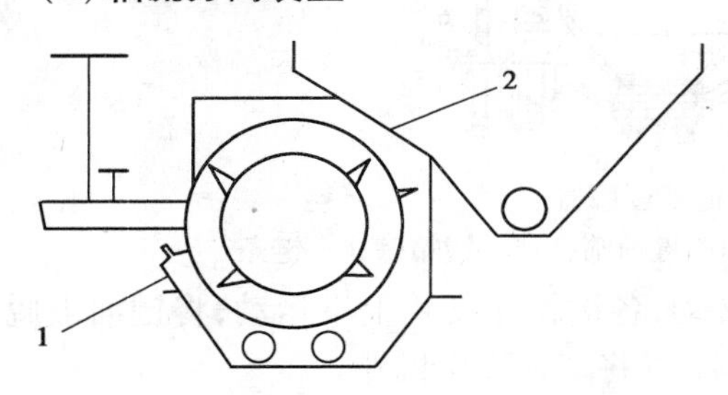

图 14.4　轴流分离装置

1—左封闭板；2—盖板

轴流分离装置主要由轴流分离滚筒与分离壳体组成。它取代了传统型联合收割机的键式逐稿器分离部件，具有体积小、分离能力强并具有一部分脱粒能力的特点。分离滚筒的结构为四叶板齿结构或杆齿式分离滚筒。分离壳体上部带有导板，下部为带冲孔的分离筛或栅格式分离凹板。当作物经过第一滚筒脱粒后抛向分离滚筒，分离滚筒带动作物由右向左运动，在分离滚筒与壳体的筛板与导板的作用下部分没脱净的谷物继续被脱粒，靠离心力将籽粒从筛孔分离并落到搅龙上，茎秆在分离滚筒末端被排出，如图 14.4 所示。

14.2　清选装置

经脱粒装置脱下的和经分离装置分离出来的谷物中混有断、碎茎秆、颖壳和灰尘等细小杂物。清选装置的作用就是将混合物中的籽粒分离出来，将其他混合物排出机外，以得到清洁的籽粒。

清选装置的要求是：谷粒清选率高，一般不低于 90%；损失率低，一般不超过 0.5%；生产率高、结构简单、使用调整方便。

谷物的清选一般采用气流清选、筛选和综合清选等方式。

14.2.1　气流清选

气流清选利用谷粒和混合物的空气动力特征的不同而进行清选,不同物体在气流相对运动时,受到气流作用力不同,利用这一差异,即可把它们分开。

(1)扬场机清选

扬场机清选工作时,脱出物被扬谷输送带以高速向空中抛扔,其中迎风面积大、重量轻的混杂物,因惯性力小,受空气阻力大,落地距离较近;而迎风面积小、重量大的谷粒则因惯性力大,受空气阻力小,落地较远;从而把谷粒和混杂物分开,如图 14.5 所示。

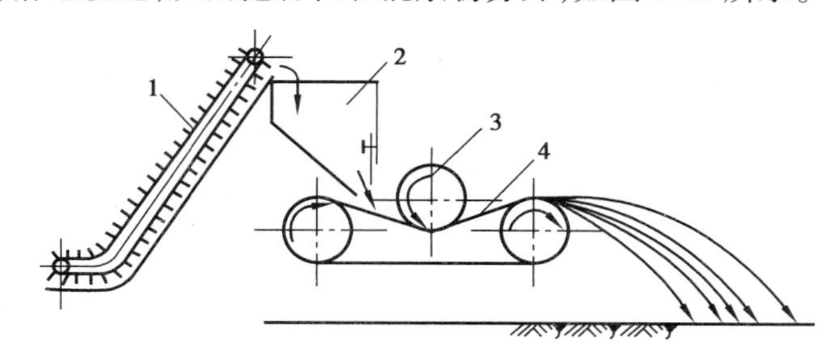

图 14.5　扬场机清选

1—输送带;2—料斗;3—压紧轮;4—扬谷带

(2)风扇清选

风扇清选工作时,利用风扇产生的气流,吹向垂直下落的脱出物,重量较轻的混杂物,受气流作用大,被吹得较远;重量大的谷粒,受气流作用力较小,落得较近。从而把它们分开,如图 14.6 所示。

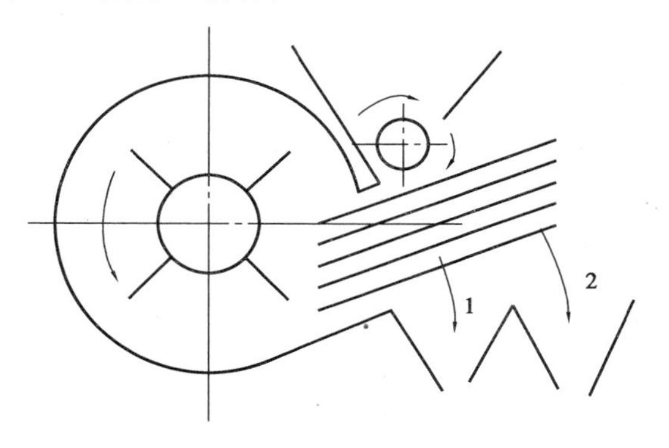

图 14.6　风扇清选

1—谷粒;2—轻杂物;3—气吸清选

(3)气吸清选

工作时,风机产生垂直向上的吸气流,脱出物由扬谷器抛入下分离器,谷粒由于重量较大而沿筒下落,重量较轻的混杂物,则被吸气流吸走,进入上分离器,由于容积突然增大,气流流速骤然降低,使较大的混杂物下落并从排杂筒排出,小而轻的混杂物随气流继续上升,经吸气管风机排出,如图 14.7 所示。

14.2.2　筛选

筛选是使谷粒混合物在筛面上运动,由于谷粒和混杂物的尺寸和形状不同,把谷粒混合物分成通过筛孔和通不过筛孔两部分,以达到清选目的的方法。

筛选所用主要工作部件是筛子,目前应用较多的筛子有编织筛、冲孔筛和鱼鳞筛三种形式。

(1)编织筛

用铁丝、镀锌钢丝或由其他金属编织而成,多为方孔。尺寸以 14×14 mm 或 16×16 mm 为多,如图 14.8 所示。

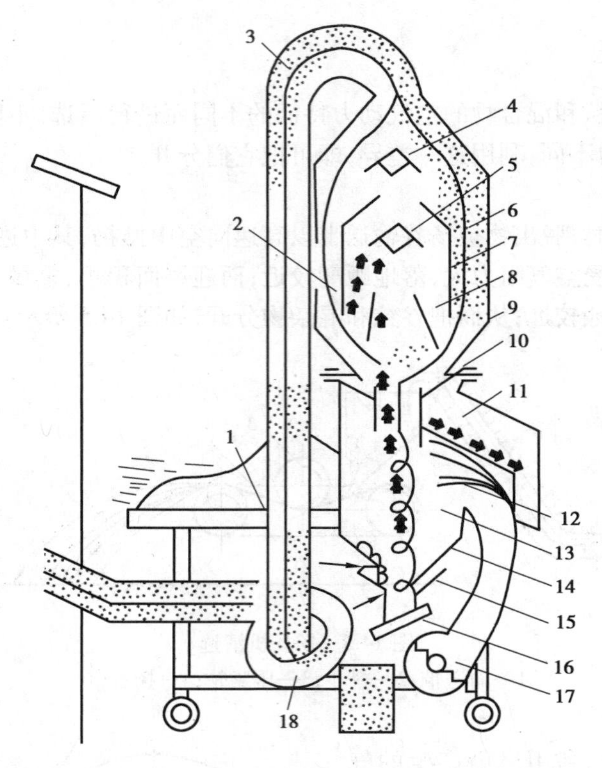

图 14.7　气吸清选工作示意图

1—料斗;2—监视窗;3—吸气管;4—上挡料器;5—下挡料器;6—上分离器;
7—内筒;8—风料分离器;9—外筒;10—中央吸气管;11—排杂筒;12—分层板;
13—下分离器;14—分离筒;15—扩散器;16—集粮盘;17—扬件器;18—吸气风扇

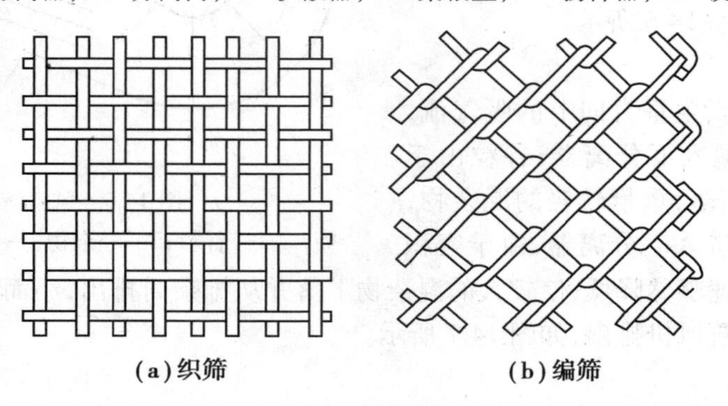

图 14.8　编织筛

编织筛的气流阻力小、有效分离面积大、生产率高,谷粒的通过性能好,但孔型不准确,且不可调节,主要用于清理脱出物中较大的混杂物,在多层筛子配置中宜做上筛。

(2)**冲孔筛**

冲孔筛一般用 0.5~2.5 mm 厚的薄钢板冲制而成,常用的有长孔筛和圆孔筛两种,如图 14.9 所示。具有特定形状的筛孔,耐磨,筛孔尺寸比较准确,可以得到较清洁的谷粒,制造简单、不易变形,但易堵塞,有效面积小,工作效率低,多用于振动筛和平面回转筛。

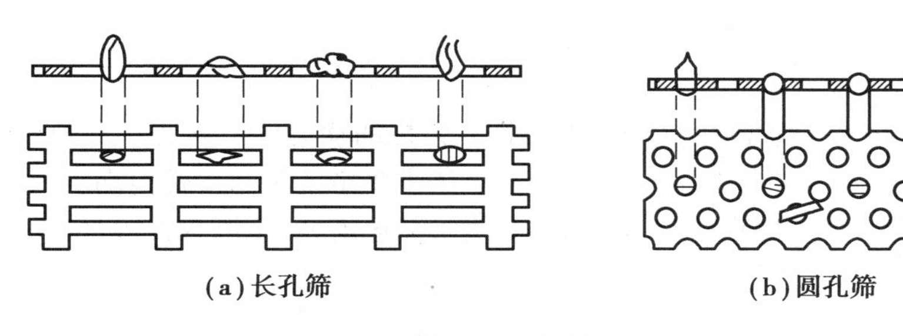

图 14.9　冲孔筛

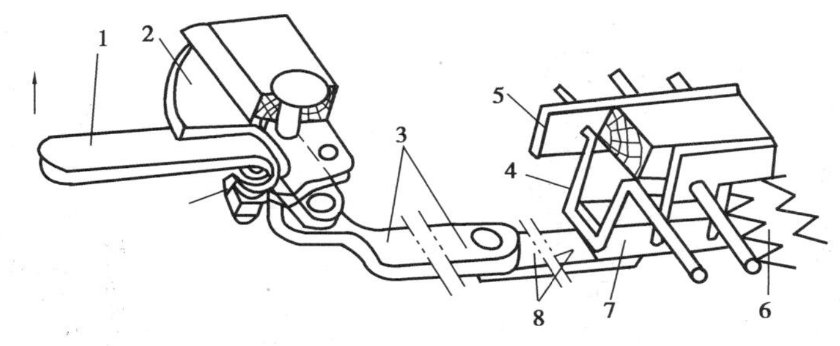

图 14.10　鱼鳞筛

1—手柄;2—齿板;3—拉杆;4—曲拐;5,7—板条;6—筛片;8—连接板

(3)**鱼鳞筛**

如图 14.10 所示,鱼鳞筛多是由冲压而成的鱼鳞筛片组合而成的。筛片焊在一根带曲拐的转轴上,各轴用带孔拉板连接,通过手柄可调节其开度;鱼鳞筛筛孔尺寸精度不高,但筛孔尺寸可调,使用方便;筛面不易堵塞,生产率高,通用性好,应用较广。也有的鱼鳞筛是在一块铁皮上冲出鱼鳞状孔来,筛孔尺寸不能调,但制造容易,便于生产。

14.2.3　综合清选

综合清选就是利用筛选和风选相配合的一种组合方式清选装置。风扇装在筛子前下方,清除脱出物中较轻的混杂物。筛子的作用,除将尺寸较大的混杂物分出去以外,主要是支承和抖松脱出物,并将脱出物摊成落层以利风扇的气流清选和增长清选时间,目前在复式脱粒机和联合收割机上应用广泛。

14.3　分离清选机械的其他机构

14.3.1　除芒器

有的复式脱粒机设有除芒器,除芒器的作用是对谷粒进行揉搓,脱去颖壳和芒,使籽粒更加清洁。除芒器横置在脱粒机顶盖上部,一端连谷粒升运器而另一端通过第二清粮室。除芒器由推运部分和除芒部分组成,靠高速旋转刀杆的冲击除芒。除芒时,谷粒通过除芒器到第二清粮室,不需除芒时,可将除芒前的弧形板打开,谷粒不经除芒而直接落到第二清粮室。

除芒器的除芒能力可进行调整,除芒器出口活门由谷粒压开,活门由杠杆和弹簧控制,弹簧挂在杠杆外端孔时,弹簧拉力较大,活门开启困难,除芒能力就强,反之除芒能力就弱。

14.3.2 传动部分

收割机、脱粒机和联合收割机的传动系统将动力机的动力传给各工作部位和行走装置，使各工作部件运动工作和联合收割机行走，传动方法主要是链条和皮带传动。为保证各部分的正常工作，系统中设有张紧装置、传动离合器、无级变速器、安全离合器等，传动系统一般都配置在机器的两侧。

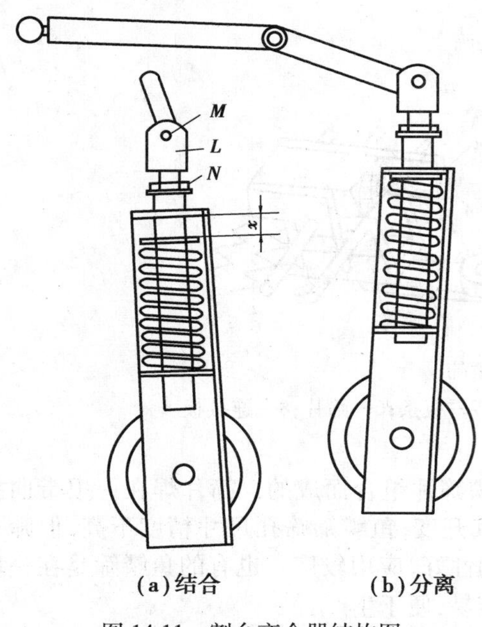

图 14.11 割台离合器结构图

$x=10\sim15$ mm

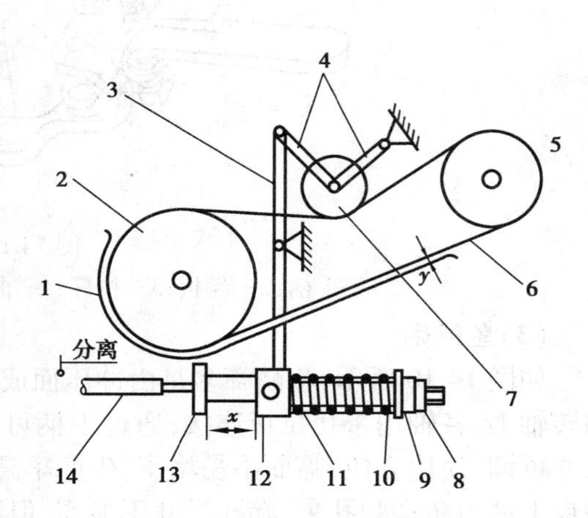

图 14.12 脱谷离合器装示意图

1—张紧轮；2—托板；3—被动轮；4—杠杆；5—杆件；6—发动机动力输出轮；7—皮带；8—锁紧螺母；9—调节螺母；10—垫圈；11—弹簧；12—滑块；13—调节螺母；14—拉杆

传动离合器用来控制脱谷部分和割台部分动力的传递，JL-1075 联合收割机发动机动力由左侧传出，经皮带传到逐稿轮皮带轮，其上有脱谷离合器。割台动力由逐稿轮左侧皮带轮经皮带传到倾斜喂入室主动轴，其上有割台离合器，动力由倾斜喂入室经皮带传给割台。卸粮动力由发动机皮带轮传到卸粮皮带轮，其上有卸粮离合器。

传动离合器为张紧轮压紧式，通过手柄、软轴和杆件使皮带张紧轮压紧皮带，传动工作，反之皮带张紧轮抬起，松开皮带，传动停止。工作中，应保证张紧轮有适宜的紧度，太紧皮带寿命有影响，太松会造成不同程度的打滑，降低传动效率和造成磨损。

图 14.11 为割台离合器结构图，割台离合器结合 $x=10\sim15$ mm。松开备帽 N，取下销子 M，转动螺杆 L，可改变尺寸 x。

图 14.12 为脱谷离合器结构图，脱谷离合器结合后 $x=(25\pm2)$mm，若过小，应松开螺母 7，向前转动螺母 2，然后向前转动螺母 6 调整，若过大。则向后转动螺母 6，然后再向后转动螺母 2 调整。调整后锁定螺母 7，结合离合器后，$y=3\sim5$ mm。

图 14.13 为卸粮离合器结构图，离合器结合后，$x=39$ mm，使用中应注意钢丝绳的长度。

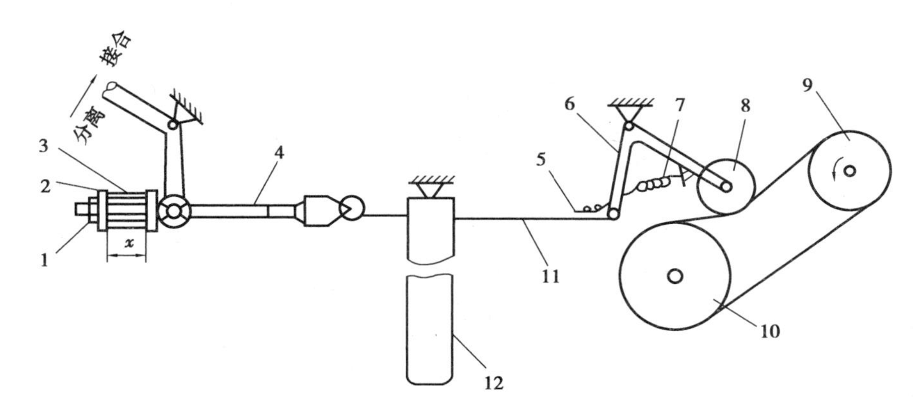

图 14.13　卸粮离合器示意图

1—调节螺母;2—垫圈;3—弹簧;4—调节拉杆;5—钢丝绳;6—托板;7—钢丝卡子
8—连动支架;9—回位弹簧;10—张紧轮;11—发动机动力轮;12—卸粮传动皮带轮

14.3.3　无级变速器

无级变速器用来在一定范围内改变工作部件的转速,以满足工作的需要。如割台的拨禾轮转速调节、脱谷部分滚筒的调速和风扇转速的调节。在自走式联合收割机行走转动中,动力经行走无级变速器传到行走离合器,以满足在某一挡位行走速度变化的需要。

14.4　分离清选装置的调整

以丰收-1100 脱粒机清选装置的调整为例。

14.4.1　第一清粮室的调整

(1)鱼鳞筛开度调整

鱼鳞筛开度应根据筛面负荷大小进行,当负荷大时,筛孔开度也要大(同时相应加大风量),调整方法如图 14.14 所示,只要搬动板把即可。一般来说,上筛开度调至 30°左右为合适,尾筛开度>上筛开度>下筛开度。

(2)冲孔筛调整

冲孔筛的调整应根据清选作物的不同,不同的作物选择不同筛孔的冲孔筛。

(3)尾筛调整

尾筛的筛孔和倾角可调,调整时应适当,如过大将使谷粒清洁度和杂余搅龙负荷过大,过小会使谷粒损失增加,调整方法如图 14.15 所示。

(4)风扇的调整

风扇的出风口处设有配风板,用以调节吹风部位和两个筛子的气流分配,一般脱小麦时,风向应中偏前,脱大粒作物时应中偏后。

风扇的风速应按作物的种类、湿度以及筛面负荷不同加以调整。风速的调整采用了无级变速装置,通过调整螺母改变皮带轮直径而改变风扇的转速,达到风速调整的目的,如图 14. 16 所示。

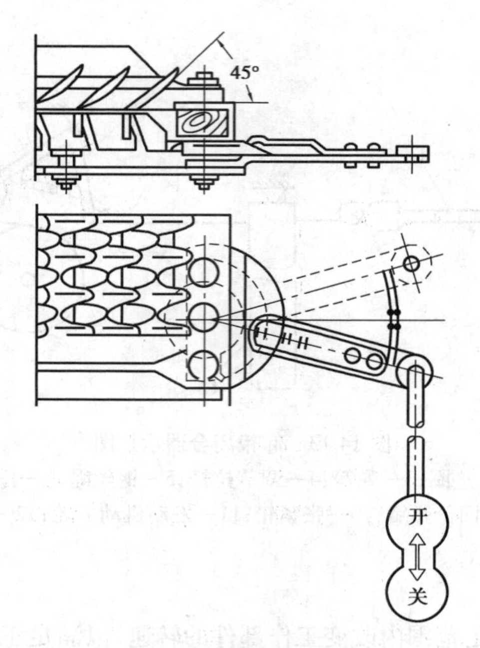

图 14.14　鱼鳞筛开度调整

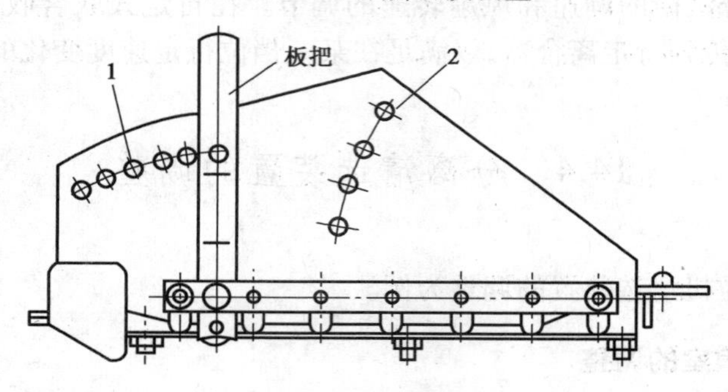

图 14.15　尾筛的调节

1—尾筛开堵调节孔;2—尾筛倾斜度调节孔

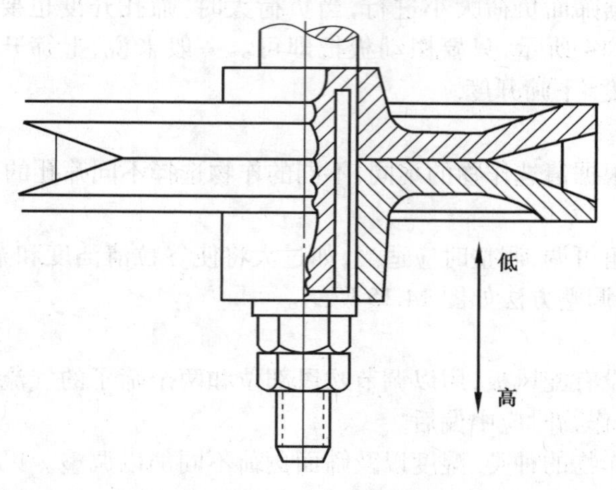

图 14.16　第一风扇速度调节

14.4.2　第二清粮室的调整

第二清粮室结构如图 14.17 所示。

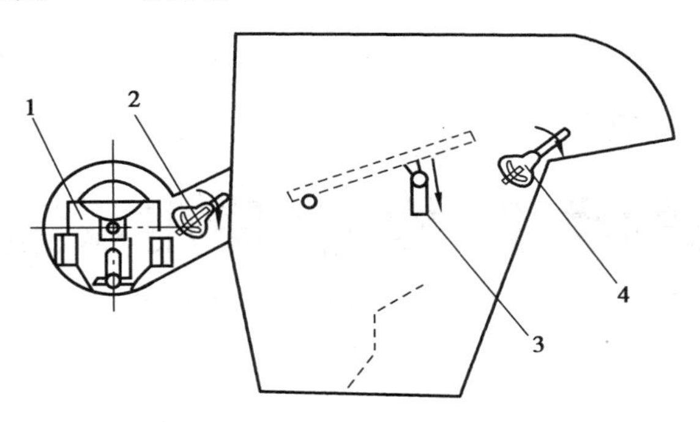

图 14.17　第二清粮室
1—进风口调节板;2—吹风部位调节;
3—滑板角度调节;4—谷粒挡板

(1)风扇的调整

风扇的风量和吹风部位可调,分别由进风口调节板开度大小和风扇喉管弧形板调整。

(2)滑板倾角调整

滑板倾角应根据谷粒的几何形状调整,以控制谷粒的适当流速,获得理想的清粮效果。

(3)挡板的调整

挡板的高低位置可调,若出口有谷粒损失时,挡板应调高。

第15章 联合收获机的类型、构造、使用及维护

将收割机和脱粒机重新设计中间输送装置进行组装，构成机械联合收获机。联合收获机集成切割、脱粒、分离和清选等项作业于一体，直接获得清洁谷粒，从而大大提高了生产率。

在获得高生产率的同时，联合收获机存在以下缺点：

一是中间输送装置构造复杂，且整机价格昂贵，作业成本高，每年使用时间很短，造成动力积压和维护保养难以完善等问题。

二是只有当谷物达到完熟期时，联合收获机才能充分发挥其高效作用。而谷物的完熟期一般不到一周时间，而且我国不少地区收获时节正值雨季，这些地区单纯依靠联合收获机来收获要承担一些风险。

目前生产的联合收获机，尽管技术水平有了相当的提高，但是国内同类产品相比之下质量上还存在较大问题，如由联合设备造成的损失率相对较高和设备稳定性较低等问题。

由于地形对农机装备体积的限制，丘陵山区较多使用半喂入式联合收获机，代表品牌是久保田和洋马，国内也有同类产品，相信在不久的将来会出现更多优秀的联合设备。

15.1 联合收获机的一般构造

15.1.1 全喂入式稻麦联合收获机

为了提高设备的利用率，联合收获机一般被设计为稻麦。但是，水稻和小麦由于脱粒特性上的差别而收获要求不同。小麦粒较硬，包裹麦粒的颖壳较松，脱粒使用揉搓和打击即可；而稻粒的外壳包裹较紧，且外壳相对脆弱，搓揉或打击容易造成谷粒破碎或直接脱壳形成米粒，影响贮存；并且籽粒通过小的穗轴与茎秆相连，其连接力较强，因此一般采用梳刷或打击震动脱粒。

经过多年的改良与发展，现在小麦脱粒装置绝大多数采用纹杆滚筒，水稻脱离装置多采用弓齿滚筒或钉齿滚筒。因为稻谷表面粗糙带茸毛且收获环境潮湿，滚筒在脱粒后常混有许多细碎茎叶稻草毛，所以稻粒的分离和清选要比小麦困难得多。此外，水稻田一般为湿地，所以收获水稻时一般采用履带式行走装置以降低水稻收割机的接地压力，在收获小麦时再换用

轮式行走装置。

常见的稻麦联合收获机的三种配置：

①装有纹杆滚筒并可换装钉齿滚筒的麦类联合收获机。国内外生产的许多麦类联合收获机在出厂时就带有水稻收获部件，在水稻收获季节，对收获部件进行换装（换上钉齿滚筒），然后对相关部件作适当调整即可，换装操作较为简单。

若稻田过于潮湿影响收获机行走，必须将驱动轮胎更换为半履带或全履带装置。

②同时装有钉齿滚筒和纹杆滚筒的麦类联合收获机。该类型的收获机只需进行适当调整即可在收获水稻和小麦之间直接切换。因收获小麦时主要使用纹杆滚筒，故只需适当放大钉齿滚筒间隙，使其只起到喂入（传递）和辅助脱粒作用；而在收获水稻时再把钉齿滚筒间隙复位，把纹杆滚筒间隙放大即可，使其只起辅助脱粒（二次脱粒）作用。

③装有钉齿式轴流滚筒的全喂入联合收获机，此机型可以兼收小麦和水稻。

全喂入稻麦联合收获机结构及工作过程，如图 15.1 所示。其工作过程可简述为切割、螺旋传输、脱离、清选、排出。首先作物被拨禾轮 1 拨向切割器 2 进行切割，割下的作物被拨禾轮拨倒在割台上，割台螺旋 3 将割下的作物向左侧推送到输送槽 4 入口处，由伸缩扒指将它转向送入输送槽，再由槽内的较长的输送链耙将它缓慢地输入轴流滚筒的左端，在此过程中，作物沿滚筒外壳内面的导向板作轴向螺旋运动，作物受到滚筒钉齿的多次打击和梳刷作用而脱粒，最后在离心力和重力的双重作用下谷粒从凹板筛孔中分离出来，并由筛子和风扇进行清选（吹出断叶、断茎秆、颖壳等轻杂物），而干净的谷粒则落入谷粒螺旋 11。谷粒被其送到扬谷器后进入装袋；长茎秆则沿滚筒 9 轴向运动至右端的排稿轮，然后排稿轮利用离心力将其抛出机外。

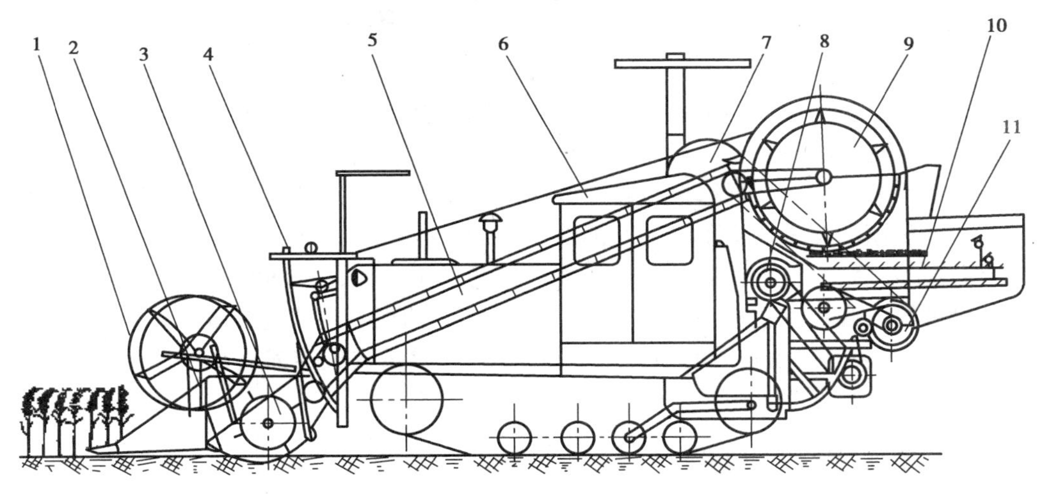

图 15.1　全喂入稻麦联合收获机

1—拨禾轮；2—切割器；3—割台螺旋；4—操纵台；5—输送槽；
6—拖拉机；7—卸粮口；8—风扇；9—滚筒；10—筛子；11—谷粒螺旋和扬谷器

15.1.2　自走式半喂入式水稻联合收获机

较长的夹持输送链和夹持脱粒链是半喂入联合收获机的分类特点。

在脱粒时，只有作物穗部送入滚筒，茎秆被传输装置夹持住，从而茎秆能保留完整，且茎秆不进入滚筒,可大大简化或省去分离装置并降低相应的能耗。滚筒采用的都是弓齿轴流式滚筒,为了保证脱净,脱粒时不能夹持太厚茎秆层,因而限制了它的生产率。而且弓齿轴流式滚筒结构复杂,因而故障发生率较高,价格也比较高。但是该机型在设备体积、地形适应性、脱离率和能耗等方面具有显著的优点,因此应用比较广泛。近年来随着水稻种植面积的不断扩大,半喂入式水稻联合收获机得到了很大的发展,尤其是日本在此方面已达到了很高的水平。

半喂入联合收获机主要由收割台、中间输送装置和脱粒机三部分组成。卧式割台和立式割台(图15.2)在自走式半喂入联合收获机上均有采用。

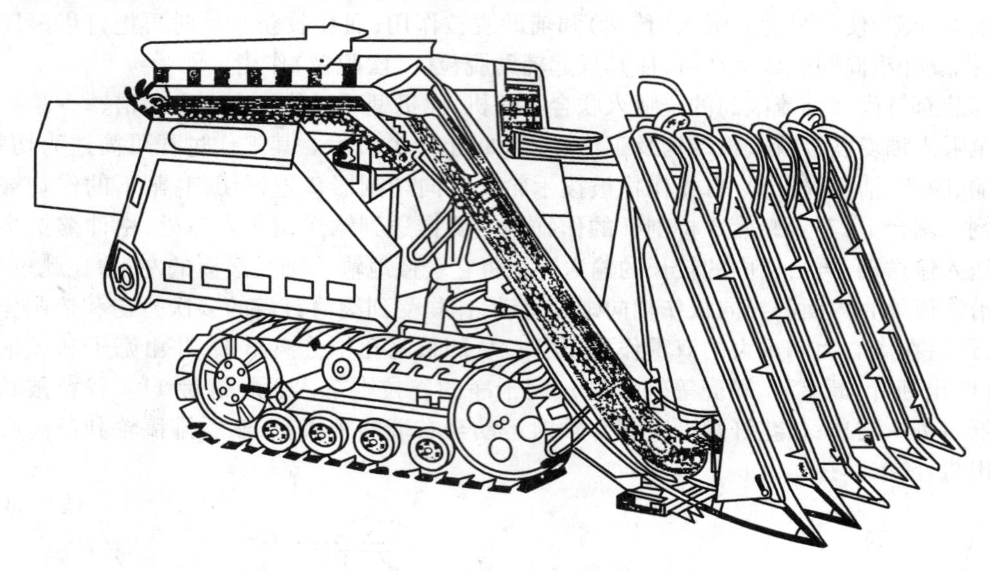

图15.2 半喂入自走式联合收获机(立式割台)

半喂入联合收获机的工作过程如下:作物被切割前受到扶禾,使作物的茎秆被扶持着切割。卧式割台采用偏心拨禾轮,拨板将作物拨向切割器切割,随后将已切割的作物拨到割台上,立式割台机型的扶禾器主要将倒伏的作物扶起,交给拨禾星轮或其他拨禾装置扶持着作物进行切割。然后,将已割在割台上的作物横向输送至一侧,由中间输送装置夹持输送至脱粒装置,穗部进入脱粒室脱粒,脱出物经过凹板分离和凹板下的清选装置进行清选,洁净的籽粒被输送至卸粮装置。脱粒后的茎秆被夹持链排出,成条或成推铺放在茬地上,也可用茎秆切碎装置直接还田。

15.1.3 割前脱粒联合收获机

割前脱粒是采用先脱粒后切割的一种收获工艺,发展时间尚短,但是作为打破传统的收获方式的一种新型收获工艺,它具许多优点:

①能显著减少脱粒功率,悬空脱粒使谷粒能够在收获时保持相对干燥状态,对于水稻收获后的烘干储存都是十分理想的。

②先脱离后割茎秆,没有摘脱滚筒,且谷物不与茎秆相混,可省去传统联合收获机上的分离机构,从而大大减小体积,同时也减少了谷粒损失。

③完整的秸秆可用于造纸和沼气等副业。

④脱出物含杂率低,可选用更廉价、更低功率的清选设备。

⑤摘脱装置无凹板,收获潮湿作物一般不会发生堵塞。

15.2　联合收获机的安全操作

操作人员在使用机器时必须遵守相关的安全操作规则。联合收获机是一种大型、高效、结构复杂的现代化生产工具。作业环境及条件千变万化。作业时,驾驶员必须专注于收割机前方的收割台及行走路线,因而其主要视线在收割台、收割台前方及其左右的小范围内,其他部位的工作状态,只能靠辅助人员的协助,通过对设备各部的运转声音、气味判断其运行状态。因此,熟知和自觉遵守安全操作规程尤为重要。按相关法律法规规定,行走式联合收获机机手必须通过针对性培训并取得相关操作证才能上机作业。

15.2.1　联合收获机的技术维护

联合收获机在作业开始前,必须进行例行检查,以保证机器具备良好的技术状态。在新一年度作业之前,非新联合收获机应根据上年度使用中存在的问题和使用年限,进行必要的技术维护和修理。发动机应送专业修理厂保养与修理,并恢复到标定功率。悬挂式联合收获机的配套拖拉机根据情况进行调整或修理。功率明显不足者,应送专业厂修理并恢复至原有功率或者更换。

一般情况下一年应进行一次保养。对联合收获机的割、脱、分、清部分应做好所有零部件的清理、检查、紧固、调整和润滑。对上年度作业中经常出问题的零部件,应当重点解决,把联合收获机恢复到最佳的技术状态。确保联合收获机使用可靠性在90%以上,具体要求见相关设备使用说明书,一般应有以下内容:

①检查所有零部件的完好性,特别是关键部件,如有损坏、变形应更换新品。

②检查所有的紧固件的紧固情况,必要时应重新紧固,缺损的应补齐。

③在发动机额定转速情况下,检查、核定脱粒滚筒、逐稿器、杂余搅龙、颗粒搅龙、清选风扇等主要工作部件的转速,必须在标准范围内,否则必须排除异常后方能投入使用。

④切割器安装和调整准确且要灵活、完好、可靠。

⑤认真检查接合处的密封性,包括滚筒凹板间隙检视孔处;脱谷滚筒凹板过渡板与收割台倾斜喂入室接合处;底活门与籽粒、杂余搅龙壳贴合处;清粮筛框两侧密封带与侧壁接合处;复脱器盖与壳贴合处;升运器上盖、底盖、门与壳贴合处;卸粮搅龙与粮箱接合处;抖动板(阶梯板)两侧密封带与侧壁接合处等,目的是防止联合收获机作业时跑粮、漏粮。

⑥检查各主要调整机构的工作可靠性、灵敏性和准确性。包括滚筒间隙;割台升降,检查拨禾轮高、低、前、后的调整范围和转速;清粮筛倾角、摆幅、鱼鳞片开度调整;链条、皮带的张紧度;各安全离合器超负荷切断转动的可靠性;清选风扇的风量、风向调整等。

⑦操纵系统应灵活、准确、可靠;电气系统导线完好,连接牢固;液压系统油管接头牢固严密、不漏油。

⑧按机器的润滑图表进行润滑之后,按规定进行整机一定时间的试运转,试运转过程中所有动作必须灵活无阻塞感。

15.2.2 谷物联合收获机在收割作业时的正确调整与使用

谷物联合收获机在作业时的正确使用与及时合理的调整是实现安全生产、高效、低耗和优质作业的必要保证,所以操作人员在工作中必须认真做到以下几点:

①作业时,发动机只能以额定转速工作,不论喂入量如何变化,发动机只能以额定转速工作,决不允许因喂入量的变化改变油门位置。

②滚筒与凹板间隙的调整,是作业过程中最重要的调整内容。间隙大小和间隙调整的时间,完全取决于作业条件的变化,一天之中,早、晚间隙小,中午间隙大;作物潮湿、口紧草多时,间隙要调小。在保证脱粒质量的前提下,尽可能调大间隙。绝不允许因负荷大小调整间隙,而是在保证脱粒质量的前提下,尽可能地提高喂入量。

③合理使用作业速度,作业速度的快慢决定喂入量的大小和作业质量的好坏。

作物产量高、密度大,谷草比大、潮湿和杂草多时,作业速度要慢,反之则可适当加快。在保证收割总损失小于2%的前提下,尽可能提高作业速度。作业速度的控制,悬挂式收割机利用拖拉机的变速挡位控制,自走式收割机可通过无级变速器控制,绝不允许用改变油门大小的方法控制前进速度,这样会加剧牵引设备变速器的磨损及增加不必要的油耗。

④作业中、在不跑粮的前提下,清粮筛的筛片调整开度尽可能大一些。正确的筛片开度其粮食的清洁度高、粮食损失少;如果杂余搅龙中有大量籽粒、调整筛片开度和风量仍无效时,应调整筛子的倾斜度,应调高下筛后部;若粮食清洁度差,调整筛孔、风量不能解决时,则应调低下筛尾部。根据作业的实际情况,配合清粮筛进行综合调整风扇风量风向。其原则是在筛面不跑粮的前提下,尽可能调大风量,以提高粮食的清洁率。

⑤视作物生长情况进行拨禾轮的位置调整,拨禾轮可随时进行高低、前后、压板位置、弹齿角度及转速等的调整。倒伏谷物收割时应采取综合措施,尽量减少损失,一般收割倒伏谷物应从以下三个方面入手:

一是采取正确的行车路线和较缓的行车速度,机组运行方向应与倒伏方向以垂直或成45°角为最好;

二是利用扶倒器将倒伏的谷物挑起来,辅助割刀切割;

三是对拨禾轮的位置、弹齿的角度进行综合调整。

⑥收割时,根据作物长势和当地耕作习惯调整割台高度调节。收倒伏或矮秆作物时,可调到100~150 mm;收割长势较高的作物时,割茬可控制在180 mm以上。

15.3 谷物联合收获机作业质量检查分析

破碎率、清洁率和总损失率是评定谷物联合收获机作业质量的3大指标。

15.3.1 破碎率和清洁率

(1)破碎率

破碎率指已收入粮箱的籽粒中含破损籽粒的比率。滚筒转速太高、凹板间隙太小、谷粒搅龙叶片壳体间隙过小都会造成籽粒破碎。统计破损籽粒时,有裂纹、破皮(壳)、断裂的粒籽等均视作破碎籽粒。

(2)**清洁率**

清洁率是指已收入粮仓的籽粒中非粮食杂质的含量,按国家对联合收获机作业质量的标准要求,水稻收获清洁率大于 93%,小麦收获清洁率不小于 98%。

15.3.2　总损失率

总损失率是指发生在收获过程中的总损失,有清选损失、脱粒损失、割台损失三类。测量时,应先对测定测区内的自然落粒值进行取样,每类损失各取 3~5 个点(组),然后进行测值计算。

(1)**割台损失**

割台损失主要由以下因素造成:

①切割器因装配调整不当,造成不完全切割,出现撕拉秸秆现象而断穗、掉粒、漏割。

②分禾器分禾性能不好,有推、压现象,造成漏割,碰掉穗头等损失。

③输送槽喂入口输送耙齿与搅龙伸缩指之间的间隙太大,喂入不畅,出现堆积,从而造成断穗、掉粒。

④割台后挡板太低、拨禾轮高度、转速调整不当将作物抛出割台造成损失等。

⑤输送搅龙叶片与割台底板间隙过大、过小,搅龙伸缩拨指调整不当。

⑥拨禾轮拨禾位置高、转速高、打击穗头落粒;拨禾轮位置太低,将谷物抛出割台。

实践证明,造成割台损失的原因,主要是使用调整不当,只要操作人员平时注意观察、总结,按照各部件的使用调整规范进行操作,损失完全可以控制在最小范围内。

(2)**脱粒损失**

联合收获机作业中主要损失出现在脱粒阶段,即脱粒损失,包括分离不净损失(茎秆夹带损失)、清选损失和脱粒不净损失。

1)茎秆夹带损失

茎秆夹带损失是指在排出机外的大茎秆中夹带的籽粒损失。造成这种损失的原因是多方面的,如逐稿器轴转速太低或太高(曲柄半径 R 为 50 mm 时,转速低于 180 r/min 或高于 220 r/min),辅助装置不全或损坏;被收作物湿度大、杂草多,作物没有完全成熟;作业过程中经常出现的瞬时超负荷,造成发动机转速下降等,都会造成茎秆夹带损失。

2)清选损失

指由清选装置排出的杂余中裹带籽粒损失。造成清选损失的原因除作物本身湿度大、杂草多外,主要在于对风量、风向、筛子的摆幅、倾角、筛片开度的综合调整。再就是由机器瞬时超负荷引起的转速下降所造成。

实践证明,造成脱粒不净损失的主要原因属上述第二种情况者偏多。操作人员对设备的正常工作存在错误的认识,总认为只要设备能动,零件间不撞击或者噪声不大,就算正常作业;再就是操作人员对零部件是否过量磨损没有判断标准。这些都可以通过专业的培训避免。

3)脱粒不净损失

主要指在脱出物中的未脱和未脱净的穗头被排出机外造成的损失。造成脱粒不净损失的原因主要有以下两个方面:

①脱粒机构调整不当造成，如滚筒与凹板间隙过大或过小，滚筒转速太低。

②关键零部件过量磨损、变形损坏等。如凹板变形，滚筒纹杆条弯曲变形，纹杆齿棱角磨损超限，棱角被磨圆，且半径 $R>1$ mm。

造成钉齿式滚筒脱不净损失的原因，主要表现为调整时滚筒转速太低和凹板间隙太大和装配时带钉齿的凹板偏向一侧等。

如果滚筒凹板间隙（钉齿侧面间隙）装偏，就会出现钉齿两侧间隙不均，会导致即脱不净损失又有破碎损失。

15.4 谷物联合收获机的维护和技术保养

周期性和实时的技术保养和修理，是实现联合收获机安全生产、优质、高效、低耗作业的重要技术保证，是延长设备使用寿命的重要且必要的技术措施。

15.4.1 清除茎秆传送通道上的草秆和泥土的方法

割台的传送通道被泥土或草秆堵塞，多发生在杂草较的多湿田或作物倒伏的田块，堆积到一定量后应予以清除。清除时应先关停发动机，待所有旋转部件停转后，再进行清扫作业。

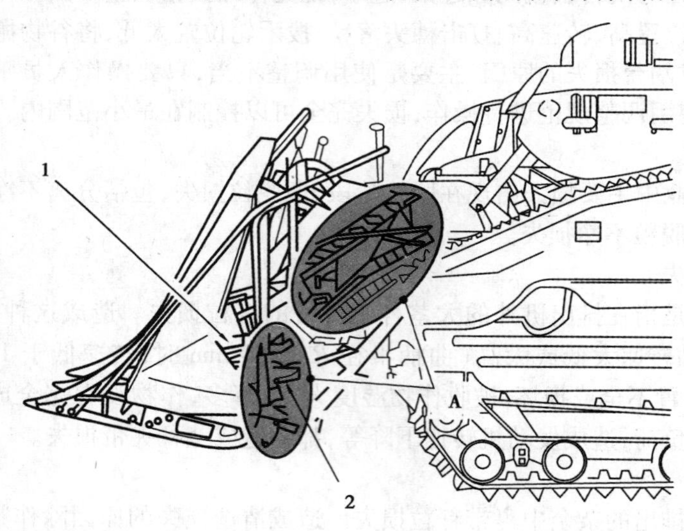

图 15.3 传送通道上的泥土和草秆的清除

1—割刀；2—拨入轮；A—清扫部位

15.4.2 割刀发出异常声音时草秆的清除方法

割刀发出异常声音时，检查割刀箱后部，如果由于缠绕秸秆而导致秸秆堆积，应清扫并除去秸秆。清扫步骤如下：

①把联合收获机开动到平坦的场所，升起割台同时使用枕木等防止割台下降，然后关停发动机，直至设备完全停转；

②根据需要拆下割刀：左右移动割刀时，切勿用手握住刀刃，注意安全；

③拆下 3 个螺栓(中间为螺栓和螺母),然后拆下割刀组件;同时拆下螺栓和螺母,然后从定刀支座上拆下各压刀环,拆下割刀;

④拆下割刀后,用钢丝刷等清除泥土和锈迹。调整割刀和定刀之间的间隙(增减压刀环上的垫片数量),将其至 0~0.5 mm,然后用螺栓紧固压刀环至间隙为 0.1~0.3 mm;

⑤清除割刀里面堆积的草秆;

⑥装上并调整割刀:注意加机油(黄油)或调整间隙保证割刀的刀刃和割刀的动作顺畅,动作不畅时应检查刀刃磨损或缺损程度,必要时修磨或更换。

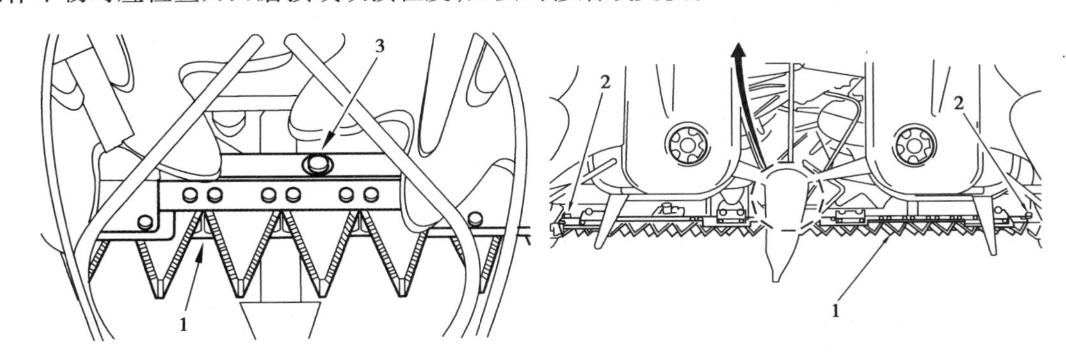

图 15.4　割刀的拆卸

1—割刀组件;2—螺栓;3—螺栓、螺母

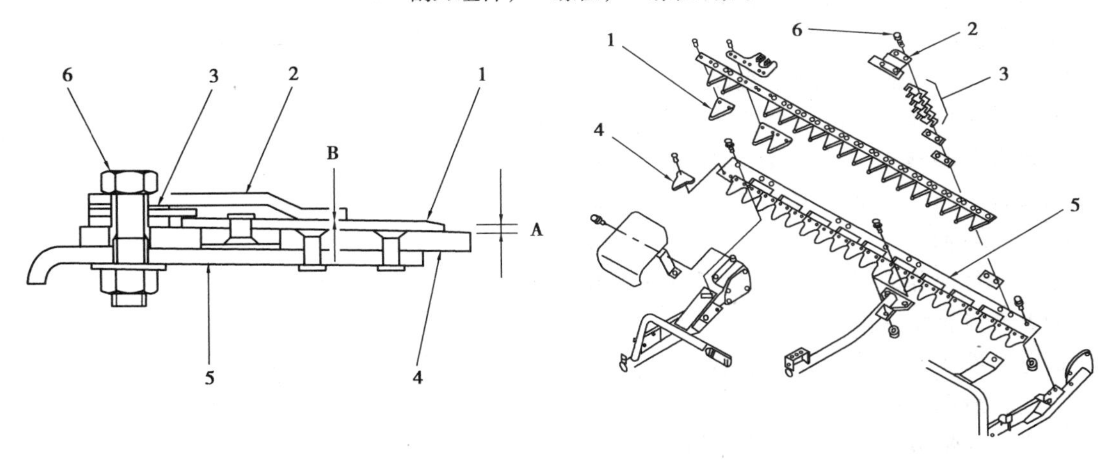

图 15.5　割刀的安装

1—割刀;2—压刀环;3—垫片;4—定刀;5—定刀支座;6—螺栓(2 个);A—0~0.5 mm;B—0.1~0.3 mm

15.4.3　谷物联合收获机的技术保养

(1)新机首次工作 25 小时后的保养内容

首先检查各转向臂连接螺栓紧固情况,松动的按照规定力矩进行紧固;然后检查并紧固纹杆螺栓;最后检查并调整制动器。

(2)新机首次工作 2 周后的保养内容

①清洗或更换液压油滤清器,同时更换液压油;

②更换发动机曲轴箱机油:通过油底壳放油螺栓放油后清洗相关部件,然后加入新油;

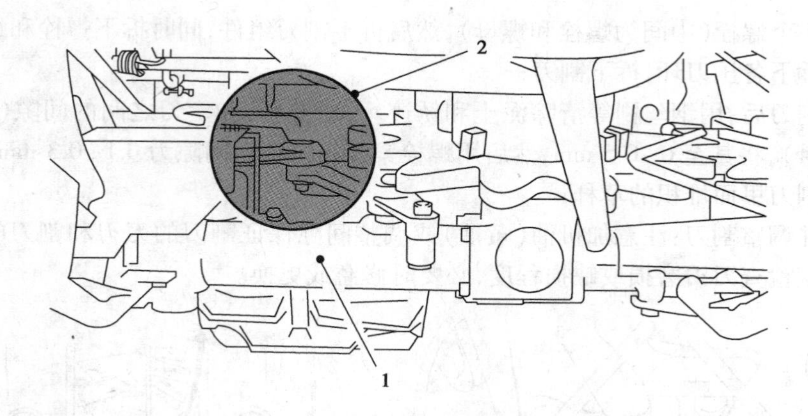

图 15.6 草秆的清除

1—割刀箱;2—清扫部位

③更换变速齿轮箱齿轮油,更换方法同上。

(3)半月保养

①检查电瓶电解液比重,加蒸馏水或硫酸,特别是电瓶自然漏电严重时;

②发动机油和齿轮箱齿轮油视情况添加;

③按润滑表要求润滑所有润滑点;

④检查制动器储油罐油位,不足则添加。

(4)月保养

除半月保养内容外还应检查以下内容:

①清洗或更换机油滤清器滤芯、主燃油滤清器滤芯;

②检查并调整制动器、手制动器、离合器间隙;

③检查电瓶电解液比重,加蒸馏水。

(5)季后保养

除上述月保养内容之外,还包括以下内容:

①更换齿轮箱润滑油;

②更换液压油和液压油滤清器;

③按润滑图表润滑各点;

④传动皮带拆下后放到室内保管,链条拆下清洗、涂油后复装或防尘保管;

⑤护刃器和割刀卸下清洁后涂油并放于平整位置保管;

⑥彻底清理水箱及旋转罩、所有搅龙及升运器、粮箱及卸粮搅龙、阶梯板和筛子;

⑦润滑所有润滑点,特别是不明显的无油嘴的支承点和铰接点;

⑧润滑所有可调螺栓螺纹、安全离合器的棘齿并放松弹簧;

⑨液压油缸推杆表面润滑后将其收缩至缸筒内;

⑩掉漆部位除锈后补漆。

(6)季后发动机的维护

1)清洗或更换机油滤清器元件

首先清理滤清器周围的油污、灰尘和杂物。逆时针方向拧下滤清器元件,不再使用。更换新的滤清器元件,一定要保证完全清洁。装配时注意先将元件拧至与座之间的密封胶圈刚刚被挤紧,然后再将元件拧进 1/2~3/4 转即可,不要拧得过紧。安装结束后启动发动机,检查有无渗漏,必要时,可再拧紧一些。

2)电磁输油泵的清理

清洁输油泵表面,将上部的吸油管折曲并用橡皮筋捆好,阻止输油。然后用手拧下下端盖及垫片。清洗各零件,更换新的圆筒形滤芯,清理完后按原样装复输油泵。

3)积水器的清理(为专用选择件)

关闭发动机,拧松积水器下端的排气塞。用手把住下端的底盘,拧掉上端的固定螺栓,分解各零件进行清洗,注意只能用柴油清洗。需要时更换密封胶圈,清理后按原样装复积水器。

4)水箱清理

清扫旋转罩,卸下中间轮至旋转罩的传动皮带。拧下两个手柄,向上折起旋转罩,并用撑杆支住。用刷子清理水箱外部,或用压缩空气从水箱背面,向外喷刷,也可用压力不大的水流喷刷,清洗后原样装复,冬季作业,启动发动机前要检查旋转罩是否能够自由转动,防止冰霜冻结。

5)更换柴油滤清器元件

清洁滤清器表面,尤其是底座。用手向里压下指状弹簧片。摘掉弹簧片挂钩,拿下滤清器元件。将新元件单孔的一端对准底座上的弹簧稳钉装上,然后挂上弹簧片,挂紧挂钩;装配时,弹簧稳钉孔中绝对不能掉入灰尘杂物。

6)燃油系统排气

更换滤清器后,燃油箱油全部用完,拆卸油管、喷油嘴或输油泵后,发动机长时间怠速运转后均要给燃油系统排气。油箱装满油后,将启动开关拧至预热位置,开动电磁泵。松开积水器顶端排气螺塞,直至放出气泡后,立即拧紧螺塞;松开燃油滤清器底座上的排气螺塞,直至放出气泡后,立即拧紧螺塞;如果还不能启动,则再松开喷油嘴油管在大油门位置,启动马达,直至油管处放出气泡后,再拧紧油管。

7)干式空气滤清器的清理

只有当表示空气滤清器故障的红色指示灯亮时,才清理空气滤清器元件。在田间,可暂用轻轻怕打滤芯的办法作临时性处理。彻底清洗时,首先用布彻底清除滤清器壳体和涡流增压器壳体外部粉尘;然后取出主、副滤芯,用压缩空气从里向外将其吹干净。吹不干净的地方用水(可以加适量清洁剂)洗刷,然后晾干。洗净的滤芯,用透光法,观察透光是否均匀,据此确定修理或更换。按原样复装时,要特别注意各密封垫圈的清洁与完好性,安装时要保证正确装配。

15.4.4　谷物联合收获机的润滑

润滑是指根据设备使用频率对其各运动定期或不定期地加注润滑油,以降低各部件运行阻力、减少摩擦功率消耗、减少非正常磨损,从而保证设备正常运转甚至延长其使用寿命。

(1)联合收获机的润滑特性

联合收获机是一部大型、复杂的设备。各部件转速不同,负荷不同,工作环境不同,因此必须根据其设备特点对其润滑:

①润滑部位多、润滑周期和使用的油类不尽相同,固工作量大且细。不同设备的润滑部位数量不同,如悬挂式联合收获机有 40 多个润滑点,而自走式联合收获机有 100 多个润滑

点。各自润滑周期、润滑油的选用也有差别，如动力传动齿轮箱、各传动张紧轮轴承等密封部位要求按作业季节周期润滑，切割器的传动链条、切割部等半开放、开放要求半个班次润滑一次；脱粒滚筒轴承、风扇轴承、拨禾轮偏心滑轮等部位要求每班次润滑一次。

②不同部位使用的润滑油种类不同。这是由联合收获机各工作部件不同的运动性质决定的。如拨禾偏心轮、链条、割刀压刃器等部位则要求使用机油；各种搅龙轴承要求用黄油；而传动齿轮箱，传递扭矩大，要求用齿轮油。

（2）润滑油的选用

①齿轮油。联合收获机上的变速齿轮属于低速大负荷传动，常 HI-30 号齿轮油。

②机械油（俗称机油）。一般选用 N32、N46、N60 等牌号作为联合收获机机油，其他常用牌号有 N15、N32、N46、N60 等 4 个。

③润滑脂（即黄油）。硬脂硬度大，内摩擦损失大；软脂硬度小，承受压力能力差，容易产生渗漏和甩油。联合收获机一般选用 ZG-3、ZD-2H 两个牌号的润滑脂。

（3）润滑的使用注意事项

①必须根据联合收获机使用说明书的指导选择正确的周期、油脂和部位进行润滑。注意，每次润滑时，润滑油油面高度必须足够，润滑脂应加满。

②润滑油（脂）必须独立存放在干净的密封容器内，并注意防水防尘。加注润滑油（脂）之前必须确认油（脂）、油枪等加油器，加油口、盖和周围零件的清洁。

③定期检查轴承等各类润滑处的密封情况和工作温度。如发现漏油、工作温度超常，要及时检查并排除故障：首先及时润滑，适当缩短润滑周期，工作结束后检查各种端盖的漏油情况，根据具体情况拧紧紧固螺栓或者更换密端盖等密封件。年度检修轴承时，将滚动轴承拆卸下来清洗干净后并注入润滑脂封存。

④所有外部开盖（罩）能见的传动链条，每班开始工作前均应进行必要的清洁和润滑。

⑤行走离合器分离轴承年度拆卸清洗后润滑，各拉杆活节，杠杆机构活节参照说明书周期滴机油润滑。

⑥所有木轴承必须用 125 ℃左右的机油浸煮至少 2 个小时后，在接触面涂上适量黄油后方能安装使用。

⑦新机的变速箱试磨合期结束后必须清洗换油，之后每周检查一次齿轮油清洁度和油面，发现油面下降过快要检查并排除变速箱漏油故障；变速箱内齿轮油正常换油周期为一年。

⑧液压推杆不能推至极限位置时，首先检查油面高度，工作时每周检查一次，油面过低必须加入同型号的液压油。每个作业季节前、后清洗检查粗、细油滤网，过滤效果不佳的更换；然后清除掉油箱内部杂质，一般年度检修时换油。

⑨说明书上轴承位置及润滑表规定的润滑周期，如与作业量实际不符，可根据实际情况适当缩短或延长润滑周期。比如实际作业量大于额定作业量时，缩短润滑周期，反之亦然。

15.4.5　易损零部件的维护保养

（1）V 形带的技术特性与维护

V 形带断面为等腰梯形，因其带轮槽口为 V 形而得名，V 形带传动能力大于普通皮带，弱于链条和齿轮，高温（60 ℃）严重影响其使用与寿命，但具备过载保护、无需润滑、成本较低、维护方便等优点。普通 V 形带按其断面尺寸的不同又分为 Y、Z、A、B、C、D、E 等各种型号，应用最多的是C形V形带。联合收获机上常用的V形带有普通V形带、联组V形带、齿型V形带等。

影响V形带工作状态和使用寿命的主要是张紧度，固在安装调整时应注意以下几点：

①安装V形带轮时，同一回路中带轮轮槽对称中心面位置度误差小于中心距的0.3%，误差过大会造成运行时带面过大的摆动。安装单条带时，可以使用盘带法安装，即皮带先套入大轮，然后转动小皮带轮将胶带逐步盘上或盘下，切忌不要蛮力安装，以免破坏胶带内部结构和拉坏轴。安装平行带（联组V形带）或皮带过紧不易装上时，先卸下一个皮带轮，套上或卸下V形带后再把皮带轮安装好，最后使用张紧轮张紧；且多带安装前要检查其周长差，允许误差为标准的±0.4%以内，且更换时必须同时更换。

②作业季节必须按规定定时检查V形带的张紧程度并及时调整，特别是新V形带使用的头两天或收获季节开始的时候，注意每日检查调整。

③V形带运行时不允许沾上沙粒或黄油、机油等油污，沙粒加剧磨损、油污会造成打滑，发现沾污应及时使用汽油（用肥皂水、碱水或清洗剂清洗则需晾干后使用）清洗。

④V形带两侧面是工作面，皮带在受拉力时会变细，为保证两侧面正常工作，在装配时带底面与带轮槽底必须留有一定的间隙。如果装配时带底面已经与槽底接触，则V形带或皮带轮已过度磨损，转动时会产生打滑，这时应更换相应部件。

⑤V形带的正常工作温度不得高于60 ℃。简易检查方法是，皮带停止转动后，立即用手触摸带面并停留10 s以上，若有应查明原因及时排除。高温可使橡胶软化粘接并迅速老化，造成缺口或变形张口，此时视情况修复或更换。

⑥每季作业结束后，应使所有传动皮带处于松弛状态。可将张紧轮松开，或将其卸下挂在阴凉干燥处保管。

（2）链条的技术特点及维护

链传动具有传递比普通带传动更强的扭矩、且传动比恒定，沙石、粉尘、高温环境抵抗力强。联合收获机上的轻、中载扭矩传动常用套筒滚子链、齿形链和钩形链等。

链传动的常见故障多发生在链条和链轮的疲劳破坏、磨损和链条铰链胶合等。正确地安装、使用与维护链条能保证其长期稳定的工作：

①链条组装时，应将链条绕缠到链轮上，以便连接链节。组装链条时，销穿过链节后从内向外，从外侧装连接板和锁紧固件；拆卸时，操作顺序相反，注意敲打同一连接板上的两个连接销，抽出销子时，力度不能过大，防止变形；若链销头铆毛已变粗不易敲出时，应先挫平后再拆。

②链条安装时，张紧度应适中，过松会因产生跳动和冲击而缩短其使用寿命，过紧则会加剧链条与链轮齿的磨损。调整张紧度时，链条松边的中部在垂直方向上应有20~30 mm/m的活动余量。使用磨损后的链条会伸长，若张紧调整装置不能满足张紧度，可拆去一个链节继续使用。若链条在工作中经常出现耙齿或跳齿现象，说明链条已过度磨损，应更换新链条。拆除链条时，注意同时检查链轮，若链轮也磨损严重，两者应同时更换。若链轮轮毂两侧对称，经常换面使用可延长其使用寿命。

③安装后调整链轮时，其轮齿对称中心面位置度偏差不大于中心距的0.2%。

④使用双链传动的地方，新旧链条不混用；组装链条时新旧链节也不能混装，否则极可能因节距误差而产生冲击，降低新品寿命甚至损伤链条。

⑤使用时,链条应定期润滑,以提高使用寿命。润滑油必须逐节加到每节的销轴与套筒的配合面上,每班润滑的链条一定要在停车的状态下进行,以免发生危险。

⑥收割季节结束后需封存设备时,应将链条卸下清洗,上好润滑油后再装回设备,也可用油纸搞好放在干燥避光处。链轮表面清理后,涂抹油脂防锈并关好护罩防尘。

15.4.6 谷物联合收获机的用后维护和入库保管

联合收获机作业季节结束后,应进行必要的维护和保养后入库。首先彻底清理联合收获机各部的杂草、尘土、油污,使整机干净无尘;然后卸下各类悬挂构件并进行分类放置。在3个工作日内对工作部件的技术状态进行全面检查、认真鉴定,该修的修,不能修的及时补充新件备用。同时对技术状态良好的零部件进行彻底的清洗保养。

具体需要检查的部位如下:

①检查分禾器、拨禾轮。由薄钢板制成的分禾器主要检查是否被碰撞变形,一般不易损坏,并且容易修复,随坏随修。拨禾轮则重点检查偏心滑轮机构的磨损、变形,拨禾轮中心管轴两端木轴承的磨损情况和弹齿管轴是否变形,弹齿有无缺损等,必要时修复或更换新品。

②检查割台搅龙。搅龙叶片如有变形,开焊应进行焊合修复;其高度方向上的磨损量不应超过2.5 mm,否则应更换。安全离合器弹簧压力不够时(压缩量低于原长1/3)应调整或更换;其钢球脱落的应补齐。伸缩扒指工作面磨损超过4.5 mm应换扒指,扒指导套与拨指间隙超过3 mm更换新导套。

③检查切割器。切割器是收割机上易磨损件,尤其应对压刃器、护刃器梁、刀头、动刀片、刀杆、定刀片、护刃器、摩擦片等零件逐个检查。若动力片齿高小于0.4 mm和裂纹,齿纹缺损大于5 mm应报废更换新件,松动的应铆紧;定刀片刃口厚度大于0.3 mm,宽度小于护刃器者应更换新品,安装、检查时注意铆紧;护刃器不能有弯曲或裂纹,两护刃器尖中心距为(76.2±3)mm;压刃器、摩擦片过度磨损者更换新品;所有固定刀片应在同一水平面内,偏差不超过0.5 mm,根据实际情况对其进行校正或更换。护刃器梁是整个切割装置的机架,常用角钢焊接制成,不允许有任何弯曲、扭曲、裂纹等缺陷,对不能修复缺陷的直接换新,购置新件时注意检查。刀头、刀杆也是易损件,应重点检查,其全长弯曲度不大于0.5 mm,弯曲度过大需进行校正,一旦出现裂纹则应更换新品。各零件修复并装配完成后,需将其调整至使用标准。

④检查倾斜输送室链条、耙齿有无磨损损坏、变形、断裂,有其一者立即修复或更换新件。被动轴的调整机构应完好无损、调整准确可靠,否则应修复或换新。

⑤检查脱粒滚筒:滚筒轴有无弯曲变形、两端轴承台阶处有无裂纹等缺陷。有条件的修理厂应进行探伤检查;滚筒幅板检查其有无裂纹、变形;滚筒纹杆是否弯曲、扭曲;纹齿工作面棱角磨损半径 $r \geqslant 1$ mm时,应更换新品;滚筒钉齿不应有弯曲扭曲变形,刀形钉齿顶端部棱角磨损半径 $r \geqslant 4$ mm时,应换新件。

⑥检查栅格式脱粒凹板:凹板不应有任何变形,其筛钢丝工作面磨损不应超过2 mm,否则更换;横格板上表面的棱角可以保证脱粒质量,棱角磨损半径 $r \geqslant 1.5$ mm时,需进行恢复棱角处理,例如对横格板进行镗磨恢复棱角的加工量应保证其穿在横格板孔中的弹丝至上表面距离不小于3 mm,否则,应更换新横格板。横格板弹丝至上表面的距离设计标准应为3~5 mm,过小或过大都将严重影响脱粒质量。在购买新品时,一定要注意检查其是否合格。

⑦检查机架和所有罩壳是否存在变形、开焊、裂纹、断裂、锈蚀等,在保证使用功能的情况

下进行相应的补焊、焊接、除锈上漆等修复，否则更换。

⑧清洗所有传动带、传动链条、轴承、偏心套及轴承座并检查其技术状态，必要时修复或换新。处理完毕后按要求还原或入库妥善保存。

⑨末期润滑及防锈处理：对所有的黄油加注点加注黄油；切割器、偏心轴伸缩扒齿、链条、钢丝绳等零部件在清洗后涂油防锈。需要拆下存放的零部件，按要求归类存放。

最后，联合收获机应入库停放，严禁在收割机及部件上堆放任何物品。停放时液压杆应收回至缸内防止积尘。机库应能遮雪挡雨、干燥、通风。露天存放时，应进行必要的遮盖，发动机排气管、重要管口应加罩，防止风雪、昆虫、小动物及各类杂物进入。

参考文献

[1] 李自华.农业机械学[M].北京:中国农业出版社,2001.
[2] 董克俭.谷物联合收割机使用与维护[M].北京:金盾出版社,2007.
[3] 肖兴宇.作业机械使用与维护[M]. 北京:中国农业大学出版社,2009.
[4] 汪金营.水稻播收机械操作与维修[M]. 北京:化学工业出版社,2009.
[5] 鲁植雄,杨新春.图解水稻插秧机常见故障诊断与排除[M]. 北京:中国农业出版社,2012.
[6] 鲁植雄,兰心敏.图解水稻收割机常见故障诊断与排除[M]. 北京:中国农业出版社,2012.
[7] 中国农业机械化 50 年来的发展历程. http://www.mei.net.cn/news/2013/01/474191.html
[8] 耕整地机械. http://wenku.baidu.com/view/32c43b28e2bd960590c67728.html